新しい霊長類学

人を深く知るための100問100答

京都大学霊長類研究所　編著

ブルーバックス

カバー装幀／芦澤泰偉・児崎雅淑
カバー写真／野上悦子
もくじ・扉デザイン／中山康子
本文デザイン／土方芳枝
図版／さくら工芸社

はじめに

人間とは何か、人間はどこからきたのか?

一般の人々が素朴に疑問に思ったことを、それぞれの専門家の立場からお答えしました。全部で一〇〇個の一問一答です。まずは目次をご覧ください。いろいろな問いがありますね。その問いかけ自体が、人間とは何かを考える視点になっていると思います。いちおう、全体を八つの区分にしていますが、どこからお読みいただいてもけっこうです。読み切りの形になっています。

本書の質問には、「サル」、「霊長類」、「ヒト以外の霊長類」、といった言葉が混在しています。ニホンザル、チンパンジーという個別の種をさす名前もあります。また「類人猿」とか「南米のサル」というのもでてきます。そうした用語については、本文中の説明を読んでみてください。ここでは一点だけ確認します。それは、人間はそもそもサルの仲間だ、ということです。「霊長類」というのは「人間を含めたサルの仲間」のことです。「霊長類＝サル」ではありません。人間を含めて「霊長類」と呼びます。

人間は、すべての生き物に名前を付けようとしてきました。自分自身をサピエンス人（学名、ホモ・サピエンス）と名付けています。生物としての「人間」をさすときに、カタ仮名で「ヒト」と記します。約三万年前まではネアンデルタール人（学名、ホモ・ネアンデルタレンシス）が生きていました。サピエンス人とネアンデルタール人という、同属ですが別種の人類が、同時代をともに生きていたわけです。なお「人類」と言うと、現在も生きている人間と、すでに絶滅した別種のもの、その双方を含めた呼称になります。「霊長類」にも現生と絶滅したものがあるのですが、現生でいえば、ヒトと「ヒト以外の霊長類」がいると表現できるでしょう。

本書を読み進めていくとともに、こうした用語の区別を意識していただけるとうれしく思います。なぜなら、それが「人間とは何か」という問いに対する答えの本質だからです。われわれは、どうしても自分を中心に世界を見てしまいます。つい四〇〇年ほど前まで、素朴に見たままを信じて、太陽がわれわれのまわりをまわっていると思っていました。でも実際には、われわれの住む地球が太陽のまわりをまわっています。素朴に見れば、「人間と動物」という二分法が成り立つでしょう。しかし、人間と動物というような生物の区分はありません。人間は動物の一種です。人間とそれ以外の動物がいる、というのが妥当な理解です。霊長類とは、人間も含めたサルの仲間だ、ということをぜひご理解ください。

霊長類学と呼ばれる学問が日本で誕生して、約六〇年が経過しました。また、京都大学に霊長類研究所が創立されて、約四〇年が経過しました。本書は、そうした歴史の節目を意識して企画されたものです。平成二一年（二〇〇九年）に霊長類研究所に在職するすべての教員が参加し、分担して執筆しました。本書に先行するものとして、『サル学なんでも小事典』という題名の本が、講談社の同じブルーバックスの一書として刊行されています。研究所の二五周年の記念誌です。この間に、ヒトや

樹上に枝や葉でベッドを作り、眠るボノボ
写真提供：古市剛史

チンパンジーやアカゲザルの全ゲノム解読などがすすみました。人間とそれ以外の霊長類との関係が、よりはっきりとわかるようになりました。ぜひ、読み比べてみてください。

末尾になりましたが、感謝の意を表したいと思います。本書の刊行に際して、霊長類研究所進化形態分野の教授の濱田穣さんをはじめとするブルーバックス編集委員会にご尽力いただきました。同分野の水谷典子さんには事務作業をお手伝いいただきました。また、講談社ブルーバックス出版部の梓沢修さんには、本書の編集をしていただきました。こうした関係者の皆様のご尽力に対して、この機会に厚く御礼申しあげます。二一世紀の初頭に、われわれ人間が、自分自身について、その進化的起源について知りえたことがここに書かれています。本書が広く読者を得て、永く読み継がれることを願っています。

執筆者を代表して、

京都大学霊長類研究所

所長　松沢哲郎

第3章 生活と社会 81

第5章 認知と思考 145

第6章 生理と病気 231

第7章 遺伝とゲノム

第1章

霊長類研究の夜明け

霊長類の研究は、日本では、一九四八年一二月三日に始まりました。あまり一般に意識されませんが、いわゆる先進国のなかで、ヒト以外のサルがいるのは日本だけです。北米やヨーロッパにサルはいません。サルがいるのは、中南米、東南・南アジア、アフリカです。そうした自然の背景もあって、霊長類学は日本が世界に向けて発信してきた学問です。霊長類研究によって、「人間とは何か」、「人間はどこから来たのか」がわかります。

ニホンザル研究の発祥地、幸島(中央の島)。
写真提供／濱田穣

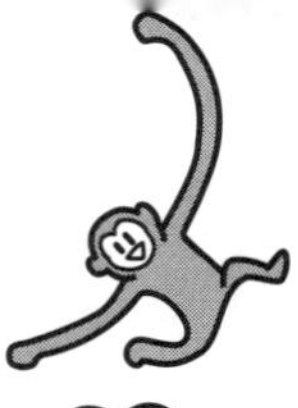

1 霊長類の研究はいつごろ始まりましたか？

日本では、一九四八年一二月三日です。

霊長類学は、日本が世界に向けて発信してきた学問です。

今西錦司《きんじ》（一九〇二～一九九二）、伊谷《いたに》純一郎（一九二六～二〇〇一）、川村俊蔵（一九二四～二〇〇三）の三名が、宮崎県の幸島《こうじま》へ野生ニホンザルの調査に行きました。それが日本の霊長類学の始まりです。

今西錦司は、当時四六歳、京大の無給講師でした。伊谷と川村は京大の学部生です。幸島から徒歩一日のところに都《と》井岬《いみさき》があります。そこで彼らが野生ウマの調査をしていたときに、偶然、ニホンザルの群れと遭遇しました。後年の伊谷の述懐によると、「サルの研究がおもしろい」とすぐに気がついたそうです。

今西のもとに京大の学生たちが集まりました。「人間の社会の進化的起源を、サルの社会の研究から探る」という研究テーマが斬新だったのでしょう。河合雅雄（一九二四～）もその一人です。霊長類学六〇周年の記念講演で河合が重い口を開いたのですが、学生たちの世代には、彼らだけが持つ特別な背景もあったようです。それは戦争です。

河合の同級生でいえば、クラスの約三分の一が戦死したそうです。生きて帰った者も戦場で悲惨な体験をしました。人が死ぬ。人を殺す。どうしてそういう暴力が行われるのか。人間の悪の起源はどこにあるのか。人間の本性についての根本的な疑問が、霊長類学という新しい学問へと向かわせたのです。

霊長類の研究そのものは、他の学問と同様に、欧米に起源しています。野生霊長類のフィールドワークも、クラレンス・カーペンター（一九〇五～一九七五）による、野生テナガザル調査などが戦前におこなわれています。今西らは、先行する欧米の霊長類研究の書物を読んで独自のくふうをしました。「餌付け」、名前をつける「個体識別」、「長期継続研究」という手法です。研究対象も、ニホンザルからアフリカ類人猿へと広がりました。

1958年の最初のアフリカ探検（中央が今西、左端が伊谷）提供：伊谷純一郎アーカイブス

霊長類研究所創立の前年の会合（左から、今西、池田次郎、伊谷、杉山幸丸、時実利彦）提供：伊谷純一郎アーカイブス

野生ニホンザルを対象とした今西らの社会学的研究とは独立に、実験動物としてのサルを研究しているグループもありました。東大の脳科学者、時実《ときざね》利彦（一九〇九～一九七三）がその

代表です。野外研究と実験研究、京大と東大、そうした異なる系譜の協力があって、一九六七年に霊長類研究所が京都大学に附置され、日本の霊長類研究の拠点になりました（第8章参照）。

（松沢哲郎）

2 霊長類の研究をすると、何がわかりますか？

霊長類研究の夜明け

人間とは何か、人間の本性は何に由来するかがわかります。

「ヒト科ヒト属ヒト」という表現がありますが、ヒト科は四属です。ヒト科チンパンジー属、ヒト科ゴリラ属、ヒト科オランウータン属、ヒト科ヒト属です。生物分類学上そう分類することが定着しつつあります。また日本の法令上もヒト科です。「種の保存法」や「動物愛護法」といった法令の付表で、そう表現されています。

ヒト科と近縁なのはテナガザル類です。彼らは、体こそニホンザルより小さいですが、尻尾がありません。尻尾がなくて、ヒトと近縁なものを「類人猿（エイプ）」と称してきました。人間も尻尾がありません。神様の目から見れば、あるいは生物として分類すれば、ヒトという動物は、「尻尾のない大型のサル」であり、チンパンジーやゴリラやオランウータンと同類の「大型類人猿」そのものです。彼らはサル（モンキー）ではありません。類人猿（エイプ）です。最近は、「猿」という呼称が妥当でないので、それを取って、人間以外のヒト科三属を「類人」と呼んだりします。

二〇世紀後半に急速に発展したゲノム研究が、人間とそれ以外の動物の関係についての新しい理解の基盤にあります。一九五三年に、ワトソンとクリックがＤＮＡの二重らせん構造を発見し、生命の本質に迫りました。二〇〇一年には、ヒトの全ゲノムすなわち約三〇億対の塩基配列が解読されました。二〇〇五年には、チンパンジーの全ゲノムも解読されました。ヒトとチンパンジーのＤＮＡの塩基配列は約一・二パーセントしか違いません。逆に言えば、九八・八パーセントまで同じなのです。

人間のからだが進化の産物であるのと同様に、人間の心も進化の産物です。人間の社会も親子関係もそうです。人間の心やからだや暮らしやゲノムの進化的基盤を知るには、人間を含めた動物群である霊長類（ヒトを含めたサルの仲間）の研究が必要不可欠です。

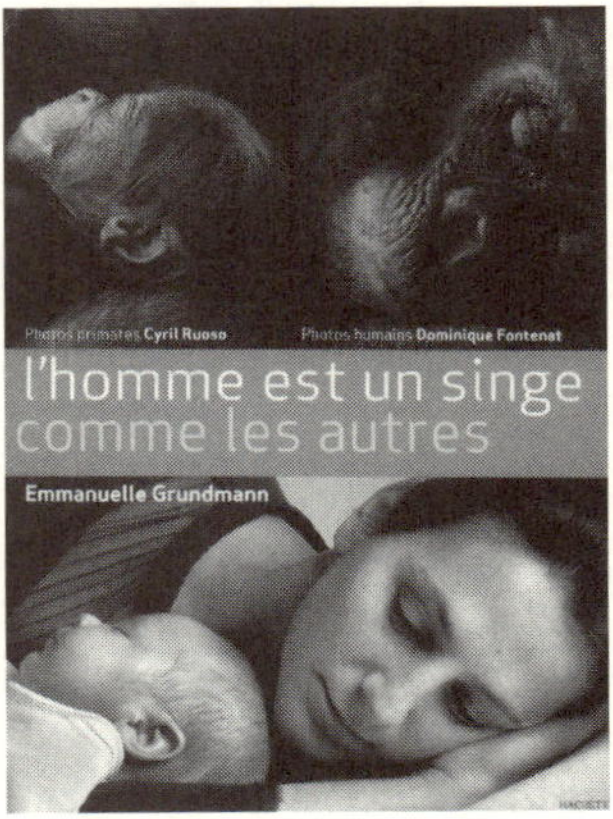

『人間もまたサルである』という題名の本の表紙　提供：エマニュエル・グルントマン

化石を掘り出すことで、からだの進化を詳細に知ることができます。化石に残らない脳や心や暮らしの歴史を知るには、共通の祖先をもつ現生の種間の比較が重要です。異なる種がもつ同じものは共通祖先に由来し、違うものはそれぞれの進化の過程でそなわった。そういうように考えられるからです。人間の本性の歴史的な由来を知ることで、生物学的に妥当な人間観や世界観を手に入れられるでしょう。

（松沢哲郎）

3 人間がサルから進化したって本当ですか?

霊長類研究の夜明け

間違いです。人間はサルから進化したわけではありません。

「サル」という言葉にはいろいろな意味がありますが、大きく分けて二つあります。第一の意味は、「ニホンザル」です。桃太郎さんのお供をするサル、イヌ、キジを思い浮かべてみてください。

「サル」の第二の意味は「霊長類」です。霊長類というのは、動物を分類するときに使う用語です。桃太郎と、お供のサルは、霊長類です。霊長類とは、「ヒトを含めたサルの仲間」という意味です。ちなみに、イヌは食肉類。桃太郎とサルとイヌを含めた分類名は、哺乳類。母乳で子どもを育てる動物たちです。もちろんキジは鳥類ですね。

二〇〇九年は、チャールズ・ダーウィンの生誕二〇〇年です。彼の著作である『種の起源』が出版されてから一五〇年でもあります。ダーウィンとその同時代人たちが、「進化」を発見しました。それまで、この地球上の生き物は神様がお創りになったと考えられてきました。天地創造説です。イヌはイヌであり、ネコはネコであり、ずっと昔から今の姿だと思われてきました。ところが地中を掘ると、イヌともネコともつかない動物の化石がでてきます。またガラパゴス諸島には、それぞれの島に少しずつ姿かたちの違う鳥がいます。こうした事実をつなぎ合わせると、生き物は神様が創った不変のものではなく、長い時間をかけて姿かたちをかえるのだという理解が生まれます。それが進化です。

地球という星が誕生して約四六億年、そこに生命が誕生して約三八億年が経過したといわれます。生命は、非常に単純な姿で始まり、時間の経過とともにさまざまに姿かたちを変えてきました。ただし、自己を複製するのが生命の本質であり、「命がつながっている」と考えると、現在生きているものはすべてその親、親の親、というように祖先をたどれます。

約五〇〇万から六〇〇〇万年前までさかのぼると、「人間とチンパンジーの共通祖先」にたどり着きます。約三〇〇〇万年前までさかのぼれば、「人間とチンパンジーとニホンザル」の共通祖先にたどり着きます。現在生きている人間も、チンパンジーも、ニホンザルも、共通の祖先から分かれて、それぞれが別の姿になりつつ、同じ時間を生きてきました。

（松沢哲郎）

チンパンジーのアカンボウ　提供：平田聡

第2章

進化と形態について

サルが進化して人間になったわけではありません。現生の霊長類の共通祖先から、人類はアフリカで起源しました。人間の特徴として、直立二足歩行、体毛の消失、多量の汗腺、手の器用さ、思春期の存在などがあります。霊長類と判断される化石の最古のものは約六五〇〇万年前のものです。現在、分類のしかたにもよりますが、約三五〇種類の霊長類がいます。日本にはニホンザルがいます。個体数は約一〇万〜二〇万と推定されていますが、はっきりしたことはわかりません。

アジアで適応放散したマカク。石で貝を割って食べているカニクイザ(タイ、レムソン国立公園にて)。　写真提供/濱田穣

4 チンパンジーやヒトに尻尾がないのはなぜ？

チンパンジーやヒトを含むヒト上科（現在生きているものでは他にボノボ、ゴリラ、オランウータン、テナガザル）は尻尾がないのが特徴です。正確にいえば、非常に小さく退化した尻尾の骨（尾てい骨）は、まだ体の中に残っていて筋肉の付着部位として役立っています。他のサルや哺乳類はたいがい尻尾を持っているのに、なぜヒトや類人猿は尻尾をなくしてしまったのでしょうか？

類人猿以外の霊長類に目を向けると、尻尾の長さは痕跡的なものから、頭と胴体を合わせたよりも長いものまでさまざまです。ニホンザルのように寒冷な気候に適応して尻尾が短くなったと考えられる場合もありますが、類人猿の祖先は熱帯に住んでいたので、その理由は当てはまりません。

機能的な観点からは、長い尻尾は、樹上で敏捷に動き回ったり地上を高速で疾走したりする際に、体のバランスを保つ事に役立っていると考えられます。例えば、草原を疾走するパタスは、とても長くて立派な尻尾を持っています。しかし逆に言えば、素早く動く必要がなければ、長い尻尾を持っていても無用の長物です。原猿類のなかでも樹上で跳躍して敏捷に動き回るガラゴの仲間は立派な尻尾を持っていますが、手足で枝をしっかりつかみ樹上を非常にゆっくり移動するロリスの仲間には痕跡的な尻尾しか残っていません。

チンパンジーやゴリラ、オランウータンといった大型の類人猿は、体が重いこともあって、樹上では枝からぶらさがったり、枝を手足でつかんで枝から枝へゆっくり移ったりと、あまり敏捷に動きません。類人猿の中でも、体の小さなテナガザルは樹上で敏捷に動き回ります。ただし、彼らは他のサルとは違って、長い腕で木の枝からぶらさがり、体を振り子のようにして枝から枝へ飛び移る「腕渡り」という特殊な移動方法を採っています。「腕渡り」では尻尾でバランスを取る必要はないと考えられます。もっとも、現生の類人猿は、大型類人猿もテナガザルも多かれ少なかれ木の枝からぶらさがるタイプ（懸垂型）の姿勢や運動に適応していますが、過去に目を向けると、必ずしも懸垂型に適応したから尻尾をなくしたとは言えないようです。

歯や顎に比べると、首から下の骨（体肢骨）は化石として残りにくいので、類人猿の系統で尻尾がいつなくなったのかをあきらかにするのは容易ではありません。しかし、ケニアのナチョラで日本の調査隊が発掘したナチョラピテクス（中期中新世初頭、一六〇〇万〜一五〇〇万年前）という大型類人猿の化石資料の中に、尻尾の骨（第一尾椎《びつい》）が一個あります。この第一尾椎は、現生の類人猿の骨とよく似ており、ナチョラピテクスは、今の類人猿と同様、外部に突き出るような尻尾をすでに失っていたと考えられるのです。これより少し古いプロコンスル（主に二〇〇〇万〜一八〇〇万年前）でも、尾椎そのものは見つかっていませんが、尾椎が付く骨盤の一部（最後の仙椎《せんつい》）の形から、やはり外から見える尻尾はなくなっていたと思われます。プロコンスルやナチョラピテクスの体の作りは現在の類人猿とは随分と違っていて、あまり特殊化しておらず、木の枝の上を四足で歩くタイプでした。おそらく、類人猿の祖先は、進化の初期には手足でしっかりと枝を把握《はあく》して体重を支え、枝の上をゆっくりと移動していたのでしょう。そのため、敏捷に動き回る霊長類のように尻尾で体のバランスを取る必要が減り、尾が消失するに至ったのではないかと考えられます。

(國松　豊)

進化と形態について

5 人類はどこで起源したの?

人類の起源を探る上で、化石の証拠は欠かす事ができません。一九世紀以来、ネアンデルタール人や北京原人、ジャワ原人などユーラシア各地で古人類の化石が発見されてきましたが、これらは更新《こうしん》世《せい》(一八〇万〜一万年前)のものであって人類の進化史のなかでは比較的新しい時代に属します。一方、それよりも古い時代の人類化石はすべてアフリカから発見されており、化石の出土状況から見ると人類の祖先はアフリカで起源したと考えられます。また、現生の類人猿のなかで遺伝的に私たちに最も近いのはチンパンジーとボノボ、その次がゴリラですが、これらは皆、アフリカの赤道付近に広がる熱帯雨林地域に生息しています。この事も、間接的ではありますが、人類の祖先誕生の地がアフリカであるという考えを支持しています。

われわれ現代人(ホモ・サピエンス)の直接の祖先は、二〇万年ほど前にアフリカで進化し、一〇万〜数万年前にユーラシアへ進出し、さらにオーストラリアや南北アメリカ大陸へも広がっていったと考えられています。それ以前にも、アフリカからユーラシアへ出てきた人類は存在していました。

有名なネアンデルタール人（ホモ・ネアンデルターレンシス）はヨーロッパから中央アジアにかけて発見されており、二万数千年前まで生存していたようです。ネアンデルタール人の化石から取り出されたDNAの研究によると、私たちへ続く系統との遺伝的な共通祖先は七〇万〜六〇万年前に存在していたと推定されています。おそらく、数十万年前にアフリカからユーラシア西部に移住した原人の一種（ホモ・ハイデルベルゲンシス）の集団が特殊化し、ネアンデルタール人に進化したのでしょう。

人類がアフリカからユーラシアへ最初に進出したのは、さらに古くさかのぼります。従来、その年代は一二〇万〜一〇〇万年前ほどと考えられていましたが、近年、コーカサス地方のグルジアから見つかったドマニシ原人（ホモ・エルガステルあるいはホモ・ゲオルギクス）の年代は一八〇万年前にさかのぼると推定されています。アジアでも、ジャワ原人（ホモ・エレクトス、直立原人）の最も古い年代は従来の推定よりもずっとさかのぼって約一八〇万年前であるとする研究者もいます。このように更新世には、人類は何度かアフリカの外へ進出を繰り返したようですが、それ以前の人類の進化の舞台はアフリカ大陸に限られていました。

アフリカで古い時代の人類化石が発見されるようになったのは、いまから八〇年ほど前の事です。一九二四年、南アフリカのレイモンド・ダート博士は、南アフリカのタウング採石場から奇妙なコドモの頭骨化石を手に入れました。「タウングのコドモ」というあだ名のついたこの頭骨化石は、一見するとチンパンジーのようにも見えましたが、歯や顔面、頭蓋骨の中に堆積物がつまって残った脳の〝鋳型〟などの解剖学的特徴を比較した結果、ダート博士はこれを原始的な人類の祖先だと考え、翌年、アウストラロピテクス・アファリカヌスという新属新種としてイギリスの科学雑誌に報告しました。一般にはアフリカヌス猿人とも呼ばれます。アフリカヌス猿人は、いまから約三〇〇万～二〇〇万年前に生息していました。その後もアフリカでは大陸南部や東部を中心にさまざまな古人類化石の発見が続き、やがて「人類揺籃《ようらん》（ゆりかご）の地」とも呼ばれるようになったのです。人類の起源は、こうしてどんどん古くなっていきます。

一九七〇年代には、ドナルド・ジョハンソンらアメリカチームによって、エチオピアで約四〇〇万～三〇〇万年前にさかのぼる猿人化石が発見されました。これは、それよりも前にタンザニアのラエトリから見つかっていた人類化石とともに、アウストラロピテクス・アファレンシスと名付けられました。二〇世紀も最後の頃になると、最古の人類の記録はさらにさかのぼります。ケニア北部からはナイロビ国立博物館のミーヴ・リーキーらによってアウストラロピテクス・アナメンシス（約四二〇万年前）という新種が報告されました。また、ティム・ホワイトら米国チームがエチオピアで見つけた約四四〇万年前の化石は、当初、アウストラロピテクス属の新種（アウストラロピテクス・ラミドゥス）とされましたが、アウストラロピテクス属よりもさらに原始的と考えられ、ほどなくアルディピテクスという新しい属名がつけられました。これらは、地質学的時代区分では、鮮新世《せんしんせい》（約五三〇万～一八〇万年前）と呼ばれる時代に属しています。

二〇世紀最後の年、すなわち二〇〇〇年の終わり近くには、ケニアのトゥゲン・ヒルズで、フランス・ケニア合同調査隊が中新世末（約六〇〇万～五六〇万年前）にまでさかのぼる人類化石を発見しました。西暦の第二千年紀（ミレニアム）の最後に見つかったことから、ミレニアム・アンセスター

（千年紀の祖先）というあだ名が付けられました。翌年、発見者であるブリジット・スニューらが、オロリン・トゥゲネンシスという新属新種の学名を付けています。オロリンという属名は、現地のトゥゲン語で「原初の人」という意味の単語に由来します。オロリンの標本には大腿骨が含まれていて、彼らが人類の特徴である直立二足歩行をしていたことを示す有力な証拠となっています。

　続いて二〇〇一年にはエチオピアの中新世末（約五八〇万～五二〇万年前）から出土した人類化石が、ハイレ－セラシエによりアルディピテクス・ラミドゥスの新亜種として記載されました。後に追加標本が記載され、犬歯や下顎小臼歯の形態などに、ラミドゥスよりも原始的な特徴を多く残している事から独立した別種（アルディピテクス・カダッバ）にされました。オロリンもアルディピテクスも東アフリカの大地溝帯付近で発見されましたが、二〇〇二年には、そこから二五〇〇キロメートルも西に離れたアフリカ中央部のチャドで見つかった七〇〇万～六〇〇万年前と推定される人類化石を、フランスのミシェール・ブリュネらが報告しました。チャドからは一九九〇年代にも、コロ・トロの近くのバハル・エル・ガザル渓谷で三六〇万年前の猿人化石（アウストラロピテクス・バハレルガザリ）が発見されていましたが、年代が一気に倍近く古くなったわけです。ブリュネ博士たちは、新しく発見した化石をサヘラントロプス・チャデンシスと命名しました。彼らは、頭骨の底にある大後頭孔の位置が前方に移動しているのでサヘラントロプスは直立二足歩行を行っていた、すなわち人類の系統の初期メンバーであると考えました。

　これら中新世末の化石人類の資料はまだ断片的であり、その系統関係を明らかにするにはさらに調査が必要ですが、サヘラントロプスが人類の系統に属すのであれば、分子系統学の推定するチンパンジーの祖先と分かれて間もない頃に、すでに人類の祖先はアフリカのかなり広い地域に生息していたことになります。今後、人類の起源を探るには、東アフリカだけでなく、アフリカのもっと広い地域を視野に入れて研究を進めていく必要があります。

最後に、初期人類の生きていた環境について触れておきましょう。従来、人類はサバンナに進出する事によって進化したという考え方がありました。しかし、最近アフリカで見つかってきた中新世末〜鮮新世初頭の初期人類の生息環境を見ると、どうも彼らは意外に樹木の多い環境にいたようです。現在のコンゴ盆地のような鬱蒼《うつそう》とした熱帯雨林ではありませんが、ケニアやタンザニアで見られる広大なサバンナのように完全に開けた環境でもなかったようなのです。研究の進んでいる東アフリカの古環境のデータに目を向けると、約八〇〇万年前からサバンナ的な要素が増えます。しかし、一挙にサバンナ化したのではなく、樹木の多い環境と草本の多い開けた環境が混在する状態が、その後、数百万年にわたって続いたようです。人類の祖先は、このようなモザイク的な環境のもとで進化したのではないかと考えられます。

（國松　豊）

6 サルはこれから進化したらヒトになりますか？

進化と形態について

なりません。サルはヒトの親戚ですが、ヒトの祖先ではありません。互いの祖先が共通していて、その共通祖先をサルと呼んでいるだけです。今生きているサルと過去の「サル」は別の動物です。現在、ヒトにいちばん近いサルはチンパンジーと考えられていますが、それでも約六〇〇万年前には分岐していたと考えられています。両者は約一〇〇〇万年前頃に生息していた共通の祖先から進化した親戚または兄弟のようなものであり、現生のチンパンジーがヒトに進化したのではありません。例えば、今から一〇〇〇万年後にヒトとチンパンジーがどのように進化しているかはわかりませんが、それぞれ別の種として独自の方向に進化していくので、両者が同じ姿をしていることはないでしょう。『猿の惑星』という映画にあったように、チンパンジーやゴリラなどといった大型類人猿がヒトと同じように言葉を話し、二足で歩行するようになるという可能性は、現実的には限りなくゼロに近いと言えます。

この疑問は、ヒトのような特徴を持った生物の進化は可能かとも解釈できます。生物の進化の歴史は数十億年ですが、脊椎動物が出現したのは約五億年前頃で、水中に住んでいて現在のサカナのような姿をしていました。この中から陸上に生息域を広げるものが現れ、そこから爬虫類《はちゅうるい》や哺乳類が出現したわけです。こういった進化の結果、世界中の生物種の一つとしてヒトが出現して進化してきたのは確かですから、今後同じような生物が出現する可能性は皆無ではないでしょう。しかし、全ての生物がヒトを「目指して」進化するわけではありません。サカナは水中生活に適応して生きていますし、トリは空を飛ぶことにより移動手段を確保して生活しています。カエル、ヘビ、ワニ、カバ、クジラといった様々な動物たちも、それぞれの生息環境に適応して生きているのです。彼らはヒトのような姿になって生活する必要はありませんし、そのような姿になったら現在分布している環境では生き残ることはできないでしょう。それぞれの生物がそれぞれの進化の歴史を持って、現在の環境に適応して生きているのです。

またサルが進化するとヒトになるのではないかという発想は、そもそもサルよりもヒトの方が高等だという間違った認識に基づいています。それぞれのサルは、それぞれの生息環境に適応して生活しているのであって、ヒトの形をしている方がどの生息環境にもより適応しているわけではありません。サルがこれから進化してヒトになる可能性は、ヒトがこれから進化してサルになる可能性と同じことです。ヒトがこれから進化してチンパンジーのようになる可能性はゼロではありませんし、ゴリラやオランウータンのようになる可能性もあります。頭が肥大し手足が退化して、SF映画に出てくるようなETやタコみたいな生物になっているかもしれません。ただわかっていることは、我々生物は互いに兄弟ですが、祖先と子孫という関係ではないのです。

（高井正成）

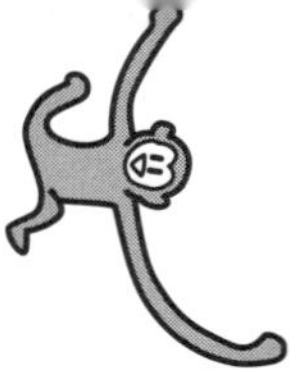

7 なぜチンパンジーはナックルウォーキングで、ヒトは直立二足歩行なのですか？

進化と形態について

ヒトの直立二足歩行の進化は、ダーウィンの時代から、大きなナゾです。直立二足歩行は、人類を規定する重要な特徴で、道具の使用・作製、音声言語コミュニケーション、家族、そして大型の脳という、人類の特徴が産みだされる最初のキーとなりました。このナゾは、どこまで解決されているのでしょうか。

■多様な位置的行動――霊長類

身体の物理的位置に関係する姿勢維持と移動を「位置的行動」と呼びます。これには水平移動だけでなく、垂直方向の木登りも含まれます。チンパンジーの特徴的な位置的行動はナックルウォーキングで、これはニホンザルなどのサル類の四足歩行と同様に見えますが、手首を前腕の延長で伸ばし、指の第二関節（基節・中節）を直角に曲げて、中節骨部分を地面に着ける。こんな歩行をする動物は、チンパンジーとゴリラだけです。これら大型類人猿は、現生生物の中でヒトに最も近縁なので、ヒトにつながる祖先もナックルウォーキングしていたと考えたいところですが、それは一つの仮説です。

大型類人猿だけでなく、他の霊長類の位置的行動もユニークです。典型的なものだけでも、垂直しがみつき跳躍型（キツネザルなど）、樹上や地上の四足歩行型（ニホンザルなど）、懸垂型（テナガザル）があります。木から落ちず、エネルギー消費を抑えて移動し、姿勢を維持する方法を、かくも多様に霊長類は発達させています。これらのタイプのそれぞれの進化は、いずれもナゾですが、共通する基本は、五本指の手と足に代表される哺乳類の一般的な身体構造で適応していることで、それはヒトにも踏襲されています。いずれかの典型的な樹上の位置的行動へ進化（特殊化）しないでいた祖先の存在が推測され、それから直立二足歩行を含むさまざまな位置的行動を持つグループに進化したと考えられています。

■生活適応としての位置的行動

現代人の二足歩行は、エネルギー消費率がごく少なく効率性が高く、かなり完成された位置的行動です。そこで疑問が起こります。

直立二足歩行への進化過程にあった祖先は、その中途半端な位置的行動で生活ができたのでしょうか？　また、直立二足歩行の利点は？

これらに関して、数多くの仮説があります。食物やアカンボウを運搬するため、サバンナで長距離を移動するため、水辺あるいは浅い池や海へ入って食料を採取するため（新生児をプールに放り込んだら泳ぐとか、カバなどの水生動物に毛がないといった事実を証拠とする）、さらには体温上昇を防ぐため（直立姿勢だと熱気の流れがよい）などなど。これらの仮説の検証のためには、生活面でどんな利点があったのか、もしくは欠点がなかったのかを説明する必要があり、人類学・霊長類学の研究テーマとなっています。今の時点で、これらの問題に一〇〇パーセント答えるのは困難ですが、化石形態や生活環境から化石祖先の生活様式を復元することで、納得のいく解答が得られることでしょう。

■直立二足歩行進化のステップ

どんな位置的行動が、直立二足歩行への前段階だったのでしょうか？

まず、ヒト以外の霊長類が得意とするところの垂直木登り運動です。身体を押し上げる下肢筋骨格系、特に臀部《でんぶ》や大腿部の筋肉が発達したことが、直立二足歩行進化の一要因となりました。

しかし、この垂直木登りから一足飛びに直立二足歩行ができてきたとは、考えにくいことです。そこでヒトが起源する前の類人猿祖先に、その萌芽を見出さなければなりません。しかし、悲しいことに類人猿化石は断片的で、それらの位置的行動の進化史はまだよくわかっていません。具体的には、ヒトと現生類人猿に共通する「ぶら下がり（懸垂型）」の位置的行動と身体特徴（「4　チンパンジーやヒトに尻尾がないのはなぜ?」参照）が、いつ、どう進化したのか、ということです。推測としては、類人猿の主流派はそうとうに長い期間、樹上四足歩行という霊長類の基本的位置行動をとっていて（いつかは不明だが、おそらく中新世の後半に）、それから懸垂型が出現したと考えられています。それには、体の大型化が要因となったことでしょう。細い枝先などで、体を支持し、移動するのに、懸垂型は安定しているからです。

次は、懸垂型からの進化段階です。野生オランウータンの位置的行動の観察から、二〇〇七年にソープらは、直立二足歩行のオランウータン仮説を提唱しました。森の中で懸垂型の位置的行動をよく行うオランウータンですが、細い枝部分を移動する際、頻繁に直立二足歩行をします。そのような状況では、ぶら下がるよりも楽であることは確かで、施設に暮らしているチンパンジーやゴリラも、短い距離なら平気で二足歩行で綱渡りをします。この樹上直立二足歩行から直接地上直立二足歩行へ移行したのか、それともその間に、ナックルウォーキング適応が入るのかは未解明です。ナックルウォーキングの特殊性を考えると、直接移行のほうが可能性がありそうです。

人類進化史の前半は、アウストラロピテクス類（六〇〇万〜二〇〇万年前）です。これらはすでに地上直立二足歩行をしていましたが、樹上性も保持していました。上肢（肩から手）は木登り適応を保存し、下肢（骨盤から足）は直立二足歩行適応を持つというモザイク状の身体構造を持っていました。森の中で、樹上と地上の両方を使うような生活を営んでいたようで、これは化石や地層状態から復元される生活環境からも支持されています。

人類史の後半がホモ類で、エルガステル原人（もしくは直立原人、二〇〇万〜一〇〇万年前）のころに、現代人なみの身体プロポーションを持ち、長距離歩行をするようになりました。

■今後の見通し

まず、懸垂型の位置的行動を示し、系統的に直接の祖先となるような（時代的には一五〇〇万〜七〇〇万年前）化石類人猿の発見が望まれます。そして、これまでに発掘されている類人猿・人類化石とともに、その位置的行動の詳細を明らかにしていくことです。そこでは比較機能形態学・運動学・コンピューターシミュレーション学が威力を発揮するはずです。例えば、アウストラロピテクス類（猿人五〇〇万〜二〇〇万年前）の中で、多くの体肢骨格が残っているアファレンシス化石（ルーシーなど）、そしてその仲間の足跡とされる化石から、時速三・六キロメートルぐらいで歩いていたと復元されています。このように、具体的な位置的行動が明らかにされると、一日の遊動範囲の広さなど、適応面での検討も可能になり、総合的に直立二足歩行の進化が解明されることでしょう。

（濱田　穣）

8 ヒトの体には、なぜ毛が生えていない？

「ヒトの毛の数は、他の哺乳類と比べても決して少なくありません」と書くと、意外に思われる方も多いでしょう。ただし、それは毛包《もうほう》と呼ばれる器官の数のことです。毛包は皮膚の中で毛を作り出している器官で、体が大きい動物ほどまばらになる傾向があります。オトナオスで体重十数キログラムのニホンザルの毛はイヌやネコのように密で手ざわりもいいですが、五〇キログラム以上あるチンパンジーではまばらで、ごわごわした感じがします。ヒトの毛包はチンパンジーと同じくらいあるのですが、頭やわきの下などを除いては、毛を作り出さない、もしくは非常に短い細い毛しか作りません。

ヒトは、いつ毛を失ったのでしょうか？　残念ながら、毛は化石に残りません。よく恐竜の皮膚や羽毛の化石が見つかったというニュースを聞きます。しかし、それらは皮膚や羽毛自体の化石ではありません。それらの表面についた泥などが化石になったもので、いわば皮膚や羽毛の〝鋳型〟の化石です。残念ながら、ヒトの化石では、そのようなものすら発見されていません。

最近、1型メラノコルチン受容体（MC1R）遺伝子の研究が注目を集めています。このMC1Rはメラニンを作るのに必要なタンパク質で、アフリカ人型のMC1R遺伝子はメラニン色素を皮膚に沈着させて肌の色を黒くします。ヒトの祖先は、アフリカの熱帯地域で、サバンナのような開けた場所に住んでいたので、強い日差しを受けていたと考えられます。毛を失ったヒトの祖先は、大量の紫外線をじかに肌に浴びてしまいます。過度の紫外線はがんを引き起こすなど、人体にとって非常に有害です。黒い肌は紫外線から身を守るのに適しているので、毛を失ったヒトの祖先はみんな黒い肌であったと考えられます。毛に覆われたチンパンジーのMC1R遺伝子には、肌の色を黒くするものもありますが、肌色やまだらにするものもあります。遺伝子の研究によると、アフリカ人型のMC1R

遺伝子はおおよそ一二〇万年前に現れたので、おそらくその頃、ヒトは毛を失ったのでしょう（「94サルの毛色の違いはどうして起きるの？」参照）。

では、なぜヒトは毛を失ったのでしょうか。ダーウィンは、その著書『人間の由来』で、ヒトの祖先のオスにとっては毛の少ないメスが魅力的であったので、そのようなメスを選《え》り好みし続けた結果、毛がないヒトばかりになったという説を立てました。このようなプロセスを性選択といいます。ダーウィン以降も数多くの新たな仮説が立てられ、いまも百家争鳴といった状態です。

最も有名なのが、体の「冷却説」です。森からサバンナに出たヒトの祖先は、日中、非常に暑い環境で過ごします。滝のような汗といいますが、さらさらした汗はヒトの特徴の一つです。汗は蒸発する際に体の熱も奪い取るので、体が冷えます。この「冷却説」は、ヒトの祖先は、さらさらの汗が蒸発しやすいように毛を失って、暑い中でも暮らせるようになったという考えです。しかし、毛を失うと、体が日差しから受ける熱も大きくなり、冷え込む夜間には体温を保つためにより多くの熱を作らなくてはなりません。毛を失うことは、サバンナのような環境ではむしろ不利なようです。

「冷却説」を発展させた「狩猟説」もあります。サバンナで狩りをするようになったヒトの祖先は、日中の活動量が他の霊長類に比べて格段に増えるので、効率的に体を冷やすために毛を失ったのではないか。しかし、主に狩りをしていたのはオスでしょうが、ふつう男性は女性より毛が多いので、あまりいい説明ではなさそうです。

「直立二足歩行説」もあります。直立二足歩行したヒトの祖先は、他の四本の足で歩いている動物に比べて、体に受ける日差しの量が少ないそうです。先の二つの説とは条件がまったく逆です。しかし、毛を失わなければならない理由にはならないでしょう。「衣服説」もあります。衣服の発明により、体温維持を担っていた体毛がいらなくなったという説です。衣服の遺物は最も古いものでせいぜい約二万年前のものですし、衣服を作るのにも必要であった皮を剝ぎ取る石器は三〇万年前までしか遡《さかのぼ》りません。ヒトジラミの遺伝子の研究によると、衣服につくコロモジラミは一一万〜三万年前に髪の毛につくアタマジラミから分かれました。おそらく、ヒトはコロモジラミが現れる少し前に衣服をまとうようになったのでしょう。毛を失ったのが一二〇万年前ですから、この説では説明がつきません。

他にも、ヒトの祖先はかつて水生であったとし、クジラのように毛を失ったとする「水生説」や、胎児の姿を多くとどめてオトナになるヒトは毛も生えないという「ネオテニー説」などさまざまな説があります。しかし、ヒトがかつて水生だった証拠はありませんし、ヒトの胎児には毛が生えている時期があるので、あまりいい説明ではありません。

最後に、今注目を集めている「外部寄生虫予防説」を紹介します。外部寄生虫は、皮膚を嚙んで傷つけるばかりでなく、チフスや熱病などを起こす細菌やウイルスを媒介する非常に厄介なものです。よくテレビなどでニホンザルどうしが毛づくろいをしている光景を見ます。かれらは、毎日何時間もかけて、毛にからみついているサルジラミを取り除いています。ヒト以外の霊長類は、毎日、寝起きする場所を変えていますが、ヒトは一八〇万年前頃から、寝起きするホームベースを定めて、そこを中心に活動するようになったと考えられています。そのホームベースは、ヒトの抜け毛や皮膚、アカなどがたまりやすく、外部寄生虫が増えるには非常によい環境です。ホームベースで暮らすようになったヒトは、毛づくろいをしても、外部寄生虫による健康被害や死亡の危険性が非常に高かったのではないでしょうか。毛が少ないヒトは、外部寄生虫に取り付かれにくいので、健康状態もよく、長生きだったでしょう。もしそうであるなら、毛の少なさはより健康で過ごせる体の持ち主であることを表すので、そのようなヒトは雌雄にかかわらず魅力的に映ります。ヒトは、ダーウィンが言ったような性選択のプロセスを経て、次第に毛を失っていったのかもしれません。

（西村　剛）

9 サルも汗をかきますか？

進化と形態について

汗をかくのは体温調節にとって、極めて重要な体の働きです。この働きがいちばん発達しているのはヒトです。激しい運動をしたときなどは、文字どおり汗がしたたり落ちる状態となります。汗が皮膚表面で蒸発するとき体から熱を奪うことを利用して、体温の上がり過ぎを防ぎます。汗は汗腺《かんせん》と呼ばれる皮膚の腺《せん》から分泌された水分です。

汗腺にはエクリン腺とアポクリン腺という二種類があります。ヒトではエクリン腺が全身の皮膚にくまなく分布し、血液から水分をとって分泌させます。アポクリン腺は毛穴に付随した形で開口し、わきの下や乳輪、へその周囲、外耳道、外陰部、肛門の周囲など、限られた部分にのみ分布しています。エクリン腺の成分が九九パーセント水分であるのに比べ、アポクリン腺では脂肪やタンパク質を多く含んでいます。エクリン腺は水分を分泌し蒸発させることで体温調節と直接関係しています。一方でアポクリン腺は、水分を含むことから同じく体温調節の働きもありますが、成分が皮膚の細菌の働きで、強い臭いを出すものに変わったりして、異性を引きつけるフェロモンとして働いたりします。

エクリン腺はヒト以外の動物ではほとんど発達しておらず、多くの哺乳類では足の裏など一部にしか分布していません。したがって、これらの動物はヒトのように汗をかけないので、過激な運動のあとに体を冷やすには、効率が悪いアポクリン腺から水分を蒸発させるか、イヌのように口を大きく開いて水分を蒸発させることになります。長距離を走る馬ではアポクリン腺から多量の水分を出すようになりました。

霊長類の祖先は他の哺乳類と同じで、全身が毛で覆われており、アポクリン腺が全身に分布していたのですが、エクリン腺は分布が限られていました。現生のサル類では、祖先から分かれたのが早かった原猿類や新世界ザルはエクリン腺が発達してきませんでした。全身にエクリン腺が発達してくるのは、三〇〇〇万年くらい前に起源したニホンザルなど旧世界ザルと、ヒトと類人猿です。ニホンザルで全身の皮膚のエクリン腺の割合が五〇パーセント、チンパンジーとゴリラでは七〇パーセントくらいで、ヒトではほぼ一〇〇パーセントと言えます。ヒトでは汗をかく働きが特に発達したのです。

ヒトで汗をかく働きが特に発達したのは、その進化の道筋と関係があると考えられています。アフリカの森林で生活していた類人猿が、森を出てサバンナに住むようになり、人類へと進化することになりました。そのときに二足歩行をするようになったのですが、食生活にも変化が起こりました。果実の採取を中心としたものから、狩猟採取に変わったのです。二足歩行は獲物を見つけたり、まわりの状況を把握したりするのに便利です。さらに獲物を追ったりするのに長距離を走る必要があり、汗をかくこと、すなわちエクリン腺の急速な発達がおこったと考えられます。ヒトと類人猿のゲノム解析からも、ヒトで走ることに関係した遺伝子が進化したことが裏付けられています。カラハリ砂漠の先住民が、狩りで手負いのキリンを何時間も追いかけている記録映画がありますが、かつてのヒト祖先のサバンナでの生活を彷彿《ほうふつ》させるものです。

ニホンザルなどはヒトよりはエクリン腺の発達が不十分であることから、ヒトと同じように汗はかけません。ヒトと同じように長距離を走ったりすると、熱中症になってしまいます。しかし捕食者に見つかっても、すぐに近くの木の上に逃げられるので、森や林での生活での体温調節にはあまり問題はないのです。これらのサルでは、木登りが重要で、枝などを握る手のひらや足の裏に、指紋《しもん》や掌紋《しょうもん》が発達していますが、この紋理《もんり》の山部分から、かなりの汗をかきます。これが滑り止めとなっています。ヒトも緊張すると、手に汗をかきますが、それと同じような汗腺があるのです。

（景山　節）

10 サルやチンパンジーは、ヒトと同じように手を器用に使える？

■手を器用に使う？

「器用に手を使う」と言ったとき、どんな動作を思い浮かべるでしょうか。その動作は、人それぞれだと思います。写真1は、ニホンザルが仲間のサルの毛づくろいをしているところです。また、写真2は、チンパンジーが自分の腕についているシラミの卵をつまんでいるところです。シラミの卵の大きさは一ミリメートルにも満たないので、われわれヒトにとってだけでなく、これらの霊長類にとっても小さな物体です。このような細かいものをつまめるということは、手の器用さの例としてあげられると思います。

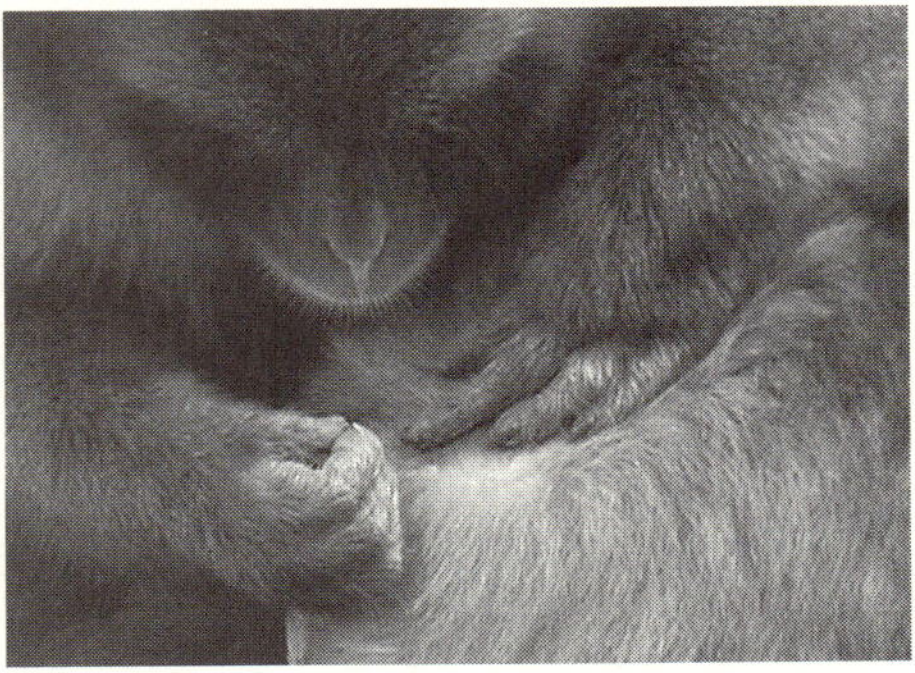

写真1　ニホンザルの毛づくろい　撮影／座馬耕一郎

写真2　自分の腕のシラミの卵をつまむチンパンジー　撮影／座馬耕一郎

また、シラミ取りという行動は、写真のニホンザルやチンパンジーだけで特に見られるものではありません。これらの群れの他の個体でも見られるし、他の群れでも見られるし、他の種類のサルでも見られます。シラミ取りは、特に手先の運動を訓練したサルだけがするわけではなく、どのサルでもある一定の年齢になれば、する行動です。したがって、サルは一般的に手を器用に使えると言えます。

■同じように手を使っている?

霊長類の手は、どれも甲（中手骨）の長さに比べて、指が長いという特徴があって、この形のせいで、物を握ることができます。この形態特徴は、初期霊長類化石で既に見られるとともに、現生霊長類の共通祖先と近縁であるとされる偽霊長類という化石分類群の一部でも見られます。また、現生霊長類とその祖先が鉤爪《かぎづめ》ではなく平爪を持っていることや、親指側の中手骨と手首が鞍型関節になり、親指と他の指を向かい合わせることができるのは、手の把握能力の発達にともなって、獲得されたと考えられています。このように、霊長類には化石種も含めて、手で物を握ることができると言えます。しかし、霊長類同士で手を比べてみると、さまざまな手の形があります。そして、手の形によって、手の使い方も変わってきます。

図は、チンパンジーが物を摘《つ》まんでいるところです。チンパンジーでは親指がヒトに比べて（そしてニホンザルに比べても）相対的に短くなっています。ヒトでは、親指と人差し指の先をくっつけるということは、それぞれの指の関節をゆるく曲げればでき、物体を楽に摘まむことができます。しかし、チンパンジーでは親指が短いために、人差し指を非常に強く曲げて、親指をぴんと伸ばさないと、親指の先は人差し指の先に届きません。このため、チンパンジーでは、よく親指と人差し指の途中とで物をはさみます。物があたる位置も、ヒトでは指先の狭い範囲で一定していますが、チンパンジーでは指先から指の根元までばらつき、物の保持が不安定になってきます。チンパンジーはニホンザルよりもヒトに近縁な霊長類ですが、このような手の形による制約があるために、指先の器用さはニホンザルほどではないと言えます。

チンパンジー以外の例を挙げると、南米のサルでは、親指と人差し指の間だけではなく、人差し指と中指の間が広く開くものがあります。このようなサルでは、親指と人差し指で物を摘まむだけでなく、人差し指と中指の間でも物をはさむ行動をします。このような動作はSchizodactylity（またはシザー・ハンド：鋏手）と呼ばれています。また、コロブスやクモザルなどでは、親指が退化してしまっています。ロリス類では、人差し指が短くなっていて、親指と人差し指との組み合わせでの動作は期待できません。しかしロリス類では親指と中指・薬指との間をしっかり向き合わせて、物を強力につかむことができます。

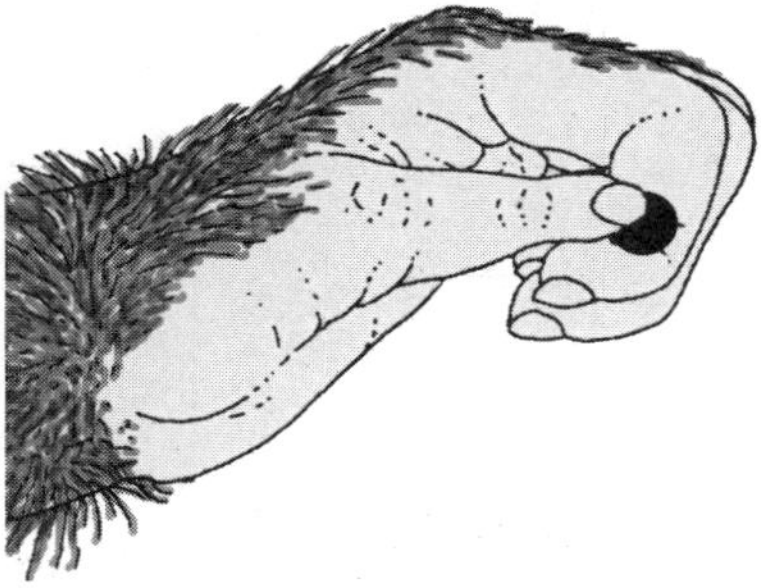

図　チンパンジーの物のつまみ方の例
Christel（1993）から改変

■どこまで器用に手を使える？

人間の手には、指から手首を含めて、二七個の骨があります。骨にはいくつもの筋肉が付着していて、これが収縮することにより、関節が曲がったり、伸ばされたり、回転したりという動作が可能になっています。それぞれの指の動きは、手の平〜甲方向もあれば、寄せたり開いたり、ある指（ヒトでは親指）と他の指を向き合わせたりとさまざまで、これらの動きを可能にするだけのたくさんの種類の筋肉があります。ヒトと最初に上げたニホンザルとでは、手の骨や筋肉の数や種類に大きな差はなく、むしろヒトの方が筋肉の数は少なくなっています。この点で、基本的な形態構造のうえでヒトと他の霊長類は大きな差がなく、ニホンザルなどのサルは細かな動きを行える手を持っていると言えるでしょう。ただし、同じ筋肉があるといっても、どの筋肉がより強いかという点では、ヒトとサルでは異なり、どのような指の動きが得意かについての違いがある可能性があります。

また、筋肉の動きを制御しているのは、脳からの指令を伝えている神経系です。餌の入った箱の鍵をあけるという実験をキツネザルで行った場合、それぞれのキツネザルは別々の手の使い方で鍵を開けたという行動観察があります（Schoeneich, 1993）。手の形態が同じでも、別々の手の使い方をすることはありえます。サルがどの程度、器用に手を使いうるかということは、筋骨格系の構造だけではなく、神経系の制御が影響しています。

（江木直子）

11 霊長類の成長期間と寿命はどのくらいですか？

進化と形態について

寿命にはさまざまな意味があります。一般的な平均余命は、「生まれたばかりのゼロ歳児が、あと平均して何年生きられるのか」を意味します。しかし、それを求めるには多くのデータが必要であり、また生活環境を一定とするという前提もあります。したがって、「平均余命」で異なる霊長類を比較できません。

そこで比較によく使われるのが、その種で記録されている最も長寿を意味する「最大寿命」です。ヒトでは一二〇歳ぐらい、一方、チンパンジーは五〇歳、ニホンザルは三〇歳ぐらいとされていますが、もっと長いかもしれません。最大寿命は、事故・病気・飢饉《ききん》・捕食者などの死因をすりぬけ、遺伝的に長寿である個体の達成する寿命で、生活環境が改善された現代人でも、最大寿命は延びていません。

一般に哺乳類では寿命は体のサイズに比例して長くなり、マウスなどの小型動物の寿命はゾウなどの大型動物の寿命よりずっと短い。これは寿命のサイズ効果ですが、それを考慮しても、霊長類は同じような体のサイズの他の哺乳類よりもかなり長寿です。ニホンザルは体重一〇～一五キログラムですが、それに匹敵するサイズのイヌの寿命は一〇～一五年ほどです。ヒトは特に長寿です。

おもしろいことに、哺乳類のなかで霊長類のほかに、コウモリも長寿です。さらに鳥類も「ツルは千年」は大げさにしても、体サイズの割に長寿です。霊長類は樹上生活者であり、コウモリと鳥は空を飛びます。こういう生活スタイルだと捕食者危険が少ないうえ、他の動物にはなかなか到達できない植物の先端部などにある果実や葉、そして昆虫など豊富な食物資源が得られ、飢饉の危険性も少ないと考えられます。個体の安全性と、種の最大寿命とは直接的ではないにしても、結びつきがあるはずです。なぜならば、最大寿命はその種の生活環境へ、その種の生活のやりかたで適応することで獲得した遺伝的な性質の総合だからです。

■最大寿命を延ばす適応とは、なんだろう？

「適応」が、なんでもより良い性質を獲得することを可能にする「うちでの小槌《こづち》」のようなものだと考えると、ネズミだって、ゴキブリだって、ミミズだって、安全な暮らしで長寿へと適応したいことでしょう。しかし、です。

個体の適応というのは、長寿にどれだけ到達したのかではなく、子孫（オトナになるまで生き残る子孫）の数、または総個体数における割合で測られます。そして、世代をかさね、より環境に適した特徴を持つ系統が他系統よりも増えていくわけです。適応をそう考えると、長寿化は必ずしも適応の目標とはなりません。短い寿命の中で多くの子を短期間に産むか、長い寿命の中で少数の子をじっくり産みそだてるかという、異なった適応があると予測できます。

寿命か生殖かの選択では、安全性（捕食者・食物変動）が要因となります。比較的安全性の高い生活を送る多くの霊長類は、だから、長寿になり、子供をじっくり育てることができるのです。大型動物も比較的安全性が高いので長寿の傾向があります。霊長類では、この長い成長期間は、子どもが生活方法を学習する時間にあてられていると考えられるのですが、それを証明するために今、脳や認知能力の発達と関連させて研究が進められています。

ここまでのところは、寿命の決定要因の一面、すなわち「なぜ？」に関する要因（究極要因）について書いてきました。もう一つは、最大寿命を可能にする身体生理機能面（とそれをになう遺伝メカニズム）、すなわち「どうやって？」（至近要因）です。長寿には身体機能を維持する能力が必須となります。具体的には、老化を防ぐことです。

老化現象の最も基本的な要因として、酸化ストレスが挙げられます。動物は食物を摂り、それを代謝して（化学変化させて）、エネルギーを得て生きていますが、その化学変化の際に、有害な物質

（フリーラジカル）が副産物としてできてしまいます。これが細胞機能に障害をもたらします。生物はそういった障害へ、さまざまな対策手段を講じていますが、それに要するエネルギーもわずかではありません。生殖にも多くのエネルギーが必要となるのは、もちろんのことです。このため、生物は身体維持（逆に言えば、老化の進行）と生殖活動との兼ね合いで、エネルギー出費を最適化している（に違いない）はずです。安全性の確保されない種は急速な生殖を行い、老化対策への出費を最小限にとどめるので、必然的に短命となり、逆に安全性を確保できる種は、老化対策へ出費し、長命となるわけです。

そこで、新たな疑問が出てきます。

たくさんのエネルギーを獲得すれば、さらに長寿になるのではないか、ということです。その手は確かにあります。それをやっているのがヒトや数種の霊長類なのです。

寿命は体サイズに比例すると述べましたが、それをエネルギーとの関係で書くと、哺乳類の多くの種で、一生の間に消費する体重あたりのエネルギー（生涯エネルギー使用可能値）がほぼ一定になる、という関係があります。すなわち、寿命と代謝率（単位時間あたりの消費エネルギー量、例えば一日に摂取する食物量）は、反比例関係にあります。具体的な例を挙げると、最大寿命が数年と短命なトガリネズミは、代謝率が280cal/g−体重/日と高く（体重が60kgだとすると16800kcal/日となって、ヒトの八倍も大食）、一方カバは10cal/g−体重/日と、体重あたり・一日あたりの消費エネルギー量は非常に低くなっています。多くの哺乳類で計算すると、生涯エネルギー使用可能値は三つぐらいの値があり、大多数の霊長類・コウモリ類以外の哺乳類を基準にすると、多くの霊長類ではその二・一倍、ヒトやオマキザルなどでは約三・五倍です。ヒトを含めて霊長類は、この大きなエネルギー使用可能値によって、相対的に長い寿命を獲得しているのです（だからといって、皆さん、たくさん食べても長寿にはならないので、適切な量を）。

しかし、その一方で、これらの種では、それだけのエネルギー（食物）を確保する必要があります。そういった意味で、食物を効率よく獲得するために大きい「脳」が必要だと推測され、事実、脳サイズと寿命の間の関係は強いことが知られています。

長寿にともなって、ヒトでは老齢期ができました（「73 サルにも更年期はありますか?」）。女性の生殖が停止した後の期間のことです（男性では生殖機能がかなり高齢まで維持されます）。ヒトは他の霊長類に比べて、この老齢期がとても長い。ヒトは非常にぜいたくに時間とエネルギーを使い、身体機能がまだ維持されている時期に、生殖を停止し、長い寿命を持ちます。この老齢期の進化は、子や孫の養育支援を行い、生殖的成功を増加させることが適応的要因となっているのです。

（濱田　穣）

12 霊長類が他の哺乳類から分かれたのはいつ頃?

進化と形態について

■最古の霊長類化石

化石も含めたすべての霊長類は、偽霊長類（またはプレシアダピス型類：Plesiadapiformes）と真霊長類（または現代型霊長類：Euprimates）という大きく二つのグループに分けることができます。偽霊長類の最古の化石は、プルガトリウス・ウニオ（*Purgatorius unio*）といって、アメリカ合衆国モンタナ州の約六五〇〇万年前の地層から見つかっています。最古の真霊長類は、モロッコの約五七〇〇万年前の地層から見つかったアルティアトラシウス・クルチー（*Altiatlasius koulchii*）です。

真霊長類には、現在生きている霊長類も含められます。初期の真霊長類化石には、現在の霊長類が共通して持っている霊長類的な形態特徴（例えば、平爪がついた五本の指、嗅覚の退化と立体視の発達、体に対して相対的に大きな脳）が既に見られます。初期真霊長類の化石は、現在の霊長類の大きなグループ（真猿類、メガネザル、キツネザル）のどれと近縁であるかが検討されます。アルティアトラシウスは、真霊長類の中でも真猿類に近いと考える研究者もいます。一方、偽霊長類は、初期真霊長類ほど霊長類的な形態特徴が明確ではなく、現在の霊長類からはやや遠い親戚になります。霊長類化石の専門家の中には、偽霊長類は霊長類ではなく、ヒヨケザル（皮翼類）により近いと唱える研究者もいます。

化石がどのくらい古いかは、その年代が数百万年前という単位のものである場合、骨自体からではなく、産出地層から推定することになります。火山活動による溶岩や火山灰がその地層の近くに挟まっていれば、その火山由来の岩の中から年代測定に役立つアルゴン（Ar）などの鉱物が見つかる可能性があります。アルゴンなどの鉱物は、一定の割合で放射線を出しつつ、異なる元素や同位体（同じ元素で中性子の数が異なる）に変わっていく性質があります。火山の溶岩など、噴火直後に急冷によって岩の中に鉱物が閉じ込められると、その後は岩の外からその鉱物は供給されません。岩石中にあるアルゴンなどの鉱物とその鉱物からできる鉱物との比率と、問題となっている鉱物の変化率を使って、どのくらい前にその火山由来の岩石ができたかを推定することができます。また、化石の産出地層自体にそのような鉱物がなくても、年代がわかっている他の地層とどちらが新しいかを比べていくことで、年代の推定幅を狭めていくことができます。

偽霊長類の最古の化石記録は六五〇〇万年前ですから、この時までに霊長類の祖先は他の哺乳類から分かれていたことになります。六五〇〇万年前は、恐竜の時代として知られる中生代と哺乳類が繁栄する新生代の境の時期です。霊長類は、恐竜がまだ繁栄していた間に他の哺乳類から分かれていたことになります。

■生体分子データを使った分岐年代の推定

一九九〇年代ごろから生体分子データを使って生物間の系統関係を明らかにする手法が、実際の生物での研究に応用されるようになりました。哺乳類は現在存在しているものだけでも、（有袋類《ゆうたいるい》や食虫類をそれぞれ一つの目《もく》として数える場合）二〇ほどの目を含み、有袋類（カンガルーなどオーストラリアの哺乳類とアメリカ大陸のオポッサム類）、異節類（アルマジロやナマケモノ）、アフリカ獣類（ゾウやマナティ）、ローラシア獣類（ウマやシカ、イヌ）、齧兎類（ネズミやウサギ）、主獣類（コウモリなど）などに分けられます。霊長目は主獣類に入れられ、現生の哺乳類の中でこのグループに入り霊長類に最も近いのは、東南アジアに生息するヒヨケザル（皮翼類）やツパイ（ツパイ目または登木目）です。これらと霊長類が分かれたのは、約八五〇〇万年前と推定されています。

生体分子データとは、タンパク質のアミノ酸配列や細胞内のミトコンドリアや核ＤＮＡの塩基配列を指します。配列の相同部分が、生物間でどのくらい同一であるかを測ることにより、それらの生物がどのくらい近縁かを推定します。また、配列の変化の速度を仮定すると、この方法で得られた近縁度から生物同士が分岐した時期の相対的な古さが算出できることになります。どれか一つの分岐に対して、対応する絶対的な年代の値を化石記録から得られれば、他の分岐に対しても、たとえその分類群では化石記録がなくても、絶対的な年代値を推定できます。アミノ酸配列や塩基配列を得るには状態の良い細胞が必要なので、古い時代の化石は対象に含めることができません。近年、コンピュータの演算能力の向上にともない、大容量の生体分子配列データも解析できるようになり、生体分子データを基にした系統関係の推定や分岐年代の推定は、現生生物の研究では一般的に使われるようになりました。

■更新される化石証拠と分子分岐年代

現在、化石証拠で示されている霊長類の祖先の出現年代（六五〇〇万年前）と、生体分子データから推定される、霊長類が他の哺乳類から分かれた年代（八五〇〇万年前）には、二〇〇〇万年の差があります。このように分子分岐年代が化石記録より古いのは一般的な現象です。

化石と実際の分岐年代の差については、いくつかの理由を挙げることができます。まず、「霊長類」につながる集団と「ヒヨケザル」につながる集団が分かれたというイベント（たとえば、地理的隔離）が起こったのちに、「霊長類」的な特徴の形成があったと考えられますので、研究者が「霊長類」として認識できる化石が産出する年代と実際の分岐した年代には差が生じます。また、化石として運良く発見できた霊長類は、「霊長類」的な特徴を初めて持った霊長類ではなく、何代もあとの子孫である可能性が高いですから、差はさらに大きくなります。一方、現生人類に四つの血液型が見られるのと同じように、それぞれの生体分子配列は、生物集団内の全ての個体で同一の配列になっているわけではありません。「霊長類」と「ヒヨケザル」に特徴的な配列は祖先集団の中にそれぞれ存在し、集団が分かれる時に異なる割合で残っていった可能性も考えられます。この場合、集団の分岐が起こる前に、まず祖先集団の中で生体分子配列の分岐が起こり、分子分岐年代は後者の値を示していると考えられます。このように、生物が他の生物と系統的に分かれる際には、いくつかの過程を経る時間があるため、化石証拠は分子分岐年代より新しい年代を示すことになると考えられています。

化石や分子系統解析による分岐年代推定値は、新たな標本の研究や研究方法の開発によって、年々改善されています。例えば、真猿類の化石記録は二〇年前にはエジプトから出たアピディウム（*Apidium*）などの化石が最古とされ、これは約三三〇〇万年前の年代のものでした。しかし、一〇年前には約四二〇〇万年前の化石（*Eosimias*＝エオシミアス）が中国から見つかり、二一世紀に入ってからの発掘調査によって、インドの約五四〇〇万年前の地層からも真猿類と思われる化石（*Anthrasimias*＝アントラシミアス）が発見されました。

また、分子分岐年代の例では、チンパンジーとヒトの分岐について、一九八〇年代前半には四〇〇万年前という値が示されましたが、現在では八〇〇万年前という値に改められています。霊長類と他の哺乳類が分かれた年代の推定幅も、今後の研究によって、より正確になっていくことが期待されます。

（江木直子）

進化と形態について

13 ヒト以外の霊長類は、なぜヨーロッパや北アメリカにいない？

現在、ヨーロッパや北アメリカにはサルは住んでいませんが、過去には多くの種類のサル達が住んでいました。そもそも霊長類の祖先の起源地は、北半球の大陸とされています。約六五〇〇万年前の北アメリカの地層や約六〇〇〇万年前の中国からも化石が見つかっていて、頭骨や手足の細かな特徴から、サル類の祖先と考えられています。当時北半球にあった北アメリカ、アジア、ヨーロッパといった大陸は、高緯度地域で地続きになっていて、こういった大陸のどこかでサルの祖先が進化したと考えられています。サルと確認される化石は約六五〇〇万年前のものが最古ですが、最近の分子生物学的研究では、サル類と他の霊長類が分かれたのは一億年前にまでさかのぼるのではないかと考えられています。しかし、初期のサル類の化石は他の哺乳類と区別することが難しいので、化石で確認できる可能性はかなり低いでしょう。

北半球で起源したサルたちは、様々なグループに分かれて進化して、かなり繁栄していました。しかし、約四五〇〇万年前頃から地球全体が寒冷化・乾燥化して植生が変わったことにより、約三五〇〇万年前頃にはほとんどのグループが絶滅してしまいます。特に北アメリカでは、約二五〇〇万年前と思われる原始的な化石種を最後にサルはいなくなってしまいました。これに対し、ヨーロッパやアジアといった旧大陸では一部の原始的なサルが生き残っていました。その中から我々ヒトや類人猿などにつながる真猿類と呼ばれるグループが出現し進化していきました。

ヨーロッパでは一時期全てのサル類が絶滅してしまったようですが、地理的に近いアフリカ大陸と何度も地続きになったため、アフリカ大陸から様々な種類のサルたちが何度も侵入してきたようです。その中には原始的な類人猿やニホンザルに似たマカクなどのサル類が含まれていました。彼らのうちのいくつかは、ユーラシア大陸を東進して東アジアにまで到達したと考えられています。ヨーロッパでは数十万年前までバーバリーマカクと呼ばれるサルが住んでいたようですが、最終的には寒冷化により植生が変化して絶滅してしまいました。現在イベリア半島南西部のジブラルタルにいるバーバリーマカクがその子孫であるとも言われますが、これは対岸のアフリカ大陸から人為的に連れてこられたという説が有力です。

（高井正成）

14 南米のサルはどこから来たの？

進化と形態について

現在生きているサルたちの分布は、アフリカ、南～東南アジアそして中南米の熱帯・亜熱帯地域から温帯地域に及びますが、この分布図には不思議な点があります。旧大陸（または旧世界）と呼ばれ

白亜紀中頃（約1億年前）の大陸のようす

るアフリカとアジアは陸続きなので、どちらにサルがいても不思議ではありません。しかし、北米大陸と共に新大陸（または新世界）といわれる中南米地域は、間に大西洋が広がっていて旧大陸とはつながっていません。サルたちはどうやって、大洋で隔てられた二つの大陸に分布するようになったのでしょう？

この疑問に答えるためには、一億年以上にわたる地球表面の大陸移動の歴史から説明する必要があります。数億年前の地球上の大陸はパンゲアと呼ばれるひとつの大きな超大陸を形成していましたが、やがていくつかの大陸に分裂し始めます。中生代の最後の期間である白亜紀中頃（約一億年前）には、北半球のローラシア大陸（ヨーロッパ、アジア、北米などの大陸）と南半球のゴンドワナ大陸（アフリカ、マダガスカル、インド、オーストラリア、南米、南極などの大陸）に分裂していました（図）。霊長類の祖先は、この頃にローラシア大陸で起源して他の哺乳類の系統と分岐したようです。

初期の霊長類は他の哺乳類と区別するのが難しいのですが、霊長類に近縁と見られるプレシアダピス類（偽霊長類とも呼ばれる）が、北米・ヨーロッパ・東アジアなどの新生代初頭の暁《ぎょう》新世《しんせい》（約六五〇〇万～五五〇〇万年前）の地層からたくさん見つかっています。これらの化石記録と、確実に霊長類とわかる「真霊長類」の化石記録から、霊長類の起源は北半球の大陸と考えられています。次の始新世（約五五〇〇万～三五〇〇万年前）になると、真霊長類はアジアやアフリカの全域に分布域を広げていきます。しかし南米大陸は既に北米ともアフリカとも分裂していて、孤立した隔離大陸となっていました。南米大陸が他の大陸、すなわち北米大陸と再び連結するのは、ずっと後の中新世末（約五〇〇万年前）になります。

ところがまだ南米大陸が隔離されていた漸新世《ぜんしんせい》末（約二五〇〇万年前）の地層から、突然霊長類の化石が出現します。この不思議な現象に関して、昔から様々な仮説が提唱されてきました。一九七〇年代の前半までは、北米大陸から原始的な真霊長類が侵入してきたと考えられてきました。しかしその後、アフリカ大陸の霊長類や齧歯類《げっしるい》（ネズミの仲間）の化石が南米で見つかる化石種と近縁であるという研究成果が発表され、現在ではほとんどの研究者が南米大陸のサルはアフリカ大陸から侵入したと考えています。当時の南米大陸とアフリカ大陸は、分裂し始めてからあまり時間が経っていないので、今よりもずっと近かったようです。また漸新世前半の世界的な寒冷化の影響で海水面も下降し、両大陸間の最短距離は八〇〇キロメートルくらいだったと推測されています。流木などが絡み合った「浮き島」がアフリカから南米へ向かう海流で運ばれて、そこに乗り合わせたサルが南米のサルの祖先になったのではないかと考えられています。しかし、アフリカから南米まで着くのに、最低でも一週間くらいはかかったでしょう。どのようにして彼らが食料や水を確保したのかは不明です。

南米大陸に侵入したサルたちは、広大な熱帯雨林地域に分布を広げ適応放散してゆきました。鮮新世（約五〇〇万〜一八〇万年前）以降は南米と北米は地続きになり、サルを含む陸棲の哺乳類も相互に移入するようになりました。しかし、北米大陸に生息していた原始的な真霊長類は既に絶滅していて、南米から侵入したサルたちもメキシコ以北の北米大陸には進出できなかったようです。北米大陸南部の乾燥気候は、彼らの生息地には適していなかったのでしょう。

約一億年前の北半球から始まったサルたちの旅は、南半球を経て世界を一周しました。しかし最終的に北米大陸に戻ってきたのは、我々ヒトだけだったようです。　（高井正成）

15 霊長類は全部合わせて何種類くらいいますか？

進化と形態について

分類の仕方にもよりますが、現在、おおよそ三五〇種の霊長類がいます。もちろん、わたしたちヒトもそのうちの一種です。すべての生物種は、種それぞれの名前と、種より大きなグループである属の名前が付けられています。いわゆる「学名」と言われるのは、この属と種の名前を並べたもので、ラテン語で表されます。わたしたちは、ホモ属のサピエンス種なので、ホモ・サピエンス（「賢いヒト」の意）です。霊長類は、おおよそ七〇属に分類されているので、平均すると一属あたり五種います。しかし、中には一属一種であるものや、一属の中に二〇種近くいるものもあります。霊長類の学名や分類は、巻末の「霊長類の分類リスト」を参照してください。

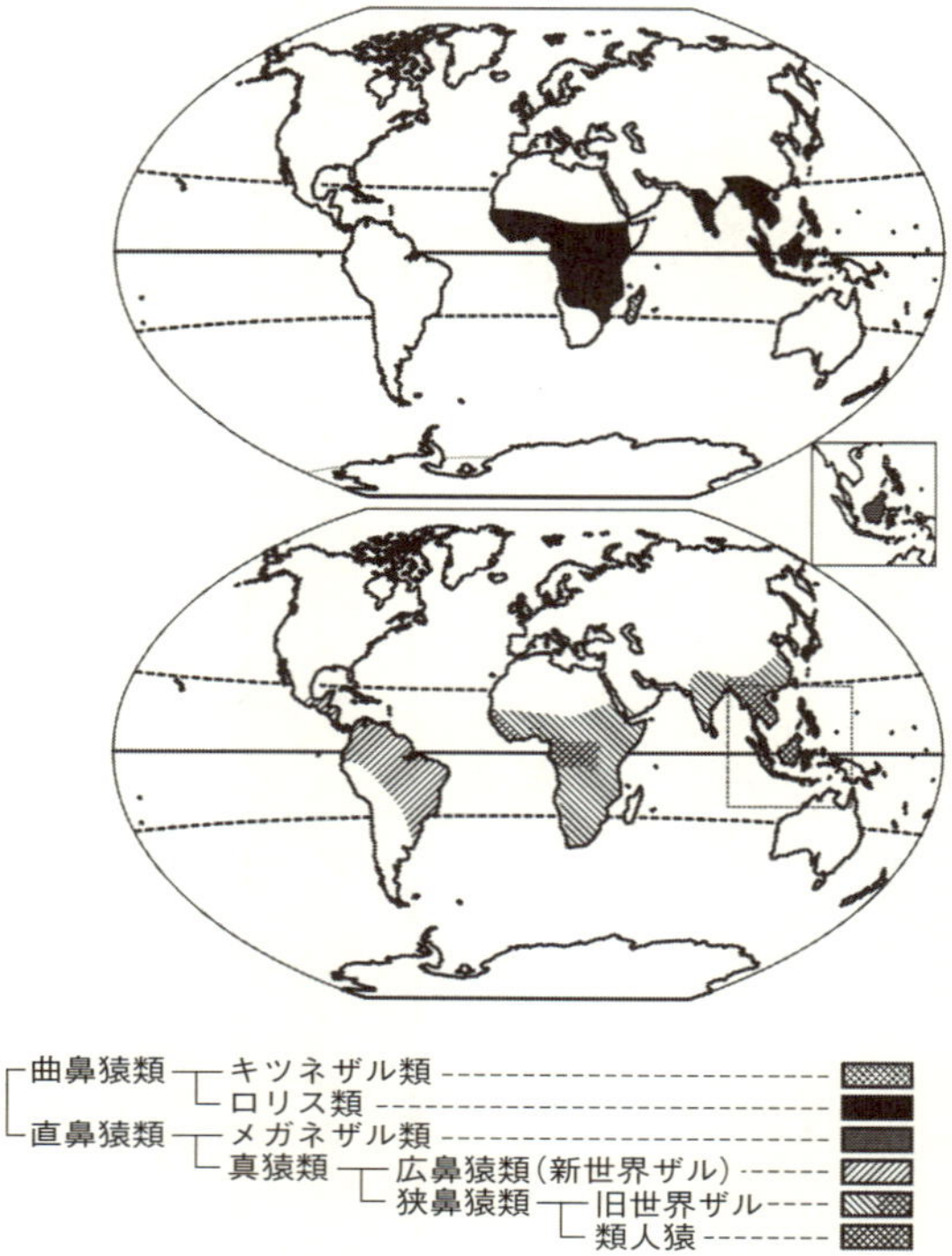

ヒト以外の霊長類の分布

霊長類は大きく二つのグループに分けられます。一つは、曲鼻猿類《きょくびえんるい》で、キツネザル類とロリス類を含みます。これらのサルは、霊長類の祖先的な特徴を多く持ち続けながら進化してきたグループで、見た目はあまりサルらしくありません。名前も、ネズミキツネザルやイタチキツネザルなど、三つも違う動物の名前が並ぶものさえあります。キツネザル類はアフリカ大陸の東に浮かぶマダガスカル島とその近くの小さな島々にしかいません。一方のロリス類は、種数はキツネザル類より少ないですが、アフリカと南~東南アジアに広く棲んでいます。

もう一つは、直鼻猿類で、メガネザル類と真猿類を含みます。メガネザル類は、眼が非常に大きくて愛嬌のある顔をしたサルで、東南アジアの島々に生息しています。かつては、このサルは曲鼻猿類に近いと考えられていたので、両者を原猿類というグループにまとめていました。しかし、頭骨の特徴や遺伝子の研究からメガネザルが実は真猿類に近いことが分かったので、原猿類という名前は分類名としては使われなくなりました。

真猿類は、その名の通り、サルらしい霊長類の仲間です。真猿類は、さらに、広鼻猿類と狭鼻猿類の二つに分けられます。広鼻猿類は、中央〜南アメリカに棲んでいるサルで、そのことから新世界ザルと呼ばれます。狭鼻猿類は、オナガザル・コロブス類、テナガザル類（小型類人猿）、チンパンジーやオランウータンなどの大型類人猿、ヒトを含むグループです。オナガザルやコロブスの仲間は、アフリカやアジアに棲んでいるサルで、旧世界ザルと呼ばれます。ニホンザルもこの仲間です。それに対して、類人猿は、現在は、アフリカや東南アジアの限られた地域にしか棲んでいません。

かつて、大型類人猿をオランウータン科にまとめ、ヒトのみをヒト科と分類していました。これは、ヒトの体の形の特徴が、他の大型類人猿のものに比べると、非常に異なっていることを重視していたためです。しかし、分類学の考え方が、形の違いの大きさではなく、進化の過程でどう枝分かれしてきたかという系統分岐（家系のようなもの）を重視するように変わりました。現在では、大型類人猿とヒトをヒト科にまとめています。

ヒトは、地球のあらゆる地域に棲んでいる珍しい霊長類です。不毛の南極にすら棲んでいます。他の霊長類は、おおよそ南北回帰線より赤道に近い地域、つまり熱帯や亜熱帯地域に棲んでいます。ヒト以外の霊長類の中では、ニホンザルを含むマカカ属（マカクとも言う）が、種の数も個体数も多く、北アフリカや南~東アジアに広く分布しています。最も繁栄しているグループといえるでしょう。その中でも、ニホンザルは、下北半島にも棲んでおり、ヒト以外では最も高緯度地域に棲んでいる霊長類で、「北限のサル」「スノー・モンキー」などと呼ばれています。

一九九二年に出版された講談社ブルーバックス『サル学なんでも小事典』では、霊長類はおおよそ一八〇種いると書かれています。それからほぼ一五年のうちに、種の数がほぼ倍に増えました。

その要因の一つは、新種が発見されたことによります。例えば、二〇〇四年にアフリカのタンザニアで発見された旧世界ザルのキプンジサル（ルングウェセブス・キプンジ）は、アフリカに限れば八三年ぶりの霊長類の新属発見として、アメリカの「サイエンス」誌に大々的に発表されました。また、ニホンザルの仲間であるマカカ属でも、二〇〇五年にインド北東地方で新種アルナチャルサル（マカカ・ムンザラ）が発見されました。また、二一世紀に入ってからは、マダガスカルのキツネザル類の新種の報告があいついでいます。近年の新種発見は、フィールド研究が進んだ成果ともいえます。一方で、急速に環境破壊が進み、これまで調査できなかった地域に研究者が入ることができるようになったこともその一助となっています。

新種の発見以上に大きいのは、いままで一つの種と思われていたサルが二種以上のサルに分けられたことです。形態や生態に関する研究が進むとともに、遺伝子を用いた分析もさかんに行われています。形など外に現れる特徴は種に分けられるほど異ならないのに、遺伝子は大きく異なっているという例も多くあります。種を細かく分ける研究者をスプリッター、逆に大きくまとめて分類する者をランパーと呼びます。近年は、スプリッターが主流のようです。また、動物保護の意識が高まったことも、その傾向に影響を与えています。種を細かく分けると、種によっては、実は個体数が非常に少なく、保護の必要性が高いことが分かることがあります。

この一五年間で種数は大きく増加しましたが、それは決して霊長類の繁栄を示しているのではありません。巻末のリストにあるように、多くの霊長類は絶滅の危機に瀕しています。一〇年後には、霊長類の種は減っているかもしれません。


（西村　剛）

16 現在ニホンザルは何頭いる？

進化と形態について

現時点でニホンザルが何頭いるのか、定説はありません。これまで日本全国のサル個体数として示された数値は、一九五〇年に行われた岸田久吉によるアンケート調査、一九六一〜一九六二年と、その後一九七〇年に再度行われた竹下完のアンケート調査、一九八九年の羽柴克子による個体数推定があるだけです。岸田報告では一万五六一四頭、竹下の一九六四年の報告では二万二〇〇〇〜三万四〇〇〇頭、一九七〇年報告では四万三九三三頭でした。その後、川村俊蔵がこの結果を基に、個体数の分からない地域、および回答がない地域の分を勘案して七万二〇〇〇頭という数を推定しています。羽柴は一一万四四三一頭を推定しています。

このように、全国的なニホンザルの個体数を推定する試み自体が、非常に少ないのです。二〇〇八年の段階で、ここ一〇年程度の間に日本各地で行われたさまざまな生息実態調査の結果を合わせると、最低でも四万三〇〇〇頭はいるということになります。ただ、半分近くの県のデータ、特に密度が濃いであろう西日本のデータがなく、また報告がある県であっても一部地域だけだったりしますので、日本全国の個体数というわけではありません。ただこの傾向から読み取れるのは、明らかにニホンザルの個体数はこの半世紀の間にかなり増加したということです。最近では、サルによる被害を理由に駆除されるサルだけでも年一万頭をこえています。ニホンザルは、太平洋戦争前後の時期にもっとも個体数を減らしていたようで、その後回復して現在に至っていると考えられるのです。

ニホンザルの個体数は、通常、直接観察で数えられた数値の積み重ねで示されます。他のシカやクマ、イノシシといった地上性の哺乳類ですと、直接観察が困難ですので、さまざまな状況証拠を用いて個体数推定を行います。結果として、場合によっては一桁違うかもしれないというような推定値が出されることもあるのですが、サルの場合はどうしても少なめになりがちです。昔、サルの姿をなかなか見られなかった時代には、一群で数百頭もいるというような推定値が出されていることがよくあったのですが、最近は逃げないサルが増えたためか、見た数をそのまま報告している例が多くなったように思います。

いずれにしても、個体数を知るということは、その個体群を保全する上では基礎的な資料となります。個体群のサイズが小さくなると絶滅しやすくなりますし、サイズが大きければ多少のことでは絶滅には至らない、そう考えられるからです。この場合の個体群とは、ニホンザル全体としての数ではなく、相互に交流可能な距離にある地理的に連続した繁殖可能な群れの集合体です。例えば、下北半島のサルはもっとも近い津軽や白神《しらかみ》山地に棲むサルから一〇〇キロメートル近くも離れていて、お互いに行き来しているとは考えられません。ですから下北半島のサルがいなくなるということは、ニホンザル全体の中ではごく一部なのですが、長い歴史の中でつちかわれた下北のサルという独自の存在が失われるということになります。ニホンザルという種は、こうしたそれぞれの固有性を持った地域個体群の集合体なのです。一つ一つの地域個体群の保全のためには、それぞれの個体数とその動態を知ることが重要です。

それでまた、現時点で全国に何頭ぐらいのニホンザルがいるのかということになるのですが、推定数の流れを見直すとおおよそ一〇万頭から二〇万頭の間ではないかと考えられます。ただ現在、国の機関によって全国的な個体数を推定する試みが進められていますので、その結果を待ちたいと思います。そしてここでもまた、推定値というのは一定の目安なのであって、実際にはその結果導き出されるであろう個体群の動態、変動の中に個体群の先行きを読み取ることが重要なのだということを述べておきます。

（渡辺邦夫）

17 霊長類は熱帯に多い動物なのに、雪が降る寒い地方でどうして冬を越せるの？

進化と形態について

霊長類は二〇〇〜三〇〇種ほどいますが、その中で温帯（南北回帰線より高緯度）だけに生息する種は、ニホンザル、モロッコとアルジェリアに棲むバーバリーマカク、中国の四川省と貴州省に棲むキンシコウ二種、ブータンやアッサムのごく一部に棲むゴールデンラングールの五種に過ぎません。確かに、温帯に棲む霊長類は例外的な存在です。ただし、霊長類の生息地の中で、寒いところは温帯だけではありません。熱帯でも高山では気温が氷点下まで下がります。ゲラダヒヒは、平均気温が五度しかない、寒冷なエチオピアの高原に住んでいます。

動物がどのくらいの低温に耐えられるかについては、それぞれの種はかなり融通性を持っているようです。例えば、愛知県犬山市にある霊長類研究所の屋外放飼場で飼育されているニホンザルは、外気温が六度から三五度の範囲内で、気温が下がるにつれ、酸素消費量が増加していました。気温が五度まで低下すると、二六度の場合の一・八倍酸素消費量が増加しており、これはその分だけ体温維持に余分にエネルギーがかかっていることを意味します。彼らは、低温になるとぶるぶる震えたりすることによって、体の中の熱生産を高めて、何とか体温を維持しているのです。

ところが、長野県地獄谷の豪雪地帯に棲むニホンザルは、気温が零下一・四度まで低下しても、酸素消費量は増えないという研究結果もあります。地獄谷は年に何度も気温が氷点下一〇度以下になる霊長類の生息地としてはおそらくもっとも寒冷な場所ですが、このような場所に住んでいるニホンザルは、寒さに「馴れて」いて、氷点下〇度くらいの寒さでは、ぶるぶる震えたりする必要がないのでしょう。

サルだんごを作って寒さをしのぐ屋久島のニホンザル　撮影：半谷

わたしは屋久島の海岸部と上部域のニホンザルを対象に、サルだんご（サルがくっつきあって暖を取る行動。写真）や、日向ぼっこの頻度を調べたことがあります。二つの調査地は標高差が一〇〇〇メートルほどあり、気温は七度くらい異なります。どちらの地域も、秋にはこれらの行動は見られず冬にだけ見られるのですが、両地域のあいだで、このような行動の頻度に違いはありませんでした。両地域の気温に七度もの差があり、海岸部の冬の寒さは上部域の秋くらいでしかないことを考えると、これはたいへん面白い結果です。上部域のサルは、寒さに「馴れて」いて、海岸部のサルが寒いと思うくらいの気温では、サルだんごを作ったり、日向ぼっこをしたりしようとは思わないわけです。確かに、雪が舞う屋久島の山の上でキャンプをして調査した後、海岸にある集落に下りてくると、わたしにとっては「とても暖かい」のに、海岸部で調査している同僚は「寒い、寒い」と言っていました。サルにとっても、同じことのようです。

低温になっても、エネルギー消費を増やさずに体温を維持できる仕組みは、はっきりと分かっているわけではありません。ただ、寒冷地のニホンザルの方が、体が大きく、体毛が密に生える傾向があります。体が大きい方が、体重に対する体表面積の割合が小さく、熱が逃げにくくなっています。また、私たちが温度感受型の電波発信機をつけて行動観察をした研究によれば、先に上げたサルだんごや日向ぼっこによって、平均一～二度体表付近の温度を上げることができるようです。これはおよそ一〇パーセントのエネルギー節約になるようです。ニホンザルは冬になる前に脂肪を蓄積しますが、クジラやアザラシくらいの分厚さはないので、脂肪による断熱効果は無視できる程度のようです。

冬は、低温だけでなく、通常食物も不足する時期です。ニホンザルでは、冬にはエネルギー収支は大きく赤字になっているようです。断熱には役に立たない脂肪ですが、秋にたくさん食べて脂肪を蓄え、冬の間にそれを消費することで、食物不足を乗り切っているようです。

（半谷吾郎）

18 サルにも思春期がありますか？

進化と形態について

ヒトには「思春期」という成長期（成長段階）があります。身体成長が急速に進み、第二次性徴が発達し、性成熟する時期です。そしてまた、第二反抗期といわれるような親への反発や、心理・精神面での葛藤《かっとう》などもこの成長期の特徴です。こういった変化や成長特徴のすべてがヒト以外の霊長類にもあるのでしょうか？　そしてヒトの「思春期」はどのように、なぜ、進化したのでしょうか？

身体の各部分や機能は、同じペース（速度）で成長・発達するのではありません。たとえばアカンボウは頭が大きく、四肢（手や足）が小さいプロポーションを持っています。生後すぐに成長が急速に進むのが頭や神経系で、生殖器官系は成長の後半に急速に成長するまで、ずっと未熟な状態です。体全体のサイズやプロポーションを決める筋骨格系は、それらの中間のパターンを持っています。幼児期に言葉をしゃべったり、歩いたりしはじめるのに、なにはともあれ神経系（頭）の発達は必要です。そう考えると、部位・機能によって成長パターンが違っていることは納得がいきます。幼児期・コドモ期・思春期・青年期という成長期区分は、こういった器官系やその機能の成長パターンの組み合わせで決まります。

「思春期」は、ヒトではコドモの時期とオトナの時期の間の期間です。第二次性徴の出現するころ、そして性成熟が始まり進行する時期です。思春期は生殖器官系の成長の時期で、その成長をよく表しているのが第二次性徴の発達です。ヒトの場合、少年ではノドボトケが出てきて声変わりする、ヒゲが生え始める、生殖器官（ペニスや睾丸《こうがん》）が発達する、陰毛や脇毛が生え、体つきが筋肉質になります。少女では乳房が大きくなり、体の中で生殖器官が発達して生理がはじまり（初潮）、陰毛や脇毛が生え、体脂肪が蓄積します。そして体全体の成長が加速され、男性・女性ホルモンが分泌されるようになります。一方で、第二反抗期といわれるような親への反発、心理的に不安定な状態にもなります。

さて、これらの成長変化がすべて、ヒト以外の霊長類にもあるのでしょうか？　第二次性徴……ヒゲとか？　サルって、もともと毛だらけだしなあ。メスに乳房……ないなあ。でも、サルを見なれた人には、それに相当するものが見分けられます。オスでは生殖器が大きくなり、大きな犬歯の成長に伴って顔（鼻づら、吻《ふん》）が長くなり、体つきが筋肉質になり、肩や胸が大きく（闘士型の体型）なります。メスでは乳首が目立つようになり、お尻や顔が赤くなり、お尻から太ももの後側の毛がなくなって赤くなります（ここから「色気づく」という表現がでてきた……のではないけど）。脂肪を蓄積する個体（特にメス）も多くなります（体脂肪率は多くても一〇パーセント）。こういった身体変化は、第二次性徴と呼んでもよいでしょう。ニホンザルなど、多くのサル類では「思春期」になると、オスは生まれた群れを離れて、単独で放浪したり、群れとは別のオスグループを作ったりします（ちょっと、「ワル」な感じ）。そうすると、サル（ニホンザルのような）やチンパンジーなどの類人猿にも「思春期」があるのでしょうか？

ヒトでは思春期に成長加速があり、体重だけでなく、身長などの長さのサイズ（骨格の長さ）は二年間ほど急速な成長をします。この身体成長を詳しく見ると、性成熟ごろに身長の成長がいちじるしく加速され、そして減速します。小学生の高学年から中学生にかけて、急激に身長が伸びることは、かなりよく知られていることでしょう。このため成長速度曲線では、山のような曲線が描かれます。この成長加速（思春期成長加速）が存在することが思春期の必須条件であると考え、ヒト以外の霊長類には「思春期はない」と主張する人もいます。それでは、ほんとうにこの加速はヒト以外の霊長類にないのでしょうか？

サルはヒトにくらべると体が小さく、成長期間が短いので、成長変化がヒトに比べて急速です（ヒトに比べて、ニホンザルなどは三倍、チンパンジーは一・五倍程度）。また、加速はごく小さく、短期間かもしれません。また個体変異もあります。このような成長変化を調べるには、同一個体を何年間か、短期のインターバルで身体計測する必要があります。そういった計測データから成長速度曲線を描くと、ニホンザルの例では、幼児期の急速成長（速度が速い）から急速に減速していきますが、そのままのペースで速度がゼロになるまで減少するのではなく、二〜四歳のところで、減速ペースがゆるやかになります。そして四歳頃から再びペースが速まります。この成長パターンの中で、性成熟ころに緩やかだった減速ペースが急速になるあたりが、ヒトの思春期加速に相当すると私たちは考えています。

それではヒトの成長に、かなり著しい加速があるのは、なぜなのでしょう？　社会・文化などの発達と関係しているなどの説もありますが、私は食生態が強く関係していると思います。人類が長く採用してきた狩猟採集を思い描いてください。

ヒトとヒト以外の霊長類で、成長に関係してのいちばんの違いは、ヒトでは離乳したあとも子供に食物を与えることです。ヒト以外の霊長類は、親は子供に食物を分け与えません。ヒトに最も近縁のチンパンジーですら、そうです。「ヒトでなし！」などと憤慨しないでください。ヒトでは、思春期ごろから、自分で自分が消費する分を採取できるようになるのです。採集や狩猟は簡単なようで、体力や知識・経験を必要とします。そうすると、思春期成長加速の究極的要因（「なぜ？」への答え）は、成長の後半に食物摂取で自立できるようになることです。

成長には相当のエネルギー（食物）が必要です。したがって、成長パターンは食物供給・摂取と関係が深いのです。幼児（アカンボウ）からコドモへの成長を考えてみてください。アカンボウは母乳で育てられますが、生涯、重要な機能を持つ脳の発達に欠かせないので、この時期に集中して母親が栄養を与えます。そして、脳がある程度発達し、言うことがわかり、ある程度、自立運動も可能になると、離乳し、「コドモ」期に入ります。コドモ期では、成長がゆっくりしていて、養育する親の負担を軽減しています（サル類でも母親はコドモの面倒を見ます）。コドモは、さまざまなことを経験し、学習し、複雑な認識・思考ができるようになるのです。そういった段階を経て、食物摂取で自活できる思春期となるのです。このように成長パターンは、食物摂取と供給（親による供給）、脳の発達、性成熟、そして生殖など、たくさんの要件がからんで複雑ですが、それもこれもよりよいオトナに育て上げるために、進化の過程で作り上げられたものなのです。

（濱田　穣）

19

オスとメスの顔や体の特徴の違いに、意味があるのでしょうか？

進化と形態について

チャールズ・ダーウィンは一八五九年に出版した『種の起源』で、種が変化することと、種の変化をもたらす機構が自然淘汰であることを主張しました。しかし、生存に不利と思われる雄クジャクの尾羽の進化などは自然淘汰では説明しにくいと考え、一八七一年に『人間の由来、および性に関係する淘汰』を出版して、「性淘汰」という考えを提出しました。この本の第一部で、ダーウィンはヒトの地域変異について生存上の意味を執拗に論じた末、毛色・毛深さ・顔型などに見られる「人種の差は性淘汰の影響に支配されていると期待してよい」と述べています。

自然淘汰が自然環境への適応を生み出すメカニズムであるのに対して、性淘汰は生殖にかかわるメカニズムで、同性個体の間で起こる異性をめぐる競争と、一方の性の個体が他方の性の個体に対して行使する選《え》り好みに分けられます。

一般に哺乳類では、オスが一個体の子を作るのに必要とする時間やエネルギーの投資は、メスに比べてずっと少ないので、オスは交尾相手の数や交尾機会を増加させるために、メスをめぐって競争することになります。これをオス間競争といいます。一方、妊娠や授乳をおこなうメスは、一個体の子を生み育てるのに必要な投資が大きく、一生の間に生殖できる子の数は限られています。特に霊長類は、一回に産む子の数が少なく、個体の発生・成長にかかる時間が長いので、この制約がさらに強く働きます。そのため、メスは、子の父になるオスの質を重視することになります。こうしたメスによるオスに対する選別、選り好みをメス選択と呼びます。

自然淘汰ではオスもメスも、環境に対して最適な、同一の形態に近づくことになると予想されます。もちろん、オスとメスが生態学的に分化していれば話は別です。極端な例として、アンコウのうちチョウチンアンコウ亜目の一部ではオスはメスの腹部に癒合したコブのようになって、精子の生産に特殊化しています。しかし、霊長類の種では性による顕著な生態学的分化は知られていません。したがって、オスとメスの違いの説明は性淘汰に求められます。

オス間競争による形質として、犬歯や体重の性差がよく議論されています。犬歯はオス同士の闘いで武器になり、威嚇《いかく》にも有効です。また、体重も重いほうが闘いに有利だと思われるからです。霊長類の生殖の単位は単独生活、ペア、単雄複雌群、複雄複雌群に分けられますが、オス間競争が働きにくいペア型の社会を持つ種では、一貫して犬歯や体重の性差が少ないことが知られています。

クロキツネザル、シロガオサキ、クロホエザル、クロテナガザル、フーロックテナガザル、ボウシテナガザルは、オスとメスでオトナの毛色が明瞭に違っています。これらの種は、クロホエザルを除くと、いずれも犬歯や体重の性差が小さいので、毛色の性的二型は性の判別を容易にしてはいるものの、オス間競争とは関係がうすいと推測されます。種内の毛色変異は新生児とオトナの間で、ずっと多くの種に見られます。こうした新生児に特有な毛色は、父がだれであるのかを隠蔽《いんぺい》し、父ではないオスによる子殺しを起こりにくくしているのではないかと言われています。

オス間競争の一種に精子競争があります。妊娠しやすい時期にメスが複数のオスと交尾すると、メスの体内で精子の間に受精競争が起きます。複雄複雌群で発情メスが複数のオスと交尾するチンパンジーは、単雄複雌群でオスが群れのメスを独占しているゴリラより大きな精巣を持っています。また、チンパンジーとヒトの精子を比べると、チンパンジーの精子は長く運動を続けられるようになっています。船でも飛行機でも、そしておそらく精子も、航続距離が長いほうが闘いには有利なのでしょう。

精子競争に関連して、種によっては、オスが発情メスにつきそって他のオスの接近をふせぐコンソートシップや、さきに交尾したオスの精液が固着してメスの性器をふさぎ、あとから交尾するオスの精液の侵入をふせぐスパーム・プラグ（精液栓）が知られています。

体重や犬歯の他にも発声器官、敏捷さ、社会的知性などもオス間競争に関係していると思われますが、体重や犬歯のようにはデータが集まっていません。

クモザルのメスは、オスのペニスのようにクリトリスが長く、体格もオスと大差がないので、遠目にはオスと区別するのがむずかしい。このようなメスの「オス化」はオス間競争やメス選択では説明しにくい現象です。おそらく、クモザルの群れが、他の種ではチンパンジーやボノボにしか知られていない離合集散を行うことに関連していると思われます。メスが他の群れと接近したとき、メスがオスと区別しにくいことに意味があるのではないかと想像されます。クモザルのほかに、クリトリスがペニスに似ている動物はハイエナが知られています。

メス選択によって進化したと思われるオスの特徴には、オランウータンの頬にある肉襞（チーク・パッド）やマンドリルの鮮やかな顔、テングザルの鼻などがあります。ただし、これらの特徴によって、ほんとうにメスがオスを配偶者として選択しているという確かな証拠があるわけではありません。

メスがオスを選択するためには、メスは受精可能な時期にオスを惹《ひ》きつける必要があります。発情メスの性皮の膨腫、性皮や顔面の紅潮化などはその役割を果たしていると思われます。ヒトの女性の乳房も同様の役割を果たしているのかもしれませんが、なぜ月経周期と無関係にいつでも大きいのかについては定説がありません。また、チンパンジーやボノボの祖先と分岐した後、乳房がいつ出現したのかもわかっていません。

メス選択は、種によってメスの嗜好が異なるため、比較研究が困難です。性に関連する特徴にかぎらず、ひとつの種だけが持つユニークな特徴や、特に化石として証拠が残らない特徴は、進化を復元することが困難です。

最後に、近縁の種は性差の種類や程度も一般に類似しています。そうすると、性淘汰による性差の進化は、共通祖先の時代の出来事であって、現在はそのときに確立された性差をもたらすメカニズムがただ維持されているだけの可能性があります。しかし、現在でも自然淘汰と性淘汰のせめぎあいのもとに、性差の進化が続いているという主張もあります。また、二つの淘汰を対立的とは見なさず、種に固有な成分と祖先から受け継いだ成分に分解することも試みられています。

（毛利俊雄）

20 サルを表す言葉は、世界でどう違う？

進化と形態について

日本語の「サル」は、ニホンザル、ヒト以外の霊長類、そして英語のmonkey（モンキー）を意味しています。日本列島に人が移住してきたとき、ニホンザルはすでに生息していました。ニホンザルを表すサルという言葉は、おそらく日本の中で自然に発生したのだろうと思われます。

ニホンザルの記述では、三世紀末ごろの『魏志倭人伝』の獼猴《びこう》が古いのですが、これは中国語。現在の中国ではアカゲザルが獼猴です。漢文で書かれた奈良時代の『風土記』では、サルは獼猴、猿

（猨）、猴などと表記されています。

『古事記』『日本書紀』に出てくるサルタヒコ（猨田彦）はサルを「サル」と発音していたことがわかる古い例です。サルタヒコの語源は確かではありませんが、「尻が赤い」という記述もあるので、動物名「サル」が確かに存在していたと推定できます。『古今和歌集』一九巻では、九〇七年に法皇（宇多上皇）が「サル」の歌を求めたのに対して、凡河内躬恒が「マシラ」の歌を詠んでいます。

サルは「去る」で縁起が悪く、めでたいマシ（増し）、エテ（得手）などに言い換えられたとも言われています。他にもサルを表す方言や職業語が数多くありますが、いつのまにか「サル」が優勢になり、漢字の表記は猿に収斂しました。しかし、中国では「猿」はテナガザルを指すので、南方熊楠のように漢字にこだわる人はサルを猴と書いています。十二支には、動物が割り当てられていますが、十二支の漢字は「申」を含め、どれももともとは動物と関係がない字です。

「アイアイはおさるさん」という時のサルは、明らかにニホンザルではありません。「ヒト以外の霊長類」のことです。英語では non-human primate というややこしい表現になります。この意味に monkey は使えません。キツネザル lemur（リーマー、レムール）やガラゴ galago（ギャラゴ）、ロリス loris（ロリス）、メガネザル tarsier（タルシア）、類人猿 ape（エイプ）など、monkey ではないサルがたくさんいるからです。霊長類ではないのにサルと呼ばれているのは、東南アジアに生息する皮翼目のヒヨケザルです。英語の「飛ぶキツネザル flying lemur」という名前から、サルになったのでしょう。ヒヨケは「日除け」で、滑空用の皮膜を表現しています。

サルがいないイギリスでは、サルにあたる言葉はすべて外来語か説明的な合成語です。monkey

は、一五世紀にスペイン語やポルトガル語でサルを表すmono（モノ）に、小さいことを表示する接尾語ke（キー）が接続してできたと言われています。ヒヒbaboon（バブーン）は一四世紀にフランス語のbab(o)uin（バブアン）を取り入れたと言われています。しかし、古い時代には混乱があり、たとえば一六九九年にチンパンジーの解剖を報告したエドワード・タイソンは、チンパンジーをオランウータンと呼び、古代人が小人族（ピグミー）と呼んだのはこの動物のことだろうと述べています。

サルがもともと住んでいる地域のサルの名称は、日本語のサルといっしょで、単に昔からそう呼んでいるとしか言いようがありません。これらの名称については、どの地域の名称が、どういった経緯で世界的な通称になったのかが問題になります。「ゴリラ」は、紀元前四五〇年ごろ、カルタゴの航海者ハンノが西アフリカで目撃し、現地名を記録しています。一七世紀前半になると、アンドリュー・バテルの『西アフリカ体験記』に二種類の類人猿、大型のポンゴと小型のエンゲコが出てきます。西アフリカのポンゴがいつのまにかオランウータンの属名*Pongo*になっています。

オランウータンはマレーシア・インドネシア語で、森（ウータン）の人（オラン）。ヨザルはクワトロオホスとも呼ばれますが、これはスペイン語の四つの（cuatro：クワトロ）目（ojo：オホ）です。オランウータンは森に棲んでいますし、ヨザルは目の上の白毛が目立つので目が四つあるように見えます。こうした説明的な合成語は、おそらく本来の名称ではないでしょう。アイアイは、マダガスカル語で「よく知らない」を意味するHaiHayに由来するといわれています。フランス語ではhを発音しないのでハイハイがアイアイになったのだそうです。

複数の霊長類が生息する中国語圏では、猿《えん》（テナガザル）、猴《こう》（マカクなど）、猩《しょう》、狒《ひ》、猱《どう》、狖《ゆう》、狙《そ》、玃《かく》、猓《か》、蜼《い》など霊長類に関連する漢字が多数あります。架空の動物をあらわした猩々《しょうじょう》が、大型類人猿を意味するようになり、チンパンジーが黒猩々、ゴリラが大猩々、オランウータンは赤猩々になっています。狒々《ひひ》も架空の動物から実在のヒヒに転用されています。

紀元前四世紀ごろ、ギリシアのアリストテレスの『動物誌』にはサルが三種類出てきます。pithekos（ピテコス）は北アフリカのバーバリーモンキー、kebos（ケボス）はオナガザル、イヌの頭を意味するkynokephalos（キノケファロス）はマントヒヒだろうと推測されています。

辞書でサルをひくと、ラテン語では「鼻が低い」という形容詞simus（シムス）から派生してsimia（シミア）がメスザル、simiolus（シミオルス）が子ザル、simius（シミウス）がオスザル。他に、ギリシア語のpithekosと同族のpithecus（ピテクス）があります。フランス語はsinge（サンジュ）で、メスはguenon（グエノン）またはsingesse（サンジェス）。ドイツ語はAffe（アッフェ）で、英語のapeと同族。スペイン語はmono。しかし、これらの語のmonkeyとの差異はよくわかりません。

大分類を見ると、まず霊長類を表すPrimates（プリマーテス）は一番目のもの。リンネが一七五八年の『自然の体系』第一〇版ではじめて命名したもので、霊長類が一番目の項目であることを意味します。それまで、リンネは霊長類にヒトをふくめずAnthropomorpha（アンスロポモルファ：ヒトの形をしたもの）としていました。

つぎに、霊長類は真猿類Anthropoidea（アンスロポイデア）と原猿類Prosimia（プロシミア）、または曲鼻猿類《きょくびえんるい》Strepsirrhini（ストレプシリーニ）と直鼻猿類《ちょくびえんるい》Haplorrhini（ハプロリーニ）に分けられます。真猿類の anthropoid- はヒトに似たもの。原猿類 pro-simia は、サルらしいサル simia に先行するものです。英語では Prosimian、ドイツ語は半分サルの Halb-affen（ハルプ・アッフェン）、フランス語は prosimien（プロシミアン）か偽ザル faux-singe（フォー・サンジュ）と呼びます。

曲鼻猿類と直鼻猿類は、鼻孔がねじれているか、単純であるかの違いです。曲鼻猿類は、イヌ・ネコ・ウシなどといっしょで、鼻孔が無毛の鼻鏡《びきょう》によって囲まれています。メガネザルはサルらしくないので、原猿類に入れられてきました。しかし、鼻孔は単純で、鼻鏡もないので、直鼻猿類に属します。

現在、有力な分類では、霊長類を曲鼻猿類と直鼻猿類に分け、さらに直鼻猿類をメガネザルと真猿類に分けています。真猿類は、新世界の広鼻猿類《こうびえんるい》Platyrrhini（プラティリーニ）と旧世界の狭鼻猿類《きょうびえんるい》Catarrhini（カタリーニ）に分類されます。鼻孔の間隔に注目した命名です。狭鼻猿類はオナガザル上科 Cercopithecoidea（ケルコピテコイデア）とヒト上科 Hominoidea（ホミノイデア）に分けられます。

霊長類のうち、原猿類でもヒト上科でもないものが monkey です。monkey は、広鼻猿類と意味が一致する新世界ザルと狭鼻猿類のうちオナガザル上科を表す旧世界ザルからなります。したがって、新世界ザル、旧世界ザルという時のサルは monkey を意味します。ニホンザルのサルもこの monkey に対応しています。

（毛利俊雄）

第3章

生活と社会

ニホンザルは、のべつまくなし食べています。植物は自分の果実をサルに食べてもらって、そのかわりに排泄されることで種子を遠くに運んでもらっています。サルの子育ては主に母親が担いますが、父親が参加する種もいます。サルにも、社会や文化や挨拶や同盟や子殺しや縄張り争いや肉食があります。薬もあります。また、「美男美女」に匹敵する好みが決まっています。なお、サルの世界では「畳と夫は新しい方がいい」ようです。

インドネシア、スラウェシ島の東北地域に生息するクロザルの群れ（タンココ・バトゥアングス国立公園にて）。写真提供／渡邊邦夫

21 サルは一日に何回食事をしますか？

生活と社会

決まっていない、というのが答えです。

図は、一九九八年四月二二日に、わたしが屋久島西部海岸のH群という群れのキンウというコドモのオスを六時二四分から一八時まで追跡した時に、この個体の採食がいつ起こったかを示したものです。一見して明らかな通り、採食は特定の時間だけに起こっていることではなく、「一日中のべつ幕なしに食べている」と言ってもよいくらいであることがわかります。これでは、そもそも「何回食べたか」という問い自体が意味のないことです。ちなみに、この図に示したのは異なる品目の採食を開始した時刻だけを示していますが、実際に採食が占める時間の割合は三七・二パーセントでした。なお、この図には一瞬で食べ終わってしまう昆虫などの採食は含まれていません。

食事の回数が決まっていないということには、二つの意味があります。

一つは、野生の霊長類にとって、採食はとても時間のかかることなのです。野生のサルが食べられる食物は通常とても小さく、おなかがいっぱいになるまで食べるには、とてつもなく長い時間をかけなければなりません。キンウという個体の例では採食時間は日中の三七パーセントでしたが、冬の宮城県金華山島のニホンザルや、エチオピアの高原に住むゲラダヒヒでは、採食時間が日中の時間の七〇パーセントにもおよぶことがあります。金華山島のニホンザルの冬の食物は冬芽や樹皮の裏の形成層、ゲラダヒヒの食物は草本で、小さい芽や草をひとつひとつつまんで、おなかを満たすには、とても長い時間がかかります。地面にばら撒かれたゴマをつまんで食べるようなものです。

これほど極端ではないにしろ、野生の植物の実や葉っぱ、昆虫には、畑の野菜やスーパーで売っている肉の塊のように大きなものはなかなかありませんし、あったとしても栄養価が低く、やはりたくさん食べなければなりません。このような状況では、人間の食事のように、ごくごく短時間で済ませるというわけにはいかず、どうしても長い時間をかけて食べる必要があります。必然的に、何度も何度も食べなくてはならなくなります。

ただし、大きな木の葉っぱのように、

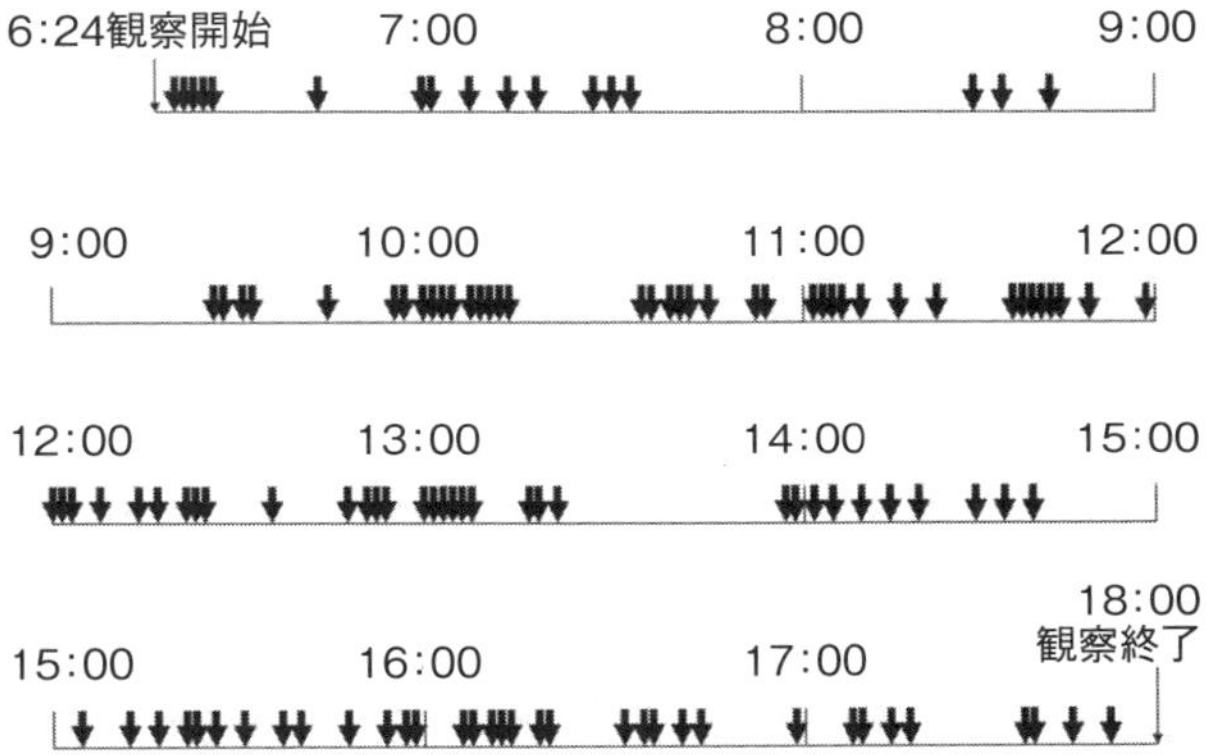

屋久島のあるニホンザル個体の一日の採食行動。採食が始まった時刻を示す。違う食物を食べ始めたか、20秒以上中断したら、一回の採食が終了したと定義した（半谷）

消化するのに時間がかかって、すぐにおなかがいっぱいになってしまう食物もあります。そのような食物を食べる場合には、採食の回数が少なくなると予測できます。実際に、一日の中で採食にリズムがあるという報告がなされている種はありますが、それでも「何回」とはっきり決まっていることはありません。それには、もう一つの理由があります。

採食の回数が決まっていないもう一つの理由は、社会的な理由です。人間の「食事」という言葉には、通常、「ほかの人と一緒に食べる」という意味が含まれています。もちろん一人で食べることもあるでしょうが、誰か知り合いがそばにいる状況であれば、一緒に食べるのが普通です。ところが、霊長類の場合は、採食というのはきわめて個別的な行動です。彼らを追跡していると、採食のときはばらばらになり、休息するときは毛づくろいなどをするために集まってきます。一本の大きな木にたくさんのサルが集まることもありますが、それはそこに食物が集中しているからで、ヒトが食事中に会話を楽しむようなほかの個体と仲良く付き合うための行動は、サルが採食している最中には、ほとんど見られません。

ヒトの場合は、「他の個体と採食する」ということが基本ですから、当然採食する時間は同調しやすくなります。現在日本で一日三回、ほぼ決まった時刻に食事を取るようになったのも、もとはと言えば他の個体と採食を同調させるためでしょう。その必要がなければ、野生のサルのように、のべつ幕なしに食べるようになるのかもしれません。

（半谷吾郎）

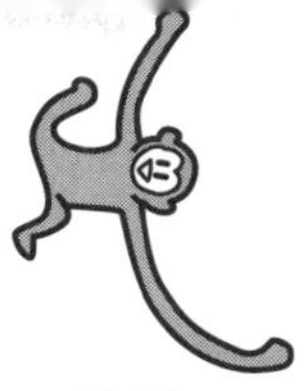

22 食べられるものと毒のあるものを、どうやって見分けるのでしょうか？

実に簡単です。毒のあるものはまずく、栄養のあるものはおいしい。サル自身が彼らの味覚に従って食物を選んで食べれば、それで栄養を取り、毒を避けることができます。それに加えて、他の個体が食べているものを観察しながら学習して覚えていくという、世代から世代へ文化的に食物メニューが伝わるというメカニズムが働いていると考えられます。

サルの主な食物は、ニホンザルであれば葉、果実、種子、昆虫などです。果実は、甘くてヒトにとってもおいしいと感じられるものがたくさんあります。果実は、その中にある種子を動物に運んでもらうために、植物が用意した「報酬」です。植物にとっては、果実を食べてもらうついでに、その中の種子を遠くへ運んでもらってから吐き出したり、糞《ふん》といっしょに排泄したりしてもらわなければいけません。だからこそ、果実が「おいしく」なるように、糖分などのサルにとっての栄養素を多く含むように、植物は進化してきたのです。

一方、葉は光合成器官、種子は植物の子供です。どちらも、サルにとって栄養となるタンパク質などの成分を豊富に含んでいますが、植物にとっては食べられてしまっては困るものです。そこで、サルにとって毒になるアルカロイドや、タンパク質と吸着して栄養素の吸収を阻害するタンニンを持つように進化しました。アルカロイドは苦《にが》く、タンニンは渋く感じます。

もっとも、こういった物質を作るのはそれなりにコストのかかることなので、こういう物質を作ることをせず、食べられてもすぐ別の葉を展開させるとか、堅い皮で種子を守るとか、別の方法で対処するものもいます。わたしが屋久島のニホンザルが食べる葉っぱと食べない葉っぱと比較したところ、サルが食べないのはタンニンを多く含む葉っぱでした。

味覚は、タンパク質（アミノ酸）、糖分、塩分、タンニン、アルカロイドなどの化学成分を感知する感覚です。タンパク質や糖分などの、生存に必要な成分を、旨味《うまみ》や甘味などとして快く感じるようになったのはなぜでしょうか。快く感じる個体は栄養成分を積極的に摂取し、栄養が十分満たされ、その結果、より有利に生存できたために、そのような性質を持たない個体より多くの子孫を残し、結果的に世代を経るに従って、快く感じる個体ばかりになったからです。まわりくどい説明ですが、これが「進化」ということです。タンニンやアルカロイドを不快に感じるのも同様です。栄養学の知識を持っているはずもないサルが、彼らの味覚（食欲）の命ずるままに食物を食べ、健康を維持できるのは、まさに味覚というものがそのように進化してきたからなのです。

とはいえ、自分の食欲のおもむくまま、おいしいと感じるものを食べ続ければ生存に有利であるとは、われわれの栄養学の知識とはややずれているようにも思われます。脂肪分や糖分の多い「おいしい」食事を摂り続けていれば、肥満、糖尿病、そのほかさまざまな病気になることは、日本人なら小学生でも知っていることです。しかしこれは、おそらくヒト本来の姿ではないでしょう。

ヒトがほかの霊長類から分かれて進化してきた数百万年の間のほとんどすべてで、食物はむしろ不足気味だったはずです。そのような環境では、食べられるときにできるだけたくさん食べて脂肪を蓄積し、食物が不足する時期を乗り切るのは、たいへん適応的な性質です。肥満や糖尿病は、われわれが狩猟採集生活を送ってきたときと同じ生物学的性質を持ちながら、飽食の文明社会に生きているからこそ起こった問題だと考えられます。

ただし、サルの味覚はヒトと同じというわけではありません。ヒトは肉のような質の高い食物を好み、火で調理することによって食物の渋味や苦味を取り除いたりします。多くの霊長類は野生の植物を食べていますから、少しくらい渋かったり苦かったりしても食べざるを得ず、味覚もそれに応じて、おそらく苦味・渋味に対する耐性を持っているでしょう。味覚に関する遺伝子解析が進めば、食性との明瞭な対応関係が見つかるかもしれません。

キノコを食べる屋久島のニホンザル　撮影：半谷

ところで、「おいしいと感じられるものを食べ、まずいと感じられるものを食べなければよい」という説明では、理解できない食物があります。それが、キノコです（写真）。キノコの場合、おいしいけれど毒があるとか、毒自体に味がない、という場合があるからです。そもそも、キノコの毒が何のためにあるのかが謎です。キノコは菌類が胞子を散布するための繁殖器官ですが、動物に食べられたほうがよいのか、食べられないほうがよいのか、それこそキノコに聞かなければわかりません。サルはキノコをまるごと全部食べてしまうため、標本を集めて後で同定できる植物と違い、サルが食べているキノコの種類を調べることは大変困難でした。最近、ＤＮＡ情報を利用して、サルが落としたキノコのかけらからでも種の同定ができるようになりつつあります。サルのキノコ食の研究が進めば、思いもよらない発見があるかもしれません。

（半谷吾郎）

23 トイレの場所は決まっていますか？

生活と社会

タヌキやカモシカは「ため糞《ふん》」と言って、なわばり内のいくつかの決まった場所に糞をする習性を持っています。ため糞場は、人間で言うところのトイレのようなものでしょうか。このうちタヌキのため糞場は家族およびその他の個体との間の情報交換の場として機能する、いわば共同トイレのようなものだと考えられています。夜行性の動物である彼らは目があまりよくなく、むしろ嗅覚に頼った生活をしています。彼らはきっと、ため糞場に残された仲間のにおいから数々の情報を読み取っているのでしょう。彼らにとって、トイレは、社会的にも意味のある場所なのです。

これに対して、なわばりというよりはもっと緩やかな行動圏を持ち、また視覚に頼って生きているサルたちは、自らの排泄物を使ったコミュニケーションは行いませんので、特定の場所に排泄する必要はありません。つまり、トイレの場所は決まっていません。用を足したくなったら、したい場所で好き勝手に排泄するのが彼らの生活スタイルなのです。したがって、サルにトイレをしつけることは無理な話で、サルをペットにしにくいのはそのためです（たまにテレビに出てくる猿回しのサルは、まず間違いなくオムツをしています）。ただし、冬にニホンザルを調査しているとき、大きな岩陰などに糞がたくさん、多いときには一〇〇個近くもたまっているのを見かけることがあります。これは、サルたちが寒さをしのげるこの場所を何度も繰り返し利用した結果、寝ている間に排泄された糞がたまったのでしょう。

ボノボの糞に含まれていた種子　撮影：辻

ところで、サルの排泄行動が、彼らの生きる森林にとって役立っているかもしれないことが、ここ二〇年ほどの研究で次第に明らかになってきました。サルたちは、主な食物である果実を食べるときに中に含まれる種子をそのまま丸呑《まるの》みにすることが多いのですが、移動した先で糞をしたとき、種子もいっしょに排泄されるのです（写真）。自分で動くことのできない植物個体にとっては、サルが遠くに自分の種子を運んでくれることになります。また、サルの体内を通過するときに種子の表面が傷つけられるのですが、傷がついたことが種子の発芽やその後の成長に有利に働く場合もあります。さらに、サルが糞をする場所が、その植物の成長に都合のいい環境であることがわかってきました。たとえばゴリラは地上にベッドを作りますが、ベッドサイトは森のほかの場所に比べて開けた場所であることが多く、その環境はある種の植物の発芽や成長にとって有利だと言われているのです。見方を変えれば、植物は自分の果実をごほうびとして提供する代わりに、自分の種子を都合の良い場所に運んでもらい、自らの適応度を高めているともいえます。

森に暮らす動物の中でサルが果たす役割の大きさについては目下多くの研究者が研究をすすめているところですが、特に熱帯地域の霊長類は個体数の多さと体の大きさ、そして活動範囲の大きさから、鳥類と並んで重要な散布者として役立っていると考えられています。

一見好き勝手に用を足して生きているサルたちが、回りまわって彼ら自身が暮らす森林の維持に役立っているのだとすると、生き物たちの結びつきの奥深さを感じずにはいられません。（辻　大和）

24 サルは、母親が子育てするって決まっているのですか？

生活と社会

霊長類のほとんどの種では、多くの哺乳類と同じように、母親が子育てを行います。また、原猿類のいくつかの種を除いて、子育てのための巣を作らず、母親がアカンボウをつねに抱いて運搬します。母親は子どもが離乳して独立するまで、授乳および運搬を行います。基本的に、オスはほとんど子育てを行いません。

たとえば、ヒトにいちばん近いチンパンジーでは、アカンボウが完全に離乳するのが四歳頃ですが、それまで母親がアカンボウに授乳し背中に背負って運びます。四歳くらいの子どもでは、普段は母親から離れていますが、長距離移動するときや、木から木へ渡るときなど、母親が胸に抱いたり背負ったりして子どもを運びます。

子育てには大きなコストがかかるので、父親が子育てをするかどうかは、一般的に「父性がどれほど確か」にかかってきます。

一夫一妻型の社会構造を持つ種では、父性が確かなので、父親が子育てをする種もあります。例えば、新世界ザルのタマリンの仲間では、父親が子育てをすることが知られています。タマリンの父親は、アカンボウが生まれるとすぐ運搬を始めます。授乳のときだけ母親の元にアカンボウを渡し、授乳が終わると、また父親がアカンボウを背負います。父親は、運搬のほか、食物分配や捕食獣から守るなど、アカンボウの世話を行います。タマリンでは、体が小さくしかも双子以上で産む場合が多いので、母親の体重に対するアカンボウの体重の比率が大きく、授乳以外に運搬まで母親が受け持つのは、母親の労力が大きすぎることが原因のようです。アカンボウの世話は、父親のほか、群れに所属する他のオスが行うこともあるようです。こうした子育ての手助けがある場合とない場合で比較すると、手助けがある場合には劇的に子どもの生存率が上がります。

一般に、複雄複雌の社会構造を持つ種では、父性が確かでないので、オスによる子育て行動が見られないと考えられますが、タマリン類ほど積極的でないものの、ニホンザルやヒヒなどでも、オスによるアカンボウの世話が見られることがあります。例えば、アカンボウを運搬する、アカンボウと遊ぶ、攻撃的交渉から守る、グルーミングをする、などです。運搬する、といっても、タマリン類とは違い、その時間はわずかで、子どもの世話というよりは、子どもの母親であるメスと仲良くなる（そして次にメスが発情した時に、たくさん交尾をする）ためとか、オトナ同士のけんかの緩衝材として用いるためではないか、というような理由が考えられています。

また、サバンナヒヒでは、アカンボウが攻撃を受けたときに、オスがアカンボウを積極的にサポートする行動がよく見られます。最近のＤＮＡを使って父子判定を行った研究では、オスがサポートしているアカンボウは、自分の子どもであることがわかりました。つまり、複雄複雌の社会構造であっても、オスが自分の子どもを他の子どもと区別することができれば、父性行動というものが進化すると考えられます。

ヒトは核家族を作り、オスが母親と子どもに対して、食べ物を与えたり保護したりするなどの行動をしますが、こうしたヒトの特徴も、父性の確からしさからきたものでしょう。

また、ヒトではおばあさんが子育てをサポートすることによって、子どもの生存率を上げているという説があります。ほとんどの動物では、「閉経」（更年期になって月経が止まること）が起きませんが、ヒトの女性では閉経後かなりの期間生存します。フィンランドやカナダのヒトを対象とした研究によると、母親（子どもにとっては祖母）のサポートがある方が、娘や息子はより早く子どもを持ち、より多くの子どもを残していました。

（橋本千絵）

25 どうやって寝ますか？　巣を作るのですか？

生活と社会

ガラゴなどの原猿類の一部と、ライオンタマリンなどの新世界ザルの一部のサルでは、木の穴や木の葉で作った巣に眠りますが、他のほとんどのサルの仲間は、とくに巣などは作らず、木の上で座って眠ります。枝に座っているだけなので寝ているのかどうかわかりにくいのですが、じっと動かないので、眠っているのだとわかります。

「巣」は眠るだけでなく、育児の場という機能がありますが、大多数の霊長類のアカンボウは、手足の把握能力があり、母親がアカンボウを抱いて育てるので、巣は育児に必要でないのだと考えられます。

ニホンザルは、木の上で座って眠ることもありますが、地面に座って眠ることもあります。特に寒い季節には、岩かげなどに複数のサルがお互い抱き合うようにして眠ります。たくさんのサルが、押しくらまんじゅうのように身を寄せ合い、かたまり（「サルだんご」と呼ぶこともあります。六五ページ写真）を作ります。気温が低ければ低いほど、サルの頭数が多くなり、サルだんごの大きさが大きくなります。

ゴリラ、チンパンジー、ボノボ、オランウータンなどの大型類人猿の仲間は、木の枝や葉などを編んで鳥の巣のようなベッドを作り、その上で眠ります（写真）。ベッドの上で横になって眠る様子は、まるで人間のようです。アカンボウは母親のベッドで一緒に寝ますが、すこし大きくなると、見よう見まねでベッド作りの練習を始め、離乳して母親から独立するころには自分のベッドで寝るようになります。

チンパンジーがベッドの上で寝ているようす

ベッドを作るのは、地面の上から高い木の上までいろいろです。ゴリラは、他の類人猿に比べて地面の上に作ることが多いようです。チンパンジーは木の上に作りますが、ヒョウやライオンなどの大型肉食獣がいない地域では、地面にベッドを作ることもあります。また、ベッド作りに適した木のたくさんある森林地帯では、特に寝場所を選ばずに、夕方まで採食していたところの近くで寝る傾向がありますが、大型肉食獣の多い草原と森林の混ざり合ったようなところでは、外敵から身を守りやすい急峻な斜面の森などを繰り返し泊まり場に使います。単独で生活することの多いオランウータンは、一本の木の果実を何日もかけて食べることも多く、そういう場合には同じベッドを繰り返して使うこともよくあります。強い雨が降るときには、葉の付いた木の枝を束ねたものをベッドの覆いに使い、雨が上がると次の雨に備えて覆いを日光に当てて乾かすという行動も見られます。

一つの巣をずっと使い続ける鳥の巣と異なり、類人猿のベッドは、毎晩寝るときに、新しいベッドをひとつ作ります。古いベッドを利用することもありますが、その場合でも、古いベッドの上に新しい枝や葉を敷き足すことが多いようです。

この「一日に一個新しいベッドを作る」という性質を利用して、ベッドの数を用いて類人猿の生息密度を推定することがあります。地域によって大きく異なりますが、チンパンジーのベッドが作られてから、壊れてベッドであることがわからなくなるまでの日数は、およそ一〇〇日ほどです。つまり、ある地域には、そこに住む類人猿の約一〇〇倍のベッドがあることになります。したがって、観察路を歩きながら左右にあるベッドを数え、地域のベッドの密度を計算で求め、それをその地域のベッドの平均の寿命で割ってやれば、類人猿の生息密度がわかるのです。類人猿の生息密度は、高いところでも一平方キロメートルあたり三〜四頭にしかならず、直接観察によって密度を推定することはたいへん困難です。実際の個体数の一〇〇倍近く存在し、動き回らないベッドを手がかりとした密度推定は、広い地域を対象とした生息密度調査の強力な武器になるのです。

（橋本千絵）

26 家族で生活する？　群れでいると何がいい？

生活と社会

夜行性の原猿類の仲間とオランウータンを除き、ほとんどの霊長類は、複数の個体からなる「集

団」、いわゆる群れで生活をしています。霊長類には、さまざまなタイプの群れ「社会」がありま
す。

社会構造は、群れメンバーのオトナのオス・メスの数でタイプ分けされます。例えば、ニホンザルやチンパンジーでは、複数のオスと複数のメスからなる複雄複雌と呼ばれる集団を作り、ゴリラやハヌマンラングールなどは、一頭のオスと複数のメスからなる一夫多妻型の社会集団を作ります。また、テナガザルの仲間は、一頭のオスと一頭のメスからなる一夫一妻型の社会集団で生活していま
す。

ゴリラなどの一夫多妻型の社会や、テナガザルの一夫一妻型の社会の場合は、社会の成員が、父、母、子どもという形になります。人間の「家族」に近いかもしれません。

複雄複雌型の社会構造を持つチンパンジーやニホンザルの場合には、オスとメスの間には、決まったペア関係はありません。ですから、父、母、子どもという単位の「家族」というものは、存在しませんが、集団は血縁者間で深く結び付いています。

ニホンザルでは、メスの子どもは生まれた集団に残り、オスの子どもは性成熟後に集団を移籍するという、母系型の社会構造を持っています。この場合、祖母‐母‐娘と、母系の血縁関係がありま
す。母系の血縁者たちは、集団内での争いの際などに助け合います。一方、チンパンジーの場合は、オスの子どもが生まれた集団に残り、メスの子どもが性成熟後に集団を移籍する、という父系型の社会構造を持っています。血縁関係のあるオスたちは、他の集団に対して集団のメンバーやホームレンジ（遊動域、いわゆる縄張り）を守るなどの行動をします。

群れ（集団）で暮らすことには、メリットとデメリットの両方があります。

まず、群れのホームレンジを確保することは、群れで暮らすことのメリットと考えられます。食物資源や安全な場所などを含むホームレンジは、隣り合う群れとの競争によって獲得されるものです。

また、集団で暮らせば、配偶相手も見つかりやすいでしょう。ニホンザルの場合、交尾季になると、普段は群れに属していないオスも、群れの近くにいるようになります。

また、採食樹の場所や食物レパートリー、道具使用などの採食技術といった知識の共有ということも集団で生活することのメリットと考えられます。これまでの研究では、同じ種のサルでも集団ごとに食物レパートリーが違ったり、新たに獲得した技術が集団内のメンバーに伝わって世代を超えて受け継がれたりしていくことがわかっています。単独でいる場合、知識の共有は、せいぜい母から子へと受け継がれるだけですが、集団で生活している場合、集団のメンバーから子どもの世代へ知識を受け継いでいくことができ、これは大きなメリットと考えられます。

さらに、捕食者対策という点でも、「集団」でいることがメリットになります。たくさんの個体で見張る方が、捕食者を早く発見しやすいでしょう。グエノン（アフリカの熱帯雨林からサバンナに生息する）やタマリン（中南米の熱帯林に棲む小型サル）では、二種のサルが一緒に遊動する「混群」という現象がみられます。頭数が多い方が猛禽類などの捕食者を発見しやすい、ということから混群を形成すると言われています。

しかし、「捕食者からの回避」という点では、集団でいることがデメリットにもなります。夜行性の原猿類の多くが単独性なのは、「捕食者から隠れる」というやり方をとっているからだと考えられます。この場合、多くの個体が集まった集団は、捕食者から見つかりやすくなってしまうでしょう。そして、集団で暮らすことのいちばん大きなデメリットとして考えられるのは、採食競合です。たくさん食べ物がある場合にはあまり問題になりませんが、食物の量が限られる場合、優位な個体がより食物を得ることができ、劣位なものは食物を得ることができません。

このように集団で暮らすことには、メリットとデメリットの両方があります。それぞれの種の特性や生息環境によって、群れの大きさが決まってきます。なかにはチンパンジーなどに見られるように、常に一緒に遊動するのではなく、その時の食物条件や発情メスの数に応じて、「パーティ」と呼ばれるサブグループのサイズや構成を臨機応変に変える（離合集散と言う）ものもいます。

（橋本千絵）

27 ボスザルはどうやって決まるのでしょうか?

生活と社会

「ボス」ザルと呼ばれているのは、群れの中で最優位のオスザルです。「力が強いだけではボスザルになれない」ということがよく言われますが、性格がどうであれ、メスザルにもてようがもてまいが、群れの中で最優位なオスがボスザルです。その意味では、我々人間がある特定の個体を（勝手に）ボスザルと呼んでいるわけで、ニホンザル自身がどういう感覚で、こういった最優位のオスを見ているのかということは別問題です。

ボスザルになるためには力が強く、とにもかくにも群れに入り、順位関係において他のどのオスよりも上位に立たなければなりません。いくら強いサルでもなかなか群れの中に受け入れられない場合があって、いかに群れのサルとうまくやっていくか、そうした社会関係を築き上げるのが次のステップになるわけです。

一九五〇年から一九五一年にかけて、まだ野生群だった高崎山のサルを追いかけていた伊谷純一郎は次のように書いています（『日本動物記2　高崎山のサル』思索社版、一九七一）。「群れを追いながら、漠然と考えつづけた問題がひとつあった。自分でも、きわめて自然な想像だと思った。……この群れに、この群れを支配する群れの首長がいるはずだ」（一部省略）。「彼らはよく、大きなもの同士で寄り集まっている。彼らは、群れの中でも、もっとも強力な連中なのだ。彼らの一匹が、たがいに腕力をふるい、たがいに競いあっていたら、あの平和な落ちついた集まりは存在しえないであろう。そこにはこの協調を支えるなにかがなければならない。それが順位制のはずだ。順位がある以上、きっと、順位の一番上のやつがいるだろう。それが群れの首長なのだ」。

サルの群れに、何かしら特別な存在、群れを引率する個体がいるということは、昔から様々な文献に出てきます。例えば、宮地伝三郎著『サルの話』（岩波新書、一九六六）でも、「サルの群れに仲間から大切にされる王様のような大きいオスザルがいることは、古くから知られていて、ふったて・猿さきやまなどと呼ばれてきた」という記述があります。ニホンザルだけではなく外国のサルでもこうした話はよく出てくるので、どこであれ誰であれ、また時代が変わっても、こうした発想はかなり容易に生まれてくるものなのでしょう。

「自然界のニホンザルにボスはいなかった——生態調査で判明」というようなニュースが時折マスコミを賑わしています。問題なのは、「ボス」という言葉の持つ意味にあります。人間社会であれば、「ボス」の意味するところは「親方、親分、顔役」（広辞苑）といったところで、なににせよ「集団を統率し、その意志によって集団を動かす個体」を意味しています。ですから、そういう群れを統率し、意のままに動かす個体がいるのかどうかということが問題なわけです。そして人間社会でいうところの「ボス」に該当するようなサルは存在しない、というのも確かなところでしょう。

しかし群れ内の優位なオスは、普通一頭から三頭程度までですが、やはり他の劣位オスとは違った独特の雰囲気を持っていることも確かなところです。餌場では常日頃、群れの中心部にいておいしい餌を独占していますし、他のメンバー間のいさかいにも積極的に介入して、弱いものを助けるようなことをします。そして何よりも他のメスたちが最終的に依存する対象となっていることも、すぐに見てとれるでしょう。他のメンバーを守って、外敵に立ち向かうこともあります。他のオスとはいるところも違えば、やることも違う、そして誰が見てもすぐにそれと分かるような一種独特の存在であるということであれば、やはり社会的には何らかの呼称があって当然でしょう。

ただし、これにも群れ間の変異があります。また餌付けされ平和な日々が続いて、まったくグータラな「ボス」ザルばかりになったという話もよく聞きます。例えば宮崎県幸島《こうじま》で餌付けが成功して以来五十数年にわたって観察を続けている三戸サツエさんは、もう三〇年以上も前から「ボスらしいボスはいなくなった」「食うことばっかりで取り締まりもしない」と嘆いています。また昔から、「小豆《しょうど》島の群れのボスは少しも威張っていなくて、餌をまくと、メスやコドモたちがボスの前の餌を平気でとるし、ボスはそれをしかりもしない」というようなことが言われていました。ですから「ボス」ザル在・不在論争というのは、こうした多様性に富んだ群れ内の最優位オスを何と呼ぶかにかかっていて、それをうまく表現できる言葉がない。それで「ボス」ザルという呼称が今なお使われているし、一方でそれをやめようとする側にも決め手がないということなのでしょうか。

で、どうやって「ボス」が決まるかですが、最初に述べたように群れに入って最優位のオスにならなければなりません。その過程には、群れの周辺部から徐々に順位を上げていく「下積み型」、最初から攻撃的に群れのボスに勝負を挑んで打ち負かしてしまう「乗っ取り型」、あるいは順位の高い母親の威を借りてぬくぬくとボスの座を獲得する「母親依存型」など、いくつものパターンがあります。類人猿であるチンパンジーになると、何頭かのオスが協力し合ったり、上手に「連合」したりして地位を手に入れるということが知られています。ニホンザルではそういうことは知られていません。あくまで個体ごとの争いで決まっているようです。

（渡辺邦夫）

28 サルにも、美女、美男がいるのですか？

生活と社会

サルにとっての美女、美男というのは難しいですが、「もてる」メス、オスというのは、あります。複雄複雌の社会を持つ、チンパンジーやニホンザルで、どのような個体が「もてるか」についてみてみましょう。

もてるメスというのは、ズバリ、子どもを何頭も育てたメスです。子どもを何頭も育てたメスが発情すると、オスたちが群《むら》がります。けっこう年のいった「おばあさん」ザルでも、もてもてです。一方、初めて発情したような若いメスではオスの人気は高くなく、交尾相手もせいぜいオトナにまだなりきっていないワカモノのオスしかいなかったりします。

子どもを持っているメスというのは、「子どもを産み、育てることに成功した」という証明書を持っているようなものです。オスにとっては、そのメスに自分の子どもができた場合、しっかり育ててくれるだろうと期待できます。

その一方で、若いメスでは、なかなか妊娠しないかもしれません（「青年期不妊」と言って、若いうちはなかなか妊娠しないことがあります）。また、せっかく生まれても子育てがうまくいかず、死んでしまうかもしれません。実際、第一子の死亡率は、第二子以降よりも高いのです。それで、「おばさん」ザルの方の人気が高いのでしょう。

それでは、「もてる」オスというのは、どのようなオスでしょうか。

交尾の回数や、実際にできた子どもの数を比較すると、多くのサルで、高い順位のオスが多く交尾をし、たくさん子どもを残していることがわかっています。だから、オスはなるべく順位を上げようと、オス同士競争するのでしょう。

しかし、これがメスの好みを反映しているか、と言えば、話は別です。高順位のオスは他のオスが発情メスに近づくのを排除して、メスを独占することができます。その結果、メスは高順位のオスとしか交尾できないことが多々あります。

メスは、こうした高順位オスからの独占を嫌って、なんとか自分の好きなオスと交尾しようとします。高順位オスの監視の目から逃れて、自分の好きなオスと逃避行することもあります。妊娠する確率の高くなる排卵日が近づけば近づくほどオスの監視の目が厳しくなるので、発情するかしないかという、まだあまり他のオスが関心を示していない頃に、群れの他のメンバーから離れてオスと二頭だけで発情が終わるまで一緒に過ごすのです。

DNAを分析して父親を調べたゴンベ国立公園におけるチンパンジーの研究によると、多くの子どもを残したのは、高順位のオスと、こうした逃避行に出かけたときのオスの子どもであることがわかっています。

それでは、メスが好むのはいったいどのようなオスかというと……、それぞれメスによって好みが分かれると思いますが、共通して言えるのは「新しい」オスです。何年も見慣れたオスよりも、新しいオスが良いようです。これは、子どもの遺伝的多様性を増やすことと関係あるかもしれません。サルの世界では、「畳と夫は新しい方がいい」のです。

（橋本千絵）

29 サルは森の中で迷いませんか？

生活と社会

よそから連れて来たサルをまったく別の場所に放したりすれば別ですが、その森で生まれ育ったサルは、その森の地理を熟知しており、迷うことは決してありません。

実際、野生のサルを追いかけていると、彼らはどこに何があるか、確かに知っている、と感じることがあります。例えば、屋久島の海岸部にはアコウという大きなイチジクの木があり、特定の時期に実を付けているのは、ニホンザルの遊動域の中で数本です。アコウの木に向かって移動しているとき、しばしば、群れ全体が、数百メートル手前から一気に速いスピードで動いていきます。観察しているわれわれが息を切らしながらついていくと、そこに実をたくさんつけたアコウの木があるというわけです。

屋久島のニホンザルの遊動域は、せいぜい一平方キロメートル程度です。この程度であれば、人間の観察者でも、一年も調査していれば、すべての谷、すべての尾根の景色を覚えてしまいます。ただし、屋久島のニホンザルの遊動域はかなり狭いほうです。サルの食物にならないスギがたくさん植林されているようなところでは、五〇平方キロメートルあまりの巨大な遊動域を持つことがあります。そのような場所でも、サルは迷うことはないようです。例えば、電波発信機を付けるために群れの中のサルを一頭捕獲して、群れのメンバーがいないところで放しても、数日もすれば群れに合流してしまうからです。

上には上があります。オランウータンは通常単独で暮らしていますが、彼らは一〇平方キロメートル以上の大きさの調査地から、数年単位でいなくなったり、また現れたりするそうです。私と共同研究者によるボルネオでの調査によれば、彼らの数は月ごとに増えたり減ったりし、それは四〇〇平方キロメートル程度の保護区の中で、ある程度同調しているようなのです。つまり、彼らは少なくとも数百平方キロメートル以上の空間スケール、数年単位の時間スケールで、移動を繰り返すようです。それだけの広さの森の、どこにどういう食物があるのかを、彼らが本当に知っているとすると、これは驚くべきことです。

霊長類の感覚は、基本的にはヒトと同じです。彼らは地球規模で回遊するウミガメのように、地磁気を感じられるわけでもなく、おそらく星で方角を読むこともしないでしょう。「それなのにサルはすごい、ヒトはかなわない」と思われるかもしれませんが、はたして本当にそうでしょうか。

狩猟採集生活を送るアフリカのナミブ砂漠のブッシュマンは、五〇〇平方キロメートル以上の範囲を、季節ごとに移動して暮らしています。また、アフリカで研究していた私の同僚は、目印になる道も何もないのに、チンパンジーを見つけた場所を、あるアシスタントが別のアシスタントに正確に伝えたのを目撃しています。何もアフリカ人を持ち出さなくても、日本のマタギも、そうやって森を縦横無尽に歩いて猟をしていたはずです。当然、彼らは車についているナビゲーションシステムも、地図もコンパスも持っていません。ヒトも、森の中で生まれ育ち、そこで日々の暮らしの糧を得る生活をしていれば、現代の日本人が都会のコンクリートジャングルの中にある小さなビルを探し当てられるように、森の中で迷うことなく、自由自在に動き回るだけの潜在的能力は、十分に持っていると、私は思います。

（半谷吾郎）

30 サルは文化を持っていますか？

生活と社会

現在、霊長類だけではなく、人間以外の多くの動物は文化を持っているということが一般的に認められるようになりました。「文化」と言えば人間特有なもので、例えば西欧人は「文化」に精神的、内面的な側面を重視し、日本人の「文化」のニュアンスとは異なっているようです。「文化」を「こころ」であるとか、意識、そして社会的規約に基づく行動パターン（遺伝的バックグラウンドを持たない）とするならば、ヒト以外の動物が文化を持つとは考えにくいことで、長い間、学界内外で根強い抵抗がありました。そのため、いまでも行動学者たちの一部は、「文化的行動」の代わりに「動物の伝統的行動」と呼んでいます。

京大の霊長類研究グループによってニホンザルの文化的行動に研究のメスが入るまで、人間は文化によって行動するのに対して、動物は本能によって行動するというように考えられていました。動物にも文化のようなものが存在している可能性を初めて指摘したのは、霊長類研究グループの指導者であった今西錦司でした。今西は一九五二年に発表した『人間性の進化』の中で、「本能」と「カルチュア（文化）」を取り上げ、文化が本能と異なり、非遺伝的で、生後に獲得される行動であることを強調しました。そして文化を「子供が後天的に母親から学習することにより身につける以外に獲得できないもの」と定義しました。そして、同じ種の中で認められる生活様式の違いを、文化の違いと考えてよいであろうと結論しました。

今西はさらに、永続的な集団生活を行うものでなければ文化的行動を維持することはできないはずであると説いています。この問題を論じた時点ではまだ、ニホンザルの文化的行動についての実証的な資料は得られていませんでしたが、今西は以上の条件を持つ動物ならば、ハチであろうと、その動物に文化の存在を認めてもよいと大胆に指摘しました。

その後、霊長類研究グループのメンバーは日本各地の群れを観察するうちに、行動や社会のパターンなどにいくつもの相違点があることに気がつき、次々に興味深い現象を報告しました。そのなかから世界的にインパクトを与えた文化的行動が、宮崎県の幸島《こうじま》で発見されたイモ洗い行動です。

個体識別のために、海岸にサツマイモをまいて、群れを引き寄せた結果、森の中で木の実や葉を食べて暮らしていたサルたちは、人間があたえるイモにひかれ、毎日海岸まで出て来るようになりました。ある日、一頭のコドモのメスがイモを拾って小川まで運び、イモに付いた砂を水で落としてから食べるようになりました。これがきっかけでこの子ザルは「イモ」と名付けられましたが、「イモ」の母親や遊び仲間にイモ洗い行動が伝わり、さらに群れの中に広まりました。そうするうちに、「イモ」はさらに海でイモを洗うようになりました。これは海水で塩味をつけるのが目的であろうと研究者は解釈し、これを「味つけ行動」と呼ぶようになりました。これらの発見は、世界の多くの研究者たちの関心を集めました。なお、このイモ洗い文化は、現在も幸島のサルによって受け継がれています。

研究が進むにつれて、霊長類の多くの文化的行動と思われる例が集められるようになりました。例えば、アフリカのチンパンジー、南米オマキザルの石によるナッツ割り行動や、タイに生息するカニクイザルの石による貝割り行動があります。さらにはチンパンジー、ボノボやゴリラに見られる自己治療行動にも、地域文化的な面があり、「薬」として使う植物の種類とその利用方法は、地域個体群の間で異なります。

このような文化的行動の獲得は、食物摂取とか治療といった、生存に直結する行動に関係し、何らかの社会的学習が必須であるという共通点があります。その一方で、人間での場合と同様に、霊長類にも文化的行動に「落ち着き＝リラクセーション」や「刺激」を得るための「遊び」や、個体間の社会的な絆《きずな》を強調するための社会的慣習（挨拶などの個体間交渉行動）があってよいはずです。霊長類でこれに当てはまると思われる行動は、ニホンザルの石遊びやチンパンジーの対角グルーミング（二頭のチンパンジーが向き合ってすわり、左手どうし、あるいは右手どうしを握り、高くかかげ、もう一方の手で、わきの下あたりを毛づくろいし合う）が上げられます。

最近、文化的行動の研究が盛んになり、文化霊長類学という新しい研究領域が誕生しました。そこで期待される一つの重要な課題は、種の生物学的および社会的な進化における、文化の役割の理解を深めることです。種はそういった進化を経て、多様な適応能力を獲得しているのです。逆に言えば、そういう多様な適応能力を持つ個体の集合が種です。この適応能力を維持するためには、異なる文化を持つ個体群の保護とその生息地域の保全は必須です。そこに、文化霊長類学のもたらす情報はとても重要です。

（マイケル・ハフマン）

31 挨拶をしますか?

生活と社会

集団で生活する霊長類の多くは、集団のメンバーの間に比較的はっきりした順位序列があります。相手との優劣関係に従った行動を取るかぎり、あまり大きな争いが起こることはありません。そのような優劣関係を確認し合うのに、しばしば挨拶行動が用いられます。

一方の個体が他方の個体の上に馬乗りになり、雌雄の交尾に似た動きをするマウンティングは、しばしば挨拶行動として使われます。二頭の個体が出会い、なんらかのいざこざが起こりそうな緊張した場面で、弱い方（劣位者）がお尻を突き出して自分の方が劣位であることを認め、強い方（優位者）がマウンティングをして優劣関係を確認するのです。この他にも、変わったところでは、チベットモンキー（中国に生息するマカク）のオトナのオスが、近くにいるコドモを抱えて他のオスに差し出し、相手のオスがそのペニスをなめる、ブリッジングとよばれる挨拶などがあります。

個体間の順位がとくに厳しいチンパンジーは、多くの種類の挨拶行動を持っています。両手を広げて抱き合うハグ、口を大きく開けて重ねるオープン・マウス・キス、相手の手を取って甲に口づけする挨拶などは、ヒトの挨拶とそっくりです。そのほかにも、肩をいからせた優位者が、身をかがめた劣位者の上に被《かぶ》さるようにして通り過ぎるブラッフ・オーバーなど、優劣を確認する挨拶はいろいろありますが、もっとも重要なのは、パント・グラントと呼ばれる「アッ、アッ、アッ」というあえぎ声を出しながら、劣位者が身をかがめて相手に接近する行動です。

チンパンジーは、集団のメンバーがパーティと呼ばれる一時的な集まりに分かれて、離れたりくっついたりしながら生活していますが、二つのパーティが出会った時などに、劣位な個体が優位な個体に挨拶に行くのです。このような挨拶の多くは第一位のオスに向けられ、優位者が劣位者に挨拶することはほとんどないため、パント・グラントの星取り表が集団内の順位を知る手がかりになります。また、オス間で第一位の地位をめぐって争いが起こることがありますが、何日も続いた争いが、一方が他方に一度挨拶をしただけで、あっさりと決着がついてしまうこともあります。

挨拶は、優劣関係を確認し合うだけではありません。チンパンジーの近縁種のボノボでは、メスが向かい合って抱き合って腰を左右に振り、お互いの性器の部分をこすりあわせる「ホカホカ」と呼ばれる挨拶があります。地上でこの行動を行う時は、四つん這いになる側と、その下にぶら下がる側ができますが、このときの上下は優劣と関係がありません。また、オス同士が、お互いに後ろ向きになって四つん這いになり、突き出した尻をくっつけ合う「尻つけ」と呼ばれる挨拶は、完全に対称的な形を取った対等な関係を確認し合う行動です。

ボノボの二つの集団が出会った時、それぞれの第一位のオスが一対一で向き合って威嚇しあった後、駆け寄って尻つけをして衝突を防ぎ、その後二つの集団が仲良く一緒に採食したことがありました。白黒をつけるという争いの決着だけでなく、対等ということにして争いを収める方法ももつことで、社会的な緊張の解決法は大きく可能性を広げることになります。
（古市剛史）

32 弱いもの同士で同盟を結び、強い相手と戦うことがありますか？

生活と社会

二頭以上のサルが連合を組んで戦うことは、広く見られます。例えばニホンザルでは、メスが自分より順位の高いメスとわざとトラブルを起こし、攻撃されたところで、自分と仲がよく相手より順位の高い個体を助けによんで、連合して相手をやっつけるというようなことがあります。このようなことが繰り返されると、二頭のメスの間の順位そのものが逆転し、オスの助けがなくても、もとは劣位だった個体が優位になることがあります。このような現象を依存順位と呼びます。餌付けをしているニホンザルの集団など、日常のトラブルの頻度が高いところでは、姉妹の間で下の子ほど順位が高くなるという「末子《まっし》優位の原則」と呼ばれる傾向が見られますが、これも姉妹の間にトラブルが起こると、母親が弱い妹の方を助けることから起こる依存順位の一種だと考えられています。

ニホンザルのオスも、数頭が一緒に戦うことがあります。秋の交尾期に、メスを狙って群れの外からやって来るオスを、群れのオスたちが一緒に追い払うのです。すでにその群れに定着しているオスたちにとって、発情しているメスは自分たちの繁殖のためのパートナーであり、新たにやって来たオスに交尾を許すわけにはいかないのです。しかし、これらのオスたちが、本当に意図的に同盟を組んでいるのかどうかはわかりません。外から来たオスに、それぞれが独自に攻撃を仕掛け、それがたまたま同調しているだけかもしれないのです。サルたちが同盟を組んでいるのかどうかは、意外に判断が難しいのです。

ここまで挙げてきた例は、たとえ同盟だとしても、じつは弱いもの同士の同盟ではありません。依存順位にかかわる攻撃では、助っ人は明らかに敵よりも強い個体ですし、群れ外のオスを追い払う群れのオスたちも、相手より弱いオスだとは限りません。明らかに弱い者同士が同盟を組んで、自分たちよりも強い相手をやっつけるというのは、チンパンジー以外ではあまり報告がないのです。

チンパンジーでは、第一位のオスが絶対的な力を誇り、メスとの交尾を独占しようとする傾向があります。しかし、オトナのオス同士の本当の実力には、それほど大きな違いがあるわけではなく、例えば有力なオトナのオスが三頭いるような集団では、第二位、第三位の二頭のオスが協力すれば、第一位のオスを蹴落《けお》とすことも可能です。実際そのようなことは、飼育下のチンパンジーでも野生のチンパンジーでもたびたび観察されています。二頭が協力して第一位のオスを蹴落とし、それぞれ第一位、第二位となり、もとの第一位のオスは一気に第三位に落ちるのです。

しかし、話はそこで終わりません。新しく第一位になったオスは、今度は盟友の第二位のオスを警戒しなくてはならず、自分たちが蹴落とした第三位のオスと同盟を組んで、第二位のオスを牽制《けんせい》したりします。さらにおもしろいのは、コウモリ行動と呼ばれている行動です。力の強い二頭の壮年のオスが本当のライバルとして第一位の座を争っているとき、策略に長《た》けた高齢の第三のオスが、あっちについたりこっちについたりして、二頭の間の優劣関係を操作することがあるのです。オス三頭が争っている場合は、やはり二頭が組んだ方が強く、壮年のオスのどちらもこの高齢のオスとの関係を大切にせざるを得ません。そのため、第一位争いが続いている間、結局その第三のオスがメスと優先的に交尾したりしています。このような複雑な同盟が起こるには、やはり自分の置かれている立場を客観的に見ることのできる、高い知能が必要だと考えられます。

（古市剛史）

33 子殺しをするって本当ですか？

生活と社会

かつて、「動物の世界では同じ種の動物を殺すことはなく、人間のみが人間を殺す」と信じられていました。しかし、杉山幸丸がインドでハヌマンラングールの子殺しを観察して以来、霊長類をはじめとするいろいろな動物で、子殺しが起きていることがわかりました。

ハヌマンラングールは、一つの群れに一頭のオトナオスと複数のオトナメスが構成する、一夫多妻の社会構造を持っています。このようにオスとメスの比率が偏っていると、当然あぶれたオスがたくさんいることになります。群れの外にいるオスは、虎視眈々《こしたんたん》と群れを乗っ取るチャンスを狙っており、チャンスがくると群れのオスに攻撃をしかけ、争いに勝つと、オスを追い出し、自分がその群れのオスになります。そのような「群れの乗っ取り」の際に、子殺しが起きることがわかっています。

やはり一夫多妻の社会構造を持つゴリラでも、集団の核オスの死後、残されたメスとその子どもが単独でいる時に、ほかの集団のオスや単独オスによって子どもが殺されることが何例も報告されています。

このような「子殺し」は、以下のように説明されています。

乳飲み子をかかえたメスは、子どもが離乳するまで発情しません。せっかく群れを乗っ取っても、発情するメスがいなければ子どもを作ることができません。一方、群れの外では、他のオスが群れの乗っ取りのチャンスを狙っていて、自分もあと何年群れにいられるか、わかりません。前の群れのオスの残していった子どもを殺してしまえば、子どもを失ったメスは、まもなく発情を再開させます。そして、群れを乗っ取ったオスは、発情の再開したメスと交尾をして、すぐ自分の子どもが作れるというわけです。

メスにとっては、だいじに育ててきた子どもを失うのは大きな損失ですから、必死に抵抗するのですが、なかなか成功しないようです。しかし、子どもが死んでしまうと、自分の子どもを殺したオスを受け入れて、交尾をします。子どもがいったん死んでしまった以上、メスにとっても、次の子を早く作ることは大事なのでしょう。

こうした一夫多妻の社会構造を持つサルの仲間のほか、複数のオスと複数のメスが属する複雄複雌の社会構造を持つチンパンジーでも子殺しが観察されています。チンパンジーの子殺しも、オスが自分の利益のために行うという「性選択説」があてはまるケースが多くみられます。

チンパンジーでは、オスが生まれた集団でずっと生活をし、メスが性成熟後に集団を移籍するという父系型社会構造を持っています。血縁関係にあるオスたちは、協力して自分たちの土地を他の集団から守ります。子どもの実の父親が自分たちの集団のオス以外だった場合には、自分たちの一族の中によそものが入ることになります。また、チンパンジーの出産間隔は、五～六年と長いので、少しでも多く自分の子どもを残すためには、父性のはっきりしない子どもが離乳してメスが次に発情するのを待てません。子殺しの犠牲になるのは、集団に新しく移入したばかりのメスの子どもだったり、ホームレンジの周辺部、つまり隣の集団の近くにいることが多いメスの子どもだったりと、子どもの父性が疑わしい場合が多いようです。同じ理由で、アカンボウ連れで移入したメスについても、子殺しが報告されています。

チンパンジーでは、集団間の子殺しも報告されています。この場合は、アカンボウを殺しても、子殺しをしたオスが殺された子どもの母親と交尾をすることはないと考えられるので、性選択説では説明ができません。

チンパンジーにおける子殺しは、これまで七つの集団で三一例観察されています。それほど頻繁に起こるものではありませんが、出産間隔が五～六年と長く、一生のうちにわずかな数の子どもしか残せないチンパンジーのメスにとっては、とてもダメージが大きいと考えられます。

（橋本千絵）

34 縄張り争いをしますか？殺し合いもしますか？

サルには、単独生活をするものから大きな集団を作って生活するものまでいろいろいますが、それぞれに普段の活動の場である遊動域を持っています。その遊動域を、他の個体や集団の侵入から攻撃的な行動で防衛する場合、それを縄張りと呼びますが、そういった防衛行動の程度は種によって大きく異なります。ヒトに近い類人猿を例にとってみても、チンパンジーなどはきわめて積極的に縄張りを防衛するのに対し、ゴリラは、集団同士が出会った時には敵対的行動が見られるものの、集団の遊動域は大きく重なっており、独自の縄張りを守るという傾向はそれほど強くありません。

集団間の縄張り争いは、出会った集団が前線を挟んで向かい合い、お互いを威嚇《いかく》し合うという形をとることが多く見られます。例えば、メスが一生自分の生まれた群れにとどまる母系の群れを作るニホンザルでは、メスたちが前線で向かいあって、前進したり後退したりの押し合いを繰り広げます。オスたちは、群れの間を渡り歩くよそ者なので、縄張りを守る意味はメスよりは弱いと考えられますが、そのとき自分が参加している群れのメスたちの助っ人に立ちます。

メスが集団間を移籍し、オスが一生を自分の集団で過ごす父系集団を作るチンパンジーでは、縄張り争いの主役はオスたちです。森の中を遊動しているときに別の集団の声が聞こえると、一瞬にして集団内に緊張が走り、オスたちが集まって徒党を組んで声の方に向かいます。また、数頭のオスが一緒になって、隣の集団との境界域をパトロールし、他の集団の個体を見つけると取り囲んで攻撃するという、積極的な縄張りの防衛行動も見られます。

集団間の衝突の多くは、威嚇の応酬の後、最終的にはどちらかがその場から退いたり、あるいは双方が違う方向へ移動したりすることによって終わります。しかしチンパンジーでは、殺しにいたる激しい攻撃行動に発展することも珍しくありません。また、前述のパトロール行動で相手の集団の個体が単独でいるのを見つけたりすると、取り囲んで攻撃し、死に至らしめることもあります。

このような攻撃に参加するのはほとんどオスたちで、犠牲になるのもほとんどオスだけです。タンザニアのゴンベ国立公園では、一つの集団が二つに分裂したあと、大きな方の集団のオスたちが小さな方の集団のオスたちを長期間にわたって次々と殺し、ついに相手方のすべてのオスがいなくなって、縄張りとメスを手に入れるということもありました。同様のことは、同じタンザニアのマハレ山塊国立公園でも起こっています。

繁殖戦略の一環として同じ種のコドモを殺すという行動は、いろいろなサルの種類で見られていますが、他集団、あるいは同集団のオトナを意図的に殺すという行動は、ヒト以外の霊長類では、チンパンジーでしか観察されていません。霊長類でもっとも知能の発達したチンパンジーとヒトだけでこのような行動が見られるということは、知能の発達と殺しをともなう集団間抗争の間に関係がありそうです。動物の縄張り争いは、基本的には「今」の「ここ」が守られればそれ以上深追いはしないというものですが、知能が発達したチンパンジーとヒトは、「将来」の「離れた場所」での利益も考えて、他集団の抹殺《まっさつ》までも考えるのかもしれません。

ただし、チンパンジーとともにヒトにもっとも近い類人猿のボノボでは、縄張り争いはあっても、集団間の激しい戦いや殺し合いに発展することはありません。ボノボでは、メスが社会関係の中心になっていることが、争いの抑制に寄与しているのではないかとも考えられています。

（古市剛史）

35 霊長類は肉食もしますか？

生活と社会

現生の霊長類は食虫類者、葉食者と果実食者に分類されています。しかし、多くの霊長類は一つのタイプに限定はできず、雑食者と言ったほうがよいでしょう。ほとんどの霊長類は、無脊椎動物（アリ、バッタ、ゴキブリ、ミミズ、カタツムリ、貝など）、両生・爬虫類《はちゅうるい》（トカゲ、カエル、ヘビなど）や小鳥やその卵などから動物性タンパク質を摂取しています。

頻繁に肉食をする霊長類は少数ですが、中南米のオマキザルやアフリカに生息するヒヒやチンパンジーが上げられます。ノドジロオマキザルは定期的に行動域内に把握している木の巣穴を巡回し、そこに隠れているリスやコーティ（アライグマの仲間）の子どもを食べたり、オトナオスが中心になって集団でオトナのリスを捕まえて食べたりもすることが報告されています。東アフリカのアヌビスヒヒもガゼル（小型レイヨウ）の子どもを食べることが知られています。大型類人猿では、チンパンジーに比べて観察例はまだ少ないですが、コンゴ盆地に生息するボノボとスマトラ島のオランウータンも肉食をすることが最近報告されています。唯一肉食をしない大型類人猿はゴリラだけですが、特にローランドゴリラに関しては調査が本格的にはじまったばかりなので、未知な面はまだたくさんあります。

一九七〇年代から野生チンパンジーの研究が進むにつれて、道具使用によるシロアリ釣り行動の発見についで、集団で動物狩りをすることも発見され、人間のみの特徴と考えられていた行動がチンパンジーにもあることが知られるようになりました。分布地域の広いチンパンジーですが、地域を問わず、もっとも多く食べる動物はアカコロブスというサルです。その他には、イノシシの子ども、ブッシュバック（大型のレイヨウ類）の子ども、ダイカー（小型レイヨウ類）、サル類やリス、大型のネズミなどの小動物があります。

木の棒を道具として用いた、小動物の狩猟行動は何回か観察されています。肉食の頻度、協力して狩猟するのか、単独なのか、肉を均等に分配するのかどうかなどは、生態的要因や社会的状況によって左右されるようです。狩りに参加するオスの数は狩猟成功率、獲物の個体数や肉の総量に比例する一方、一個体当たりに配分される肉の量には比例しないという報告もあります。子殺しに伴うカニバリズム（共食い）も観察されています。これはタンパク質を求めるためではなく、アカンボウを殺すと、そのメスが発情をし、交尾の機会が増えることや、集団外のオスとの交尾によってできた子どもを排除する目的で、この行動が起きると考えられています。

チンパンジーの集団によっては、肉の分配行動は政治的な意味合いが強く、一位のオスが狩りたての獲物を奪い、連合の維持や繁殖の機会を増やすために、特定のオトナオスや発情メスに優先的に、肉を分配することがあります。ということは、肉はチンパンジーにとって、栄養価値の高い食物であるだけではなく、政治的に価値の高い貨幣のようなものでもあると考えられます。

肉食によるタンパク質の安定的な大量摂取が、大脳の発達、認知能力の向上、言語の形成、協力に基づくより複雑な社会関係の結成などの連鎖を引き起こし、ホミニゼーション（ヒト化）が急速に促進されたといわれています。六五〇〇万年の長い道を歩んできた霊長類（目）は、食物を通して進化してきたことがよくわかります。

（マイケル・ハフマン）

36 毛づくろいにはどんな意味がありますか？

生活と社会

毛づくろいは、サルの専売特許ではなく、一般の哺乳類でも、毛を舌や唇でなめたり、前歯でかみついたり、指やヒヅメでひっかいたりして行っています。こういう行動は、英語ではトイレット行動といいます。原猿類には、前歯が櫛《くし》の歯のように細長く並んでいて、これを使って毛をすいて、体をきれいにするものもあります（前歯のことを櫛歯とかトイレット歯と呼びます）。多くの霊長類は、舌や唇でなめたり、歯でくしけずったりするのではなく、器用に指と爪を用いています（英語ではグルーミング）。

毛づくろいには二つの役割があるとされています。それらは、衛生的な役割と社会的な役割です。一つ目は、シラミ、ダニ、スナノミなどの外部寄生虫やそれらの卵、および汚れを除去することです。そうすることによって、毛づくろいを受ける側の衛生状態を保つことができます。二つ目の役割は、毛づくろいをする者とされる者の間の親和的関係（仲良し関係）を作り、維持することです。それぞれについて、もう少し詳しく述べましょう。

霊長類は寄生虫に悩まされた時、健康を維持するためには、それらの感染症がもたらす疾病の改善や、症状を和らげることは不可欠です。内部寄生虫に対しては、いくつかの自己治療方法が知られています（「37　サルは薬を使いますか？」）。外部寄生虫に対しては、自分の手が届く範囲では除去できますが、手の届かないところに関しては、他者に取ってもらう以外に方法はありません。

外部寄生虫を除去するには、さまざまな方法があります。人間やニホンザルのような、手先の器用なサルは親指と人差し指の爪で細い毛をはさみ、卵を取り除きます。チンパンジーやゴリラの指先は少し不器用なので、親指と人差し指の爪を合わせず、親指の先と人差し指の横の間に毛をはさみ、卵を取り除きます。原猿類のキツネザル類とロリス類は手を使わず、下顎の櫛歯を使って、毛づくろいをします。ウーリーモンキーやアカコロブスなどの手先が極端に不器用なサルたちは、毛づくろいをまったくしません。

本人の手が届かないところや急所を他者に触らせることは、よほど相手を信頼していなければ簡単に受け入れることはできません。確かに、毛づくろい行動が見られるのは、血縁個体同士（親子、兄弟・姉妹）がいちばん多いのです。その他の場合で毛づくろいが見られるのは、長い期間をかけて信頼を築いてきた個体の間、一時的な配偶関係で結ばれているオトナのオスとメスの間、そして政治的な連合に加わっている個体の間です。

政治的な手段としても使うことがあります。例えば、ケンカが起きた後に関係を修復させるために、仲直り行動の一つとして毛づくろいをすることがよくあります。または、二頭の間でどちらが毛づくろいを行うのか（毛づくろい行動の方向性）や、お互いに投資する度合いは、当事者や周囲の者にとっても、その関係の状態を示す有力な手がかりになります。研究者にとっても、毛づくろいは一つの社会的バロメーターとして、サルの仲のよさや社会的な変動を評価しやすい行動です。

機能は別として、受ける側は気持ち良さそうに受け、ストレスが解消されているようです。ストレスを解消することは健康のためにも、相手の信頼を獲得するためにも有効な手段に違いありません。

（マイケル・ハフマン）

37 サルは薬を使いますか？

生活と社会

霊長類学者は野生霊長類の採食について、日常的に食べる栄養価に富んだ果実の量、食べる葉や若い芽の植物種の選別、さらには植物に含まれている二次代謝産物（アルカロイド類）など多様な側面に焦点をあてて研究してきました。しかし、採食阻害物質が多く含まれるこれら二次代謝産物についての研究では、霊長類がどのように対処するかにとどめる場合が多く、それらの薬としての効果については研究されていませんでした。

チンパンジー、ボノボ、ローランドゴリラなどは主として果実食者ですが、同時に葉、髄部、種子、花、樹皮、樹液など、植物の多様な部位を採食しています。これまでに、これらの部位から、それぞれの種に特徴的な多様な二次代謝産物が分離されています。二次代謝産物はある種の無機物質とともに、植物側から見れば、草食動物に対する防衛最前線であると考えられています。すなわち、これら二次代謝産物は、栄養にならないばかりか、霊長類にとって有毒であったり、消化力を低下させ、食欲を減退させたりすることで、摂取されにくくする物質と捉えられます。したがって植物食の霊長類は、毒ではなく、そして消化能力に合う植物の部位や状態（若い葉か成熟した葉か）を選択して食べています。時には、間違えて食べて、中毒になる場合もあります。

ところが、最近、栄養分の乏しいある種の植物を食べると、寄生虫感染症の制御や、その二次的症状である腹痛の治癒などに効果があるのではないかとの仮説が、アフリカの大型類人猿研究により実証されてきています。チンパンジーをはじめとする野生霊長類が特殊な二次代謝産物を含む種の葉や樹皮、さらには根などを食べることは、これまでにも観察されていました。栄養的には乏しいと考えられる植物（あるいは部位）を採食することの意義に興味が持たれ、動物自己治療行動という新しい研究分野が開拓され、野外と実験室での研究が両立して、行われています。

これまでアフリカの大型類人猿の自己治療行動に関する具体例として、

①枝の髄から苦い汁を滲《し》み出させて、呑《の》みこむ行動

②葉の呑みこみ行動

の二つのタイプが示されています。まずは前者について述べましょう。

良薬は口に苦《にが》し、と言います。これはヒト以外の霊長類にも通用するようです。チンパンジーの摂取する髄の苦汁に寄生虫制御効果があることが、長年の研究によって明らかになってきました。

タンザニア西部のマハレ山塊国立公園において、明らかに病気（下痢、倦怠感、線虫感染など）と見られるチンパンジーは、ベルノニア（キク科）の茎の髄を噛み砕き、滲み出る樹液を呑みます。ベルノニアは樹液だけでなく、どこを食べても強烈な苦みがあり、このためチンパンジーにとっては日常食ではないと考えられています。摂取後、二四時間以内にすべての症状が消え、体調が改善されます。

ベルノニアから、さまざまな生物・生理活性が測定され、その抽出物には抗菌、抗腫瘍、免疫抑制など多様な生理活性物質が見出されています。マハレに生息するチンパンジーの寄生虫感染の調査によれば、腸結節虫に感染した個体は、このベルノニアを摂取することによって、この寄生虫に何らかの影響を与え、産卵活動を強く抑えることが分かっています。感染している他の寄生虫に対して、影響はないことから、ベルノニアの採食は、少なくともマハレでは一般的な腸結節虫症の治癒（または軽減）には効果がありそうです。実験研究によると、住血吸虫に対しても、顕著な産卵抑制活性が認められています。この他の抗寄生虫活性としては、殺マラリア（熱帯熱マラリア）、殺リーシュマニアや殺赤痢アメーバーの活性も認められました。

それでは、もう一つの自己治療行動の「葉の呑み込み行動」について見てみましょう。苦汁摂取行動と同様に、葉の呑み込み行動も明らかに病気の個体に見られる行動です。葉の呑み込み行動は腸結節虫や条虫（サナダムシ）の感染症による痛みを和らげる効果があると報告されています。今のところわかっているのは、類人猿はこれらの寄生虫感染症の場合のみに採用する治療法のようです。葉の呑み込み行動とは、表面がザラザラしている葉を持つ植物だけを選び、口の中にゆっくりと入れ、舌や唇で丸め、やがて一枚一枚呑み込みます。マハレでは、ツユクサやイチジクのような植物がよく使われます。一度に呑み込む葉の数は、一枚の場合もありますが、一〇〇枚も呑み込むことがあります。呑み込まれた葉は五〜六時間で消化器官を通過し、多くの場合未消化のまま糞便中に、寄生虫と一緒に排泄されます。このように糞中に発見された結節虫は、すべてまだ生きており、動いています。数日間、腸結節虫（成虫）を糞や葉と共に保管しておいても、変わりなく動き続けることが確認されています。

以上のことより、呑み込み行動に用いられた葉の腸結節虫駆除効果は、ベルノニアとは違って、化学的な作用ではなく、その物理的作用によるものであるとする、新たな寄生虫駆除メカニズムが提唱されました。それは、葉の表面のザラザラとした毛状突起が腸管を刺激し、消化時間が短縮され、物理的に腸結節虫を駆除しやすくするというものです。表面に毛状突起がある葉は、消化しにくく、朝、空腹時に食べることで、腸の粘膜に付着している腸結節虫が刺激され、体外に排泄されやすくなるものと推察されています。現在、アフリカの一六ヵ所の調査地で、チンパンジー、ボノボ、ローランドゴリラが四〇種以上の植物の葉を呑み込み、治療に用いていることが観察されています。

（マイケル・ハフマン）

38 サルと他の動物の関係はどうなっているの？

生活と社会

主に樹上で生活しているサルたちは、他の動物とは何の関係もなく暮らしていると考えられがちですが、彼らも生態系を構成するメンバーである以上、他の動物とさまざまな関わりを持ちながら生きています。

種間の関係としてまっさきに思い浮かぶのは、食べる・食べられるの関係です。サルを捕食する動物にはヘビ、ワシやタカ、そしてヒョウなどの肉食獣がいます。同じ霊長類のチンパンジーも、やはりサルの捕食者です。捕食者の存在は、サルの生活パターンに影響する要因の一つとなります。一方、サルが捕食する動物は小さなものでは昆虫やクモなどの小動物、鳥や爬虫類《はちゅうるい》、小型の哺乳類などが挙げられますが、主に植物食者のサルたちがこれらの動物の行動に与える影響の程度は、同じ場所に生息している他の捕食者の影響と比べれば、おそらく小さいでしょう。

次に紹介するのは、サルが樹上で果実や葉を食べているときにうっかり落としてしまったり、途中で食べ飽きて捨ててしまったりしたものを地上の動物が利用する、という関係です。つまり、他の動物が「サルのおこぼれをちょうだい」しているのです。この関係はフランスの画家ミレーの名画になぞらえて「落ち穂拾い行動」と呼ばれています。サルのパートナーとなる動物は、哺乳類ではシカの仲間やレイヨウ類、鳥類、そして爬虫類までとさまざまです。木に登れないこれらの動物たちにとって、本来利用できない食物を提供してくれるサルたちは、ありがたい存在なのかもしれません。

私が調査をしている宮城県の金華山島でも、ニホンジカがニホンザルの落とす枝や葉を食べに遠くから集まって来ることがあるのですが、この関係がもっともよく見られるのはニホンジカの主要な食物である草の乏しい季節なので、ニホンザルが落とす食物がニホンジカの生活にとって重要な役割を果たしている可能性があります（写真）。「落穂拾い行動」と似たような関係として、サルが樹間や地上を移動するとき、その足音に驚いて飛び出した昆虫類や小動物を近くで待ち構えていた鳥類が食べるという関係や、逆にグンタイアリの通過に驚いて飛び上がった小動物をサルが食べるという関係が報告されています。

シカの採食とサルの関係は現在調査中
撮影：辻

霊長類とサル以外の動物が、共通の捕食者に対して互いに警戒音を出し合うという関係も知られています。この関係は、異なる種が共同で被食のリスクを下げる関係だといえますが、この関係から利益を受けているのはもっぱらサル以外の動物であって、サルは一方的に利用されているだけだ、という報告もあります。

異なる動物が一緒にいることを混群というので

すが、別種のサル同士がよく混群を作ります。アフリカではグエノン類やコロブス類が、そして中南米ではオマキザル類やタマリン類がその代表的な存在です。混群を作る理由として、「他の種といることで被食のリスクを下げるため」「単独では利用しにくい食物を、他の種といることで効率よく利用するため」などいろいろな仮説が出されていますが、この行動の理由は現状ではまだよくわかっていません。

このように、同じ場所に暮らしている動物は、その程度に違いはあっても互いに影響を与えながら生活しているのです。余談ですが、私自身は調査中にサルとシカがなかよく（?）採食している光景を見ると、気持ちが和みます。

（辻　大和）

第4章

人間とのかかわり

畑を荒らすサルにどう対処したらいいか。これだという決定版はありません。ヒトとサルが共存する様をじっくりと思い描くことが大切でしょう。サルが絶滅すると森が困ります。サルは種子散布者として、熱帯雨林の生物多様性を担っています。そのサルを守る自然保護の取り組みを支援してください。なお、サルをペットとして輸入することは固く禁じられています。サルは森に住む動物です。ペットとしてサルを飼うことは、やめるべきです。

観光客に餌をねだるニホンザル。
写真提供／渡邊邦夫

39 畑を荒らすサルにはどう対応すればよいか？

人間とのかかわり

一九八〇年代に入った頃から、ニホンザルによる農作物被害が急速に増えてきました。被害にもいろいろなものがあって、必ずしも田畑の作物を荒らすというだけでなく、人的被害、つまりサルに脅されたとか、嚙まれたというような被害もよく聞くようになりました。人家への侵入ということもあります。サルは木登りが得意ですから、三次元の空間を利用できます。そしてすばしこくて頭がいい。イノシシやシカと比べると、総じて一回ごとの被害量は小さいのですが、被害をなくすのは非常にむずかしい。猿害対策の難しさは、こうしたニホンザルという種の特徴によっています。

サルは人の食べるものであれば、ほとんどのものを食べます。ただ山の中にいるサルが、最初からそれを自分にとっても食物だと認識しているわけではありません。徐々に被害がひどくなるのは、サルが少しずつ学習していって、食物（つまり被害作物）のレパートリーを広げ、かつ人を恐れなくなって、大胆にこれらの作物を利用するようになるからです。ニホンザルにそれが食物だということを学習させなければいい、というのも確かにその通りなのですが、現在日本の中山間地農村はさびれる一方で、多数の耕作放棄地や集落跡が山中に残されていくという深刻な社会問題が存在します。中山間地農村から退去していく人たちに、すべての誘因物を片付けてからにしてくれと言うわけにもいきません。そして、山奥から里に向かって下りてくるサルの群れを追い上げる労力もありません。

昔は、こういう中山間地農村でも人々の活動は活発でした。ニホンザルを含む野生鳥獣がかつて大幅に数を減らし、絶滅の危機に追い込まれていたというのは、そうした人間の活動によるところが大きかったと考えられます。今はそれとは逆のことが起こっているのです。

猿害対策として実行されているのは、被害をもたらすサルを減らすことを目標とした個体数調整と、個別の田畑や集落を守るという意味での被害対策です。個体数調整では、場合によっては群れの個体全部を捕獲してしまう全群捕獲から、小型オリで少しずつ捕獲していく方法まで、さまざまな規模のものがあります。また銃を使った捕殺も行われています。

被害防除としてはここ一〇年ほどの間にいろいろな試みがなされ、実用化されてきました。具体的には、何らかの障壁を設けてサルが耕地に入れない、あるいは入りにくくしようというものです。電気柵（高電圧の電線）を張ったり、家庭菜園をまるごと天井部分まで含めて囲ってしまったり、あるいはネットを用いたサルの侵入を防止する仕掛けなどもあります。また、サルのいる森と田畑との間に開けた土地をもうけるとか、畑の作付け方を変えるなどして、サルにとっては食物を取りにくくする、あるいは心理的な障壁を作り出して、近づけないようにするという方法も推奨されています。イヌを用いたり、爆竹を使ったり、これまで試され、改良されてきた方法は数多くあります。

ただ猿害をなくすために、これでいけるという定式化された方法はまだ確立されていません。それはサルの方がどんどん変わっていって、以前有効だった方法が効かなくなってしまう、あるいは被害のなかった地域に分布を広げ、新たな被害地域がどんどん拡がっていくというようなことが起こっているからです。こうした悪循環を断ち切るためには、より長期的な視点にたって、個体数調整と被害対策とを組み合わせた、総合的な対策を考える必要があります。必要なことは、ニホンザルという種、地域個体群の存続を図ることと、猿害を無視できるほどに軽微なものにしていくこと、その二つのことを達成することです。ただこれは言うのは易しいけれども、実際には非常に難しいことなのです。経費の問題も重要です。いくらでも金と手間をかけていいというような状況にはありません。

ですから目先のことばかりにとらわれず、じっくりと人とサルの共存する様を思い描きながら、限られた予算の中でベストの道を選んでいく。そして一歩ずつでも理想に近づけていく、そうした現実的な対応が必要になります。そのためには、計画の立案、確実な実行とモニタリング、そして評価を経て計画を再検討する、というフィードバック管理が欠かせません。さらに管理をその地域に根付かせるためには、情報公開と意見の集約、徹底した討論が必要になるでしょう。

（渡辺邦夫）

40 ヒト以外の霊長類が絶滅すると、人間にとって困ることはあるでしょうか？

人間とのかかわり

まず、そもそも生物多様性を守らなければ困ることがあるかどうかを、考えてみましょう。

われわれ人間は、現代の日本人のように、たとえ文明社会に生きていたとしても、自然の恵みなしに生きることはできません。人間は、食料、燃料、建材などの自然の恵みを、直接・間接に消費して暮らしています。現代の日本でも、海産物はまだ多くが野生由来のものです。世界にはガスや電気などの化石燃料由来の熱源が普及していないところはたくさんあり、生活のためには薪や炭が必要不可欠です。日本は、東南アジア熱帯林やカナダ、ロシアの針葉樹林から切り出された木材を大量に消費しています。これらの資源が枯渇すれば、毎日の暮らしにもこと欠くようになるでしょう。近年の食料価格の高騰は、このような事態が現実に起きうることを、世界中の人々に認識させました。

このような目に見える形の、自然の恵みがもたらす資源の消費だけではなく、われわれは自然が提供してくれるさまざまなサービスの恩恵も、同時に受けています。地球の気候が温和に保たれているのは、植物が光合成活動で大気の組成を作り変えてきたからです。森林は土壌の保水力を高め、激しい洪水が起こるのを防ぎます。土壌や川の中の微生物は、われわれが排出した汚染物質を浄化してくれます。火山の爆発でできた不毛な大地を、何年もかけて肥沃な土壌にしてくれるのは、厳しい条件でも生息できる植物や微生物の働きのためです。畑に棲む昆虫や鳥は、病害虫の大発生を抑え、作物の受粉に貢献します。これらの目に見えない働きを、すべて人工的に行おうとすれば、経済的にとてつもないコストを払うことになります。

そして何より、生物多様性は、われわれの心を豊かにします。生物多様性が失われれば、自然にあふれた景色をみて感動し、多様な生物の姿とその生活の玄妙さに驚く気持ちが、人類から失われることになります。

現実の生態系での、生物間の相互作用は非常に複雑で、どの部分が失われると自然が提供してくれる資源やサービスに影響が出るのか、事前に予測することは困難です。例えば、日本で広葉樹林をス

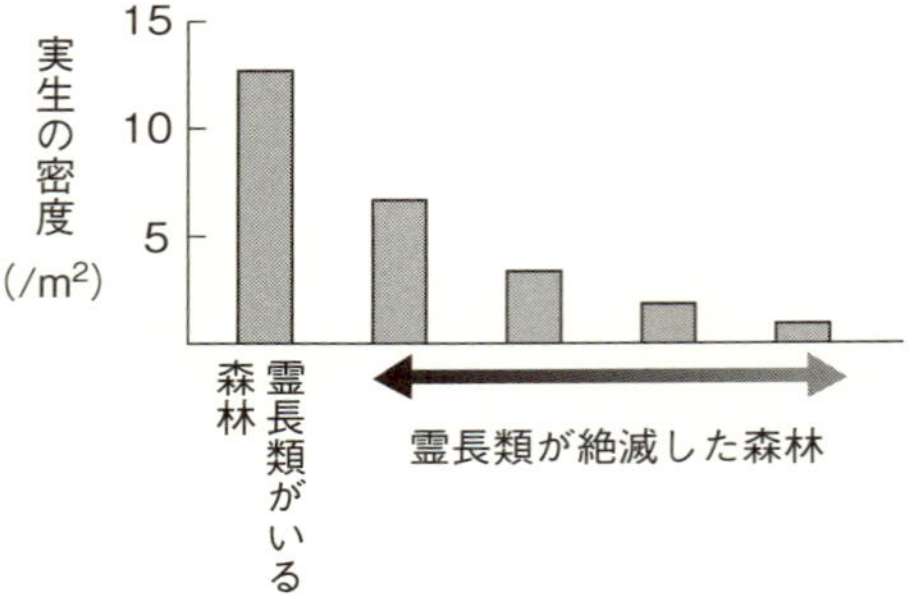

霊長類は森林の世代交代に重要な役割を果たす（半谷）

ギの人工林に大規模に変えてしまった結果、住《す》み処《か》を奪われた野生動物による農作物被害が起こり、スギという単一の種の花粉が大量に飛散する状況が生まれたため、スギ花粉症のような問題を引き起こしました。高度経済成長期に拡大造林を推し進めた人たちは、このようなことが起こるとは、とても予測がつかなかったのでしょう。

また、人工的に単純化され、特定の種だけによって構成される生態系は、環境の変化に対して脆弱《ぜいじゃく》で、持続可能ではないことは、容易に想像できます。こう考えると、現在ある生物の状態をそのまま後世に残すこと、特に一度失われると決して元に戻ることはない、それぞれの種を確実に残していくこと、つまり生物多様性を守っていくことが、生物による資源やサービスを子々孫々まで受け続けていくためには、もっとも賢い方法だということが分かります。

霊長類は、生物多様性のもっとも高い熱帯雨林の中で、非常に重要な役目を果たしています。大型の果実食者である彼らは、植物が付けた実を食べ、種子を遠くまで運んで、植物の世代交代を助ける重要な役割を果たしています。実際、東アフリカのウガンダでの研究では、霊長類が狩猟によってすでに絶滅してしまった森林は、霊長類が残っている森林よりも、実生《みしょう》（若い樹木個体）の密度が低くなることが知られています（図）。つまり、霊長類が絶滅すると、森林の更新が行われず、たとえみかけは森林が残っていたとしても、現在ある大きな木が寿命を迎えたときに、森林が崩壊してしまうことになります。霊長類の絶滅の影響は、すぐに目に見えるものではありませんが、一〇〇年程度の時間スケールでは、生態系全体に取り返しのつかない悪影響を及ぼす可能性があります。（半谷吾郎）

41 霊長類を守るために、一般の人に何ができるでしょうか？

人間とのかかわり

日本に住んでいるニホンザルを守るためには、直接多くのことができます。ヒトと野生ニホンザルが共存していくためには、まずニホンザルによる農作物被害を軽減する必要があります。地域によっては、サルを山に追い上げるボランティアを外部から受け入れています。適切な人工林管理を行うことは、多くの場合、野生動物にとっても食物の豊かな住み処を作り上げることになります。都市から間伐ボランティアを募っている地域もあります。これらの活動に参加することによって、ニホンザルとヒトとの共存に貢献することが可能でしょう。

一方、霊長類の多くは、日本から遠く離れたアジア、アフリカ、中南米の熱帯雨林に生息しています。これらの地域に自分で行って、ボランティアや仕事で保護活動に従事することは、一般には難し

写真１　マレーシア・サバ州のアブラヤシのプランテーション　撮影：半谷

いでしょう。その代わり、自然保護のためのＮＧＯは大小あわせて国内外に非常にたくさんあります。ほとんどの団体は財政的に困難を抱えていますから、募金を通じてそれらの活動を支えることは重要です。しかし、一般の人にできることはそれだけではありません。

霊長類の生息をおびやかす主要な要因は、生息地の破壊と狩猟です。霊長類の住《す》み処《か》である熱帯雨林は、本来あった面積の半分がすでに失われたといわれ、現在でも毎年一パーセント弱の熱帯雨林が伐採や牧草地の拡大などにより消失しています。また、狩猟による霊長類の減少は、中央アフリカの熱帯雨林で著しくなっています。ゴリラやチンパンジーなどの絶滅危惧種がこれらの国の都市の市場で取引されており、例えばコンゴ共和国では毎年全生息数の五~七パーセントの大型類人猿（ゴリラ、チンパンジー）が肉として消費されていると推定されています。これは、彼らの自然増加数をはるかに上回る速度です。

霊長類に起こっているこれらの激変は、日本と深く関わっている場合があります。例えば、わたしが研究しているマレーシアでは、近年次々と森林が伐採され、アブラヤシのプランテーションに変えられています（写真１）。現在では、国土の二〇パーセント近くがアブラヤシのプランテーションに

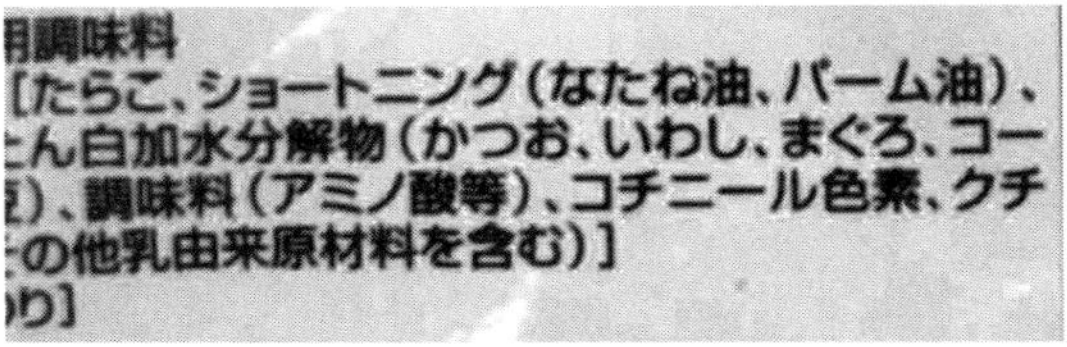

写真2　日本で発売されているレトルトのパスタソースの原材料表示。アブラヤシから作られたパーム油が原料に含まれている　撮影：半谷

なってしまいました。これらは、少なくとも四〇年前までは、世界でももっとも生物多様性の高い熱帯雨林が広がっていたところです。日本の田んぼの面積が国土の一〇パーセントに過ぎないこと、そして日本の田んぼがまがりなりにも数千年かけて少しずつ広がってきたことを考えれば、これがいかに激変であるかということがわかります。このアブラヤシから作られた油（商業的には、「パーム油」もしくは「パーム核油」）を、世界でもっとも消費しているのが日本です。アイスクリーム、ポテトチップスの揚げ油、そのほか原材料名に「植物油脂」を含む、コンビニエンスストアで売っている食品のほとんどに含まれているといって間違いありません（写真2）。

日本は、マレーシア・インドネシア産の木材のおよそ三分の一を消費しています。日本国内には高度成長期にいっせいに造林されたスギやヒノキの人工林がありますが、国内材より安いからという理由で、熱帯雨林が切られています。

世界の物流がとてつもなく大規模になった現代では、自分たちの日常の消費活動が、他の国に思いもつかない影響を及ぼします。特に、日本のような一人当たりの資源消費量の多い先進国の役割は重大です。世界のさまざまな場所で起こっている自然破壊の問題は、究極的には六十数億人の消費活動の帰結です。その意味で、個人個人の日常生活を見直すことが、地球の裏側にいる霊長類を守る、もっとも確実な手段なのかもしれません。そしてそれは、家で料理したものを食べるとか、油を使わない日本の伝統的な食事を摂るようにするとか、高くても国内産の木で家を建てるとかいった、「本来の日本人の暮らし」に戻ることと、大きく重なる部分があります。

自然を利用しなければ生きていけない人たちに、サルが大事だから森を切るな、と言ったところでなんの効果もありません。霊長類と一緒に住んでいる人たちが、自然を破壊的に利用しなくても生活できるように支援することが、遠回りでも効果的な保全の手段になります。エコツアーやフェアトレードなどは、その有効な手段でしょう。そして、戦争は自然を守るすべての努力を無にします。アフリカで近年密猟が大きな問題になっているのは、内戦によって銃が普及したり、政府の管理が行き届かなくなったり、内戦を逃れて難民が森に逃げ込んだことが背景にあります。

こう考えると、狭義の自然保護活動にとどまらず、広い意味で霊長類が生息する国の人々の生活を支援していくことが、霊長類を守ることにつながることが分かります。これは日本が国際社会でどのような役割を果たすか、という問題に帰結します。日本は民主主義国家ですから、結局は有権者である一人一人の日本人が、考えなければならない問題なのです。

（半谷吾郎）

42 サルを食べる地域がありますか?

人間とのかかわり

サルは世界中で食べられています。日本人は、昔からサルと人を近い存在と考えたり、神の使いと考えたりするため、サルは食べなかったと思われがちですが、日本も例外ではありません。全国各地の縄文時代の遺跡からサルの骨が出てきますし、それ以来現代に至るまで、さまざまな記録に「おいしい肉、栄養のある肉、薬効のある肉」として紹介されています。また、サルの頭を黒焼きにして薬に使う文化も日本各地に見られます。特に東北地方など環境の厳しいところでは、サルが飢饉《ききん》の時の重要な食物になっていたという記録もあります。

日本でサルの肉があまり食べられなくなったのは、サル自体の減少や、法的規制、猟師の減少などいろいろな理由がありますが、人に似ているために食べることに心理的抵抗のあるサルをわざわざ食べなくても、他の肉や魚が簡単に手に入るようになったというのがいちばん大きな理由ではないでしょうか。

日本以外でも、世界中、サルのいるほとんどのところでサルを食べる習慣があります。主として樹上で生活するサルは、森林の地上部にいるイノシシ、カモシカ類などに比べて見つけやすく、弓矢や吹き矢、散弾銃などを使えば比較的簡単に手に入る獣肉なのです。私がよく行くアフリカのある地域でも、急な来客をもてなすために肉が必要になった時などは、サルを狩りに出かけていました。

ただ、サルを食べるか食べないか、食べるとしてもどの種類なら食べるかといったことは、それぞれの民族によって大きく異なっています。一般に、海や川から豊富な魚を得ることのできない内陸部では、動物性タンパク質源としてサルを食べる地域が多いようですが、同じ内陸部に住む民族でも、ウシなどの家畜の乳や肉から豊富なタンパク質が得られるところでは、サルを食べないところもあります。また、例えばコンゴ民主共和国のある地域では、人と類人猿のボノボはもともと兄弟だったという言い伝えがあり、サルは食べてもボノボを食べることはタブーとされていますが、同じ国の別の民族は、チンパンジーやゴリラといった類人猿も好んで食べます。

何を食べ、何を食べないかは、それぞれの民族のアイデンティティーにもかかわる重要な問題であり、サルを食べることを一概に悪いことと決めつけることはできません。地域の住民が伝統的方法を用いて自家消費のために細々と続けるサルの狩猟などは、それほど大きな問題ではありません。希少種の保護のために、そういった狩猟も止めてほしいと考える場合は、サルに代わる動物性タンパク質源の供給など、地域の住民に十分に配慮した政策が求められます。

これに対して、大規模な森林伐採などで森林の奥深くまで道路が造られ、そこで働く労働者や首都の市場向けにサルを捕って供給する商業的狩猟が行われているところでは、サルの狩猟がその地域のサル類の絶滅に直結する可能性があります。特に大規模な森林伐採が続くアフリカのガボンや、地続きの近隣国への密輸の横行するインドシナ諸国では、大消費地での売却を狙った密猟が盛んに行われています。また、貧困や戦争も、野生動物には大きな脅威です。内戦の起こっているところでは、兵士が食糧として野生獣を利用することも多く、また戦争に巻き込まれた住民が、食料や現金収入のために普段は食べない野生動物を狩猟することもあります。これらの問題の解決には、国の枠を超えて、世界が一緒になって取り組んで行く必要があります。

（古市剛史）

43 ペットとしてサルを輸入できますか？

サルのペットとしての輸入は、現在認められていません。国外に持ち出したペットの再輸入もできません。サルの輸入に係る法令として、ＣＩＴＥＳ（ワシントン条約）、外来生物法、感染症予防法があります。その中の感染症予防法によれば、サルについては厚労・農水大臣の指定を受けた試験研究機関、または動物園で飼育される展示用サルでなければ輸入できないとされています。ですからペットとしてのサルの輸入は、許可されていないということになります。

その他にも、動植物の国際取引に関する取り決めであるワシントン条約によって、サル類は全種が付属書Ⅱ以上に、全ての類人猿を含む希少種が付属書Ⅰに記載されています。したがって、サルの輸出入は国際的に厳しく規制されていて、Ⅰ類は商業目的の取引が禁止されています。Ⅱ類も輸出国政府の発行する許可書が必要です。さらにニホンザルと近縁のマカカ属（マカク）のサル三種（タイワンザル、アカゲザル、カニクイザル）は、外来生物法によって特定外来生物に指定されており、学術研究、展示、教育、生業の維持等の目的で飼養等（飼養・栽培・保管・運搬）の許可をあらかじめ受けている人に限り、輸入できるとされています。それぞれの法律の詳細については、政府関係のウェブサイト等で調べてみてください。

要するに、二重三重に規制がかかっていて、ペットとしての輸入はできない、学術研究や動物園の飼育展示用であっても、さまざまな制約がある、というわけです。現在、ペットショップなどで売買されている外国産のサルは、こうした法律ができる前に持ち込まれたものか、あるいはそれを繁殖させた子孫にあたるものだけです。

つい数年前までは、日本に輸入されるサル類は、年およそ八〇〇〇頭程度のうち四分の一ぐらいがペット用だと言われていました。日本は世界的に見てもペット大国であったわけです。それはまだ是正されていません。ペットとして日本に密輸（違法取引）されている霊長類で、最も多いと思われるのは、東南アジアからのスローロリス類です。税関で摘発された違法取引のスローロリス類は、二〇〇七年には一三一頭にものぼります（TRAFFIC東アジア－日本調べ）。

一方、急速にサル類の輸入に関する法体系が整えられて、サル類の輸入や国際取引が難しくなってきました。その背景には、まず第一に世界の野生ザルの危機的状況が上げられます。世界のサルを何種に分類するかは研究者によって異なりますが、おおよその四分の一が絶滅の危機にあると言われます。そして、エイズの感染者が爆発的に増加したときにも話題になりましたが、最近もまたサルとの関連が疑われるエボラ出血熱やマールブルグ病（ミドリザル出血熱）など、非常に致死率の高い感染症が問題になっています。さらに、和歌山県や千葉県では外国由来のタイワンザルやアカゲザルがニホンザルと交雑していて、日本古来の自然を変えてしまう恐れがあることも周知の事実です。グローバリゼーションと言われますが、サルをはじめとする野生動物の世界も否応なくそれに巻き込まれ、めぐりめぐってわれわれの世界に新たな脅威が訪れているのです。

そして、国内産のニホンザルをペットとして飼う場合も、動物愛護管理法によって厳密な規制があります。具体的には、飼養許可を得ること、基準を満たす飼育施設を用意すること、識別用のマイクロチップを用いることなどが必要です。ニホンザルであっても、さまざまな人獣共通感染症を持っている可能性は否定できません。これまでが野放図に認められていただけだと考えるべきなのかもしれません。

ニホンザルは小さいときにはかわいいのですが、三〜四歳過ぎてオトナになると、力も強くなりますし、彼らの動きをコントロールできなくなります。都市部の真ん中に急にサルが現れて、テレビや新聞で騒がれたりしています。はっきりとは分かりませんが、そのうちのかなり多くはそうした手に負えなくなったペットザルであった可能性があります。もしペットを飼うならば、最後まで責任を持てと言われますが、いずれにせよ安易なペットザル飼育はやめるべきです。

（渡辺邦夫）

第5章

認知と思考

チンパンジーは数を数え、道具を使い、鏡を見て自分だとわかります。喜怒哀楽や恐怖の感情もヒトと一緒です。ただし、涙を流して泣く、声に出して相手を笑うということはありません。「いじめ」もありません。まねや、ウソをつくのもむずかしい。色覚や視力など視聴覚機能の基本はヒトもサルも同じで、コミュニケーションの規則にも似たものがあります。サルも雌雄や顔を見分け、利き手やリズム感覚もあります。人間は脳の大きなサルです。

コンピュータ画面に提示された色を漢字で回答するチンパンジー。写真提供／松沢哲郎

44 数は数えられますか？

認知と思考

チンパンジーは、ある程度なら、数を数えられます。

チンパンジーのアイは、アラビア数字を使って数を表現できるようになった最初のチンパンジーです。一九八五年、「ネイチャー」という科学雑誌に論文が公表されました。

アイにはコンピューターのキイボードが与えられました。目の前に縦二〇センチメートル、横三〇センチメートルほどの小さな窓があります。その窓のところに研究者が品物を置きます。例えば赤鉛筆を五本です。アイは品物の名前と色とその数を、キイボードのキイを押して答えることができます。「鉛筆」「赤」「5」というように。

「鉛筆」や「赤」を意味する図形文字があります。京大式図形文字です。例えば「赤」は「ひし形と、その頂点から四分の一の高さのところに横線を一本ひいた図形」で表現されます。数字は、アラビア数字を採用しました。一九七八年に始まった研究です。当時は、モニター画面に文字や数字を映すことができませんでした。パソコンもなかった時代で、ミニコンです。機械語のプログラムを書いて、電磁リレーを駆動して、豆電球を点滅させて、フィルムに焼いた図形を小さなスクリーンに映し出す方式です。その後、技術革新が進んで、今はコンピューター・モニターのタッチパネルになっています。

品物をコップや積み木に変えても、色を青や緑に変えても、アイは正しく数字を選べました。1から6までできました。その後、実物ではなくて、モニター画面の白い点の数を答える課題にしました。一〇個の点までできました。ただし個数が増えると、間違いも多くなります。つまり、ちゃんと数えずに、九個くらいとか、八個くらいというように当て推量をするのです。また、数字の0も理解できます。

数字を順番に選ぶ課題をするアユム（アイの息子）　写真：松沢

数の体系には、このように個数を表す基数という性質と、順番を表す序数という性質があります。一個・二個・三個、英語で言えばワン・ツー・スリーというのが基数です。一番・二番・三番、ファースト・セカンド・サードが序数です。アイをはじめ七個体のチンパンジーで試しましたが、全員が、1から9までの数字を順番に選べるようになりました。

そうした序数の知識を利用して記憶を調べました。一瞬だけ画面に数字がでてきてそれを記憶する課題です。チンパンジーの子どものほうが、人間の大人よりもこうした記憶は優れていることがわかりました。チンパンジーの数の能力について、これからも研究を続けていきます。

（松沢哲郎）

45 ヒト以外の霊長類も道具を使いますか？

認知と思考

むかしは、道具を使うのはヒトだけだと考えられていましたが、一九六四年にジェーン・グドールによって、野生チンパンジーが道具を使うことが初めて報告されました。それ以来、野生では大型類人猿のボノボ、ゴリラ、オランウータン、旧世界ザルのカニクイザル、新世界ザルのフサオマキザルも道具を使うということがわかってきました。飼育下では、ニホンザルなど、さらに多くの種が道具を使うことが知られています。

道具を使うというのは、手の器用さとともに高い知性を必要とするむずかしい行動です。ある目的を達成するために、手段となる道具を適切に選んだり、目的に向けて上手に扱い方をコントロールしたりすることが必要です。そもそも、手に持った物を、特定の場所や他の物に向かって目標を定めて動かしたり、組み合わせたりという動作（定位操作）自体が、限られた霊長類にしか見られません。物を直接、手や口で分解したり壊したりする行動のほうが一般的で、それとは別の道具という物をあえて使うというのは、ある意味、遠回りになるからです。

では、道具を使うことには、どのような意味があるのでしょうか。霊長類は果物や草木の葉、昆虫などを食べて生活しています。やわらかく熟した果物などは、枝からもぎとればそのまま食べることができます。しかし、硬い殻におおわれたナッツや、巣の中に潜んだアリなどは、簡単には手に入れることができません。動物の中には、例えば丈夫な前足と細長い舌を持ったアリクイのように、ある特定の食べ物に特化した体を持つようになったものもあります。しかし、霊長類は樹上で枝をつかむのに適した手と、柔軟な知性を使うことで、大きく体の形を変えることなく、道具を使って食べ物のレパートリーを増やしてきたと考えられます。また、チンパンジーでは、簡単に手に入る果物などが少ない季節に、保存食のようにナッツを割って食べることが知られています。暮らしにくい環境の中でも、道具を使って高栄養の食べ物を手に入れられるということが、ヒト化への要因の一つになったのかもしれません。

一組の石を使ってナッツを割るチンパンジーの母親とそれをみつめる子ども　撮影：野上悦子

西アフリカにすむ野生チンパンジーは、一組の石をハンマーと台として使って、硬い殻を割ってナッツの中身を食べます(写真)。ギニア共和国ボッソウ村での長期研究から、チンパンジーの子どもがどのようにむずかしい道具使用を学んでいくのかという発達過程が明らかになりました。子どもは、母親や群れの他の大人たちがナッツ割りをしている姿をじっと近くから観察します。観察するだけでなく、自分でもナッツや石を触って遊んでみたり、大人が割ったナッツを横取りして味を覚えたりします。大人は手取り足取り教えることはありませんが、小さ

46 サルは人と同じように考えますか？

認知と思考

い子どものすることには非常に寛容で、たとえ自分の子でなくとも邪険にすることはありません。子どもは一歳半頃になると、ナッツを台石にのせるなど、ナッツを割るために必要な動作がだいたいできるようになりますが、まだそれらの動作を適切な順序で組み合わせることができません。途中の動作が抜けてしまったり、ハンマー石を持たずに手でナッツを叩いたりします。早くて三歳半頃になると、ようやくナッツを割るのに初めて成功しますが、大人のように熟練した手つきになるにはさらに何年もの時間を必要とします。

ナッツ割りは、野生チンパンジーがよく行う道具使用の中でも、むずかしいとされています。一組の石とナッツという三つの物を、適切に組み合わせなくてはいけないからです。チンパンジーの道具使用の多くは、アリとそれを釣る棒というように、二つの物の組み合わせだけで表されてしまいます。現代のヒトは、道具を作るためにさらに別の道具を使うなど、多くの物が複雑に関わる道具使用をします。石器などのように、道具は考古学的な資料としても残るため、その使われ方や複雑さなどを調べることで、チンパンジーからヒトへの間をつなぐ化石人類の知性の指標としても活用できるでしょう。

（林　美里）

人間と同じように考えます。喜怒哀楽の感情も一緒です。

繰り返しになりますが、「霊長類」というのは人間を含めたサルの仲間のことです。その中で、人間とチンパンジーはゲノムの九八・八パーセントが一緒ですから、体の面でも心の面でも共通するものがあります。チンパンジー、ゴリラ、オランウータン、テナガザル、ニホンザルというように、ヒトから見て徐々に遠縁になります。遠縁とは、より時代を遡らないと共通祖先に行き着かないという意味です。遺伝的な近さなので、遠縁になればなるほど、同じような部分が薄れていき、違いが目立つでしょう。

母親が硬い種を石で割るようすを見守る野生チンパンジーの子どもたち　提供：野上悦子

「考える」ということを知性の働きとします。道具を使う、夜寝るときにベッドを作る、鏡に映った像を自分だと認識する、見てまねる、そうした知性の面で霊長類の種間比較をしてみましょう。人間とチンパンジーとゴリラとオランウータン、つまりヒト科の四属はすべてこれができます。一方、テナガザルやニホンザルにはできません。つまり、人間とそれ以外の動物のあいだに知性の大きな溝があるのではなくて、ヒト科四属とそれ以外の霊長類との間での差が顕著です。

「考える」ということの中には、「他者の心を理解する」という社会的な側面があります。チンパンジーは、他者の心をある程度まで理解して振る舞えます。だから、共感したり、相手のために振る舞ったり、一緒に協力したり、逆に、だましたりします。

「考える」ということの重要な要素として、言葉の能力があります。声に出して言葉を話す「発話」は人間だけのものです。チンパンジーをはじめ人間以外の霊長類も音声でコミュニケーションを取りますが、人間ほど巧みではありません。声ごとに違った意味はあるのですが、文法規則はありません。抽象的な事物を指し示すこともありません。

人間とそれ以外の動物の知性の最も大きな違いは、「想像する」能力ではないでしょうか。目の前にないものを見る。はるか昔のことに想いをはせる。ずっと先のことを考える。人間は、地球の裏側で飢えに苦しむ人に共感し、はるか昔の先祖のことを思い描き、将来に対して不安を抱きます。チンパンジーは、今、目の前の暮らしを生きています。だから、あまりくよくよ思い悩みません。人間は、時間や空間を超えて想像できるので、思い悩みます。人間は「思い悩むサル」だといえるかもしれません。

（松沢哲郎）

47 他の個体の「こころ」は読めますか？

認知と思考

皆さんは、他人の目を気にしたり、他人が何を考えているかが気になったりしませんか？　それは実は不思議なことでも何でもありません。というのも、これこそがヒトをヒトたらしめている大きな特徴の一つだといえるからです。

今から三〇年ほど前、チンパンジーの研究者のデヴィッド・プレマック博士は、チンパンジーが他者の考えをどこまで理解できているかを調べる実験をしました。彼はチンパンジーに寒くて震えているヒトの映像や、天井からぶら下がっているバナナを取ろうとしているヒトの映像を見せた後、物の写真を何枚か見せ、どれが問題の解決となる物かを選択させました。先の例で言えば、前者の答えは毛布になるでしょうし、後者なら木箱か棒になるでしょう。彼がテストしたチンパンジーたちは偶然の水準よりも統計的に有意な確率で「正しい」写真を選ぶことができました。この結果からプレマックは、チンパンジーが「他者の心」を理解することができると結論づけ、他者のある行動を了解したり予測したりするためには、心の状態を想定する能力が必要であると主張しました。この能力は「心の理論」とも呼ばれ、その後の霊長類研究のみならず、発達心理学、認知神経科学、そして発達障害学などにおける研究の一大潮流を生み出したのです。

プレマックも当初は、チンパンジーにもヒトのような「心の理論」があるのではないかと考えたようです。ではヒトでは何歳くらいになると、「心の理論」と呼べる能力が発達してくるのでしょうか。心の理論を調べるテストとして最も有名なものに、「サリーとアンの課題」というのがあります。この課題では、例えば以下に示すような人形劇をまず子どもに見せます。

サリーとアンという二人の女の子がボールで遊んでいました。

すると、お母さんに呼ばれたのでサリーはボールを箱の中にしまって部屋を出て行きました。

部屋に残ったアンは、ボールを箱から取り出して一人で遊び始めました。

そのうち、飽きたのかボールを箱にではなくかごの中にしまいました。

そうこうしているうちにサリーが部屋に戻ってきました。

サリーはまたボールで遊ぼうと思いました。


ここで、この劇を見ていた子どもたちは、こう質問されます。

「さてさて、サリーは箱かかごかどっちを探すかな？」

もちろん正解は箱です。サリーはアンがボールを箱から取り出してかごにしまったのを見ていません。ですから、サリーは「ボールは自分がしまった箱の中にある」と信じているはずです。

このような質問を就学前の子どもたちに行ってみると、興味深い結果となりました。私たち大人にとっては当たり前の答えが、三歳児ではきわめて難しいのです。三歳ではかなりの数の子どもが「かごの中」を探すと答えるのです。五歳児くらいにならないと、大人と同様「箱の中」と答えられるようになりません。おそらくヒトでは、三歳から五歳にかけて、自分と他者は異なる考えを持っているということ、そして他者も自分と同様その人が持つ欲求や信念に従って行動する、ということが理解できるようになっていくのです。ただ、このような定説は少しずつ揺らいできています。最近の研究では、実はもっと小さい頃から他者の信念が理解できていることを示す結果が、巧妙な実験によって報告されるようになってきたからです。

では、ヒト以外の霊長類ではどうでしょうか。実は、ヒトに最も近縁な大型類人猿が「心の理論」

を持つのか否かについては、いまだに論争が続いているのです。霊長類での「他者理解」の研究が精力的になされるようになってきた一〇年前頃は、結論は「たぶんノー」という感じでした。先のサリーとアンの課題を「非言語化」した課題を、大型類人猿で行った研究があります。その課題は以下のようなものです。

これまでの訓練で、被験者となるチンパンジーは実験者Aさんが指さした方に果物があるということをよく理解しています。

チンパンジーの前に不透明なカップが二つ下向きにして置かれています。

Aさんはカップの前に覆いを置いて、チンパンジーからはカップが見えないようにした上で、いずれか一方のカップに果物を隠します。

その後、Aさんは覆いをはずしてこの実験室からいったん退室します。

実は、この部屋には一部始終を観察していた、もう一人の実験者Bさんがいました。Bさんはおもむろにカップに近寄り、なんとカップの左右の位置を入れ替えてしまいます。

しばらくして、Aさんが部屋に戻ってきました。そして、左のカップを指さしました。

さて、このときチンパンジーはどちらのカップに手をのばすでしょうか。

もちろん果物が入っているカップは右です。Aさんは場所が入れ替わったのを知らずに誤った信念を持っているからです。この課題をヒトの五～六歳児に行うと、問題なく正解できました。しかし、チンパンジーや他の大型類人猿は、オトナでもまったく解けなかったのです。

ところが、二一世紀に入ってから事態は大きく変化してきました。最近の研究では、チンパンジーなど大型類人猿は、少なくとも他者の心的状態に応じて、自らの行動をうまく調整できることを示唆する結果が数多く報告されています。ドイツのマックス・プランク進化人類学研究所のマイケル・トマセロ博士は、これらの成果を受けて、「チンパンジーは他個体の知識、見えの世界、目標、そして意図などを理解することができる」と結論づけています。

その一方で、「いや、チンパンジーはこれまで心の理論を示唆するような結果を一度たりとも生み出してこなかった。すべての結果は心の理論を持ち出さなくても（よりシンプルなメカニズムで）説明可能だ」と主張する、ルイジアナ大学のダニエル・ポヴィネリ博士のような研究者もいます。私から見ると、どちらも言い過ぎのような感じがするのですが……。

少なくとも、チンパンジーが私たちヒトと同じような、きわめて複雑な「心の理論」を持つとは私には思えません。でも、彼らに他者理解の能力がないと、ばっさり切り捨てるわけにもいかないのも事実です。ここは頭を切り替える必要があるでしょう。彼らに他者の心が読めるのか否か、という二者択一的な問いではなく、他者のどのような心の状態を、どの程度まで理解できるのかという、きめ細かな問題設定のもとで、詳細に研究を進めていくことがこれからは必要になっていくでしょう。

（友永雅己）

48 サルは泣いたり笑ったりしますか?

認知と思考

サルが泣いたり笑ったりしますかとのことですが、あいにく(?)泣きも笑いもしません!ただし進化的に見て、それぞれの起源とおぼしき行動はあります。まず泣きについて。

泣きっ面というのをします。グリメス(grimace 一九四ページ写真)と言って、一般に恐怖の表出とされています。口角を左右に収縮させ、つまりひきつらせて歯を露出させます。キーという悲鳴がともなうことも珍しくありません。それで相手が、許してくれればありがたいのですが、許さないと、今度は口が大きく開いて、ぎゃーぎゃーとわめきだします。

こうなるとトラブルは大事に発展してしまうことがしばしばです。まわりにいろんな連中がやってきたりする。大人数をまきこんで、大乱闘に発展したりもします。

ただ人間の泣くという行動と、もっとも顕著に異なる点は、サルではいくら激しく感情を吐露しても、涙が出ることはないという点にあるのではと、私なんかは思っています。

次に笑いについて。ここでの笑いとは、いわゆる英語のlaughという行動と思ってください。

人間の笑いの特徴の一つは、ハッハッハッ……という呼気の断続にあるとされています。この点で共通しているのが、ニホンザルなどが仲間を脅すときに発する、いわゆる威嚇音という類いの音声です。機会があれば、動物園のサル山を覗いてみてください。餌やりの時など、順位の高いサルが「ガッガッガッガッ」と声を出して、順位の低いサルを追い回しているのを目にすることでしょう。

ニホンザルよりも、系統的に人間に近いとされる類人猿の仲間のチンパンジーでは、パントフートと呼ばれる「ホーホーホー」と互いに挨拶のために鳴きかわすのが観察されます。呼気の断続は、基本的には攻撃性の表出であると考えられています。それをお互いに、自分たち以外の第三者に向けて放出し、無害化する中で、むしろ相互の連帯を強めるところから、笑い合うというコミュニケーションが進化したのではないかと、推測されています。

ですから人間においても、相互に笑いを交わすのではなくて、一方的に相手から笑いを向けられるというのは、必ずしも良い気持ちのするものではないというのは、誰しも経験するところではないかと思います。ましてや、周囲の大勢から笑われるとなると、ムカッときます。子どもにおとなが「笑われないようにしなさい」というのは、そのためです。

（正高信男）

49 どうやってお互いの意思を伝えますか？ 会話はできますか？

認知と思考

多くのサルは群れで暮らすので、互いの「意思」を伝え合うコミュニケーションは必要不可欠と言えるでしょう。霊長類のコミュニケーションの方法は状況によっても種によっても千差万別で、においを使う場合もありますが、霊長類はおもに表情や音声を使います。これはヒトと同じです。例えば、ニホンザルの表情と音声を用いた特徴的なコミュニケーションを例に上げます。

ニホンザルは群れの中で順位関係が成立していますが、喧嘩といったような闘争的な交渉が見られます。こうした場面において、劣位のサルはグリメスと呼ばれる、歯をむき出して口を左右に大きく広げる、非常に特徴的な表情を、優位なサルに対して見せます（一九四ページ写真）。その際にはよく「キキッ」と聞こえる、ある特定のタイプの音声を出します。こういった表情や音声は、サル同士の闘争場面に限られたものではなく、飼育者などヒトにも見せます。したがって、こうした表情や音声には、服従の「意思」があると解釈されています。表情や音声の「信号」に含まれる「意思」を、霊長類は読み取って、次の行動を決定します。厳密に言えば、このようにしてコミュニケーションは成立していると解釈できます。

ヒト以外の霊長類のこうしたコミュニケーションを眺めてみると、ある特定の表情と音声は、ある特定の状況に完全に結びついていることがわかります。例えば、先に紹介したグリメスとそれに伴う音声は、闘争的な場面など優位なサルやヒトがいる場面でしか見られません。この例の場合、闘争という「状況」が劣位個体にとって特定の「情動」（恐怖など）をもたらし、それが特定のモードとしての「信号」が表情や音声に表出され、結果として、その信号を優位個体が受け取るということが起きているのです。

このように、ヒト以外の霊長類において表情や音声は、情動に深く結びついており大きな制約になっています。情動という制約を超えて、自由にいろいろな表情や音声を操るサルを見ることは難しいことが知られています。これは、表情に関しても音声に関しても、その運動を司《つかさど》る顔面・喉頭・咽頭の筋肉がヒトほど発達していないことや、運動の操作性に関してヒトよりも制約を受けていることに関連しています。

一方で、表情の操作性については、その制約性は従来考えられていたよりも緩やかであることも明らかにされつつあるようです。サルを集中的に訓練すると、特定の手がかりに（例えば、グー、チョキ、パーなどの手のサインをサルに見せるなど）対していろいろな表情を出し分けられるようになります。つまり、訓練次第でサルの表情は、情動といった制約を超えられるわけです。野生のサルでは見られませんが、訓練で可能になるということは、表情を自由に操作するための神経回路的な基盤がサルにも備わっていることを意味しています。

また音声のほうも、集中的に訓練をすると、訓練者の合図で声を出させることができます。しかし、いろいろな種類の音声を使い分けるようにする訓練は、たいへんむずかしく、音声は表情にくらべ情動の制約が強いようです。

声の使い分けをさせる訓練が困難であることが知られている一方で、野生では明らかに情動とは別に鳴き声を使い分ける事例も知られています。アフリカのサバンナに生息するベルベットモンキーと呼ばれるサルは、天敵が近づくと天敵を威嚇し群れの仲間に天敵の接近を知らせるための警戒音声と呼ばれる声を出すことが知られていますが、ヒョウ・ヘビ・猛禽類といった異なる天敵に対して異なった声を使い分けて出すことが知られています。このように、ヒトと比べてサルの表情や音声は制約を受けていることは間違いないのですが、どの程度ヒトと異なっているか調べることは今後も重要なテーマとなりそうです。

ヒトの会話では、コミュニケーションの多くは音声言語に依拠しています。言うまでもなく、ヒトは自由にすばやく音声を変化させて作る言葉で意図を伝え合っています。発声能力の制約によって、ヒトを除く霊長類の音声コミュニケーションでは複雑な意図を伝え合うことができません。

こうしたいくつかの制約がありながらも、サルがあたかもヒトのような「会話」を行っていることも知られています。やはりおなじみのニホンザルを、例に上げましょう。ニホンザルは森の中で「クーコール」と呼ばれる「クー」という音声を頻繁に出します。このクーコールをじっと聞いてみると、群れの中にいるたくさんのサルが順番に鳴くことがわかります。あるサルが「クー」と鳴いたら、別のサルが離れた場所から「クー」と鳴く、またその声を受けて「クー」と鳴く、といった形でクーコールの「鳴き交わし」が観察できます。見通しの悪い森の中で、お互いの場所を確認するための音声と考えられています。この音声はお互いの場所を声で触れ合うように確認するという意味で、「コンタクトコール」と呼ばれることもあります。

さて、どのような点がヒトの会話らしいのかというと、このコンタクトコールの鳴き交わしには時間的なルールがあるという点です。ヒトの会話で、一定のタイミングで返事をしていることは納得がいくでしょう。同じように、ニホンザルのクーコールにおいても、そういった返事のタイミングが存在するのです。さらに、一定時間待って相手の返事がないときは、もう一度クーコールで呼びかけるということも行います。この点でも、ヒトの会話と似ています。しかも、クーコールという同じ音声タイプの中で、声の高さが上がったり、抑揚が大きくなったりと、鳴き交わしの中で音声の質を柔軟に変えていることもわかってきました。これを実験的に細かく検証をしようとすると、失敗してしまうということですが、野生のサルが比較的、柔軟に音声を変化させられるという事実は大変面白いことです。

いずれにせよ、ヒトの会話とサルの音声コミュニケーションには大きな隔たりがありますが、音声を自由に操るという点で、基本的な部分で共通しているものも多くあるようです。これから解明すべきテーマです。

（香田啓貴）

50 サルにも「いじめ」はあるのですか？

認知と思考

「サルにも『いじめ』はあるのですか」という質問を、しばしば受けます。答えは、はっきりしています。「ノー」。理由はおもに、二つあります。

だいいちに、そもそも人間でも「いじめ」とは、特定の人物から特定の人物へ攻撃衝動が反復して向けられなくてはなりません。一度きりでは、「いじめ」は成立しないのです。ところがサルでは、ひどい目に遭ったのに、なおその状況下に辛抱して居続ける必要性がありません。嫌ならさっさと違う所へ移れば済むことなのです。けれども、それ以外にもっと大事なポイントがあります。「いじめ」は、それを行っているシーンを見る観客がいて初めて「やりがい」があるものにほかならないのです。密室状態で二人っきりで相手に暴力をふるい、快感を得られる者の数は限られているわけです。しかし自分にパワーがあることを、居合わせた第三者に示威できるとなると、その魅力の虜《とりこ》となってしまう人間の数は、とたんにものすごい値にふくらみます。

とりわけ日本人は、周囲から注目されることを励みに生きていく側面が強い類《たぐい》の人間のようです。そこで社会に「いじめ」がはびこる結果となるわけですね。矛先がほかに向いているのを目のあたりにし、「くわばらくわばら」と胸をなでおろしているのが、ふと気がつくと加害者と被害者のやりとりをテレビの映像を見るかのように楽しんでいく風に、態度が変わっていく……。そんな体験、あなたはありませんか？

他方、サルには他者の目を意識するというような高等な心の作用が、はなから存在しません。むろんムカッと怒りがこみあげてきたら、そのときは相手に向かってその怒りを発散します。カーッとくる奴は、群れの中にいるでしょう。そういう奴を見かけたら、意味もなく追い回したりすることもめずらしくありません。攻撃が激しいあまり、相手がけがをして、そのけががもとで死にいたることだって、ないわけではありません。

でも常に一対一の関係にとどまるのです。だれかほかの仲間を意識して、力を誇示するというようなことはしません。

つまり「いじめ」ができるほど、社会性が発達していないと言えます。ひるがえって人間を見るに、やはり高等なことがそこからうかがえます。だって敵対的交渉を社会的行為が演劇的なパフォーマンスにまで発達させた「ツケ」のような負の要素が、「いじめ」には集約されているのですから。

51 サルは鏡に自分が映っているのがわかりますか？

認知と思考

（正高信男）

ヒトの成人は、鏡に映っているのが他人ではなく自分だということがわかります。子どもでも、約二歳で鏡に自分が映っているとわかるようになります。この年齢の子供は、奇妙な格好をしたり、自分の体に触ってみたりして、自分と鏡の映像との対応を確かめようとします。

動物は鏡を見たらどう反応するか、ということも古くから研究されています。魚や鳥などの多くの種で、見慣れない同種他個体に向ける攻撃的なディスプレイなどを示すという知見が報告されており、鏡の映像を他個体として認識していることが示唆されます。

ヒト以外の霊長類ではどうでしょうか？　これまでの研究から、チンパンジーを代表とする大型類人猿では、鏡に自分が映っているとわかることが示されています。

この問題を調べるために用いられる研究課題は、「マークテスト」と呼ばれるものです。一般的手続きは、以下のようなものです。まず、対象動物に気づかれないように（麻酔をかけて寝ている間などに）顔にマークを付けます。そして、起きた後に鏡を見せ、その際の行動を記録します。対象動物が鏡を見ながら自分のマークに触るようであれば、鏡に映っているのが、他個体ではなく自分であると認識している証拠と見なされます。

マークテストを用いた複数の研究から、チンパンジーは、鏡を見ながら繰り返し自分のマークに触ることが示されています。自分が映っていることがわかるテストに合格したと言えるでしょう。同様に、ゴリラやオランウータンも、このテストに合格することが明らかとなっています。サルではどうでしょうか？　これまでマカクザルやオマキザルを対象として多くの研究が行われてきたのですが、今のところマークテストに合格する証拠は得られていません。こうした知見から、現状で多くの研究者が、ヒト以外の霊長類の中で大型類人猿だけが、鏡に自分が映っているとわかると考えています。

鏡に映った自分が分かるためには、どのような心のはたらきが必要なのでしょうか？　ヒトを対象とした機能的脳画像研究から、自分の顔写真を見るときには、前頭前野のいくつかの領域が活動することが報告されています。前頭前野は、霊長類の中でも特に大型類人猿やヒトで発達している新皮質領域であり、鏡を見て自分がわかるという心の発達との対応が示唆されます。また、ヒトの子どもを対象としてマークテストを行った研究から、鏡に映った自分がわかる年頃に、共感や他者の視点の理解も可能となり始めることが示されています。より一般的な社会的知性の表れとして、自分の認識が可能となることが示唆されます。チンパンジーを対象とした研究からは、社会的に孤立した状態で育てられた場合には、マークテストに失敗することが示されています。鏡を見て自分が分かるためには、他者を見るあるいは他者と関わるといった学習経験も必要なことが示唆されます。こうした知見をまとめると、進化の過程で前頭前野が発達することにより、他者や自分について処理する高度な社会的知性が準備され、その知性が適切な社会経験で伸ばされることにより、鏡を見て自分がわかる心が生まれると考えられます。

なお、最近の研究からは、象やイルカやカササギもマークテストに合格することが示されています。これらの動物も、ヒトや類人猿と同様に、発達した新皮質を有し、複雑な社会生活を送っています。霊長類に限らず、こうした条件に合致すれば、動物は自分がわかる心を持てるのかもしれません。

（佐藤　弥）

52 ものまねができますか？

認知と思考

「猿まね」という言葉がありますが、実際にはサルにとって「まね」をするのはとてもむずかしいということがわかっています。目で見た他者の行為を、自分の体の動きとしてそっくりそのまま再現するというのは、たやすいことではありません。他者の行為のどこに注目して再現しているのか、ヒトも含めた霊長類を対象にさまざまな研究が行われてきました。

ヒトでは、生後間もない時期に特有の「新生児模倣」と呼ばれる現象があります。赤ちゃんの目の前で、大人が口をあけたり、舌を出したりすると、赤ちゃんがその表情をまねする（模倣する）というものです。この現象は生まれて数時間しか経っていない赤ちゃんでも見られるため、生得的な反応

チンパンジーの新生児模倣　提供：明和政子

の一種だと言われています。明和政子さんたち（京都大）の研究から、ヒトだけでなくチンパンジーにも新生児模倣が見られることがわかりました。チンパンジーの赤ちゃんの目の前で、実験者のヒトが口をあける、舌を出すなどの表情を見せると、チンパンジーの赤ちゃんもそれらと一致した表情をしたのです（写真）。

この新生児模倣は、ヒトでもチンパンジーでも生後二ヵ月頃から見られなくなってしまいます。なかば自動的におこる新生児模倣のかわりに、赤ちゃんは他者ともっと社会的にかかわるようになります。チンパンジーにとって、口をぽっかりあける表情は、満面の笑みを意味します。目の前で他者が口をあけて笑顔をみせれば、チンパンジーの子どもも口をあけて笑い返します。ヒトの場合では、自分のまねをしている大人をじっとみつめて喜んだり、大人がしてみせた動きを嬉々としてまねしてみたりします。まねをするということが、社会的なやりとりの中で使われるようになるのです。

ヒトでは、他者のまねをすることで、自分にとっては初挑戦の物事でも効率よく学習できるという利点があります。ヒト以外の霊長類にも地域によって行動の違いがあり、一見するとまねをすることで、それらが世代を超えて伝わっているような印象を受けます。ただし、彼らは本当の意味での模倣をしているわけではないようです。他者が何かをしていると、その場所や使っている物などに興味や関心が向きやすくなります（刺激強調）。野生のチンパンジーが行う複雑な道具使用なども、母親が使っている道具に子どもが選択的に注意を向け、それを自分で扱う中から試行錯誤的に道具の使い方を学んでいくというのが一般的なようです。逆に注意を向けるべき「物」がない、例えば手だけをひらひらと振るというような身振りは、チンパンジーにとって、まねをするのがむずかしいことがわかっています。

ある箱の中からご褒美《ほうび》を取り出すために、無意味な動作を含む一連の動きをお手本として見せてから、ヒトやチンパンジーの子どもに実際にやってもらうという課題があります。箱の仕組みがわからないと、ヒトもチンパンジーも無意味な動作まで再現することが多いようです。無意味な動作がわかるように、箱の中の仕組みが透けて見えるようにすると、チンパンジーは無意味な動作を省くようになりました。一方ヒトの子どもは、それでも忠実に見たままを再現する傾向があるようです。チンパンジーは、その行動の最終目的や物理的な因果関係に注意を向けやすいようです。他者とまったく同じことをしたいという「ものまね」の欲求は、ヒトならではの心の働きなのかもしれません。

（林　美里）

53 色はヒトと同じように見えますか？

認知と思考

ヒトの目の網膜には、光を受容する細胞（視細胞）があります。視細胞には、桿体《かんたい》と錐体《すいたい》がありますが、色を見るのは錐体の働きによります。錐体は三種類あって、それぞれアミノ酸配列の異なる三種類の錐体視物質のうちの一つを持っています。三種類の錐体視物質は、光の吸収波長が異なり、短波長（S）、中波長（M）、長波長（L）に対応します。色覚は、これら三種類の視物質が異なる波長領域の光を感受し、その応答を組み合わせて様々な色を区別することによって生じます。S、M、Lの視物質を便宜的に青、緑、赤と呼ぶことがありますが、それぞれの視物質の吸収波長の幅はかなり広く、そのピークも青、緑、赤にあるわけではありません。したがって、青、緑、赤と呼ぶのは必ずしも適当ではありません。

ヒトの色覚は、このように三種類の視物質を持つことにより様々な色を見ることができる点で他の動物よりも優れていると思われがちです。しかし、魚類、爬虫類《はちゅうるい》、鳥類の多くは四種類の視物質を持っており、ヒトよりも豊かな色覚を持っている可能性があります。脊椎動物で最も進化したはずの哺乳類は、その大部分が二種類の錐体視物質しか持たない、いわゆる「赤緑色盲」です。哺乳類が約二億年前に爬虫類から分岐して起源した頃、地球は恐竜の全盛期でした。恐竜は昼間に行動し、視覚に依存した生活をしていましたが、哺乳類の祖先は体も小さく、恐竜達が行動しない夜間に行動することによってかろうじて生き延びていました。そのため、哺乳類の祖先たちは夜間行動する中で四つの視物質の遺伝子のうちの中間の二つを失ったのです。霊長類の祖先もまた、他の哺乳類同様、二色型(赤緑色盲)からスタートしました。

現在、地球上には約二五〇種の霊長類がいます。これら現生の霊長類は原猿類と真猿類に分けられます。真猿類はさらに広鼻猿類(中南米に生息)と狭鼻猿類(アジア・アフリカに生息、オナガザル類と類人猿とヒト)に分けられます。

原猿類の仲間は、長波長(M~L)に対応する遺伝子をX染色体上に一座位しか持ちません。また、大部分の原猿類は長波長の遺伝子を種のレベルで一種類しか持ちません。したがって、これらの種では、オスもメスも錐体視物質は常染色体に載っているS視物質遺伝子と合わせて二種類(二色型)です。つまり、他の哺乳類同様に「赤緑色盲」です。しかし、一部の原猿類(エリマキキツネザルやシファカ)は、X染色体の視物質遺伝子に種のレベルで複数の種類があります。メスは二本のX染色体を持っているので、この二種については、メスの一部は三色型になります。

広鼻猿類は、約四〇〇〇万年前に狭鼻猿類との共通祖先から分かれて南アメリカ大陸に移動し、独自の進化を遂げました。これまでに一二種の新世界ザルの視物質が調べられています。それらの中で、夜行性のヨザルは一種類の錐体視物質しか持ちませんが、ホエザルはヒトのように三種類の視物質を持っています。このヨザルとホエザルを除き、残りの新世界ザルは種としては複数の視物質を持っています。しかし、原猿類と同じように、X染色体上には一種類の視物質遺伝子しかありません。

そのため、X染色体を一本しか持たないオスは、S視物質遺伝子と合わせて二色型になります。一方、X染色体を二本持つメスは、二本のX染色体上の視物質遺伝子が同じときは二色型に、違うときは三色型になります。

アジア・アフリカに残った狭鼻猿類の祖先は、やがてオナガザル類と類人猿に分かれ、その後、類人猿からヒトが進化しました。これまで、オナガザル類一八種、類人猿四種についての視物質や色覚の研究がありますが、すべてヒトと同じ三色型でした。また、これらのサルの視物質遺伝子のアミノ酸配列は、ヒトでの配列とほとんど同じで吸収波長の特性もほとんど同じです。アジア、アフリカの霊長類すべてを調べ終わっていませんが、旧世界ザルや類人猿はすべてヒトと同じ色覚を持つと考えられます。

（三上章允）

54 三項関係は理解できますか？

認知と思考

「三項関係」……なんだか意味不明の言葉ですね。でもこれは、ヒトにおける心の発達を考える上で、「心の理論」と並んできわめて重要なトピックなのです。特に、他者との関わりかたに関する能力と言えるでしょう。

他者との間の社会的な相互交渉を見比べると、ヒトとヒト以外の霊長類の間には無視することのできない大きな違いがあるように思われます。しかも、この違いは両者の発達を比較することによってより明確になります。ここでは、ヒトとチンパンジーの発達を比べながら、「三項関係」とは何か、その重要性と種差について簡単に説明していきましょう。

ヒトの赤ちゃんの社会性が芽生えてくるのは、だいたい二ヵ月くらいからです。この頃になると、目の前にいるお母さんなどと頻繁に目を合わせるようになり、同時ににっこりと微笑んだりもします。この「見つめあい」と「社会的微笑」を軸に、赤ちゃんは「わたし」と「あなた」の間の社会的関係を発展させることができるようになるのです。その意味でこのような関係は「二項関係」と呼ばれます。実は、チンパンジーの母子間においても同様の発達過程が存在することがわかっています。チンパンジーの赤ちゃんも見つめあい、微笑みあって母親との社会的な絆《きずな》を築いていくのです。この二ヵ月の時期に見られる発達における大きな変化を「微笑み革命」と呼ぶ研究者もいます。

この「わたし」と「あなた」の間の二項関係を軸に母子間の愛着が形成され、運動能力が発達してくるにつれて、赤ちゃんは、あちこち動き回って物に触れてはお母さんのところに戻ってくる、ということを繰り返しながら、外の世界の探索を始めるようになります。まるでお母さんが安全基地になっているかのようです。このような行動も特にヒトに限定されたものではなく、大型類人猿やニホンザルの仲間にもよく見られる行動です。しかし、ある時期から、赤ちゃんたちは二つの欲求の間で葛《かっ》藤《とう》するようになっていきます。外に広がる未知なる世界へもっともっと分け入って探索したい、でも、お母さんとの社会的な接触が断たれるのはいやだ。どうしよう。

ヒト乳児は九ヵ月くらいになると、この葛藤を見事な方法で解決します。つまり、外界の探索にお母さんを巻き込むようになるのです。少しむずかしく言うと、「共同の関与」などとも呼ばれます。お母さんと一緒に、いろいろなモノを探索する。この時に非常に重要な役割を果たすのが視線と指さしです。子どもたちは、お母さんが見ているモノに自分の視線も向けるようになります。そして、お母さんも子どものそのような変化をうまくとらえて、子どもの注意をうまくひきつけるようになります。子どもも指さしなどを利用してお母さんの注意を引くようになってきます。このような関わりの中で、母子はお互いに視線や指さしを利用しながら、共同して外界のモノに注意を向けるのです。このような現象を「共同注意」と呼んでいます。そして、この共同注意によって、これまでの二項関係に「モノ（事物）」という新たな項目が加わるのです。「わたし－あなた－モノ」という三者が互いに深く関わりあいながら、社会的な相互交渉をすすめていく。これを「三項関係」と呼びます。ヒトの子どもはこの三項関係によって築かれる社会的な「場」の中で言葉を獲得し、他者が自分と同じように「心」をもった存在であるということを、理解するようになっていくのです。

では、チンパンジーではどうでしょうか。チンパンジーの子どもも一歳前後になると、ヒトの指さしや視線に応答して自らの注意を移動させることができるようになります。しかし、ヒトと決定的に異なるのは、そのような能力が他者との深いコミュニケーションを始めるきっかけとして機能しているというよりは、単に他者の視線を「手がかり」としているだけに過ぎないように見えるという点です。チンパンジーの母子はお互いに見つめあったりはしますが、ヒトのように指さしなどで積極的に注意を共有するということはほとんどありません。どこまでも二項関係のままで、社会的交渉が続いていくようです。ですから、三項関係が現れづらいという、社会的相互交渉における「制約」が、おそらくは「他者の心の理解」における制約（「47　他の個体の『こころ』は読めますか？」参照）の発達的・進化的起源になっているのではないかと考えられます。

ただし、興味深いことに、ヒトの手によって育てられたチンパンジーでは、もう少し複雑なやり取りができるという報告もあります。もしかすると、ヒトの社会が暗黙のうちにあるいは明示的に用意している認知的環境、つまり、視線や指さしを駆使して共同注意を行い三項関係を成立させようとする社会認知的環境が、チンパンジーの心の発達の潜在的な部分に働きかけているのかも知れません。進化の過程においても、ヒトとチンパンジーの共通祖先の心のそのような部分に働きかける選択圧が存在したのではないか、と考える研究者もいるようです。

（友永雅己）

55 サルの視力はどれくらいですか？

認知と思考

サルはどのぐらいよく見えているのでしょう？

白黒の縞模様の幅をどんどん細くしていくと、そのうち白と黒の縞が並んでいるのではなく一様な灰色に見えてしまいます。実験では、どこまで縞の幅を狭くしても縞模様だと認識できるかが調べられています。これは、視力（最小分離閾《いき》）に相当します。縞模様の検出で調べるので縞視力とも呼ばれます。例えば、一センチメートルの幅に三〇本の線を引いた紙を手で持ち、腕を伸ばして見てください。そうすると隣り合う線の間が目から見た角度で表現するとほぼ一分（六〇分の一度）になります。それが、一様に塗りつぶされた灰色ではなく、縞模様に見えたら、約一・〇以上の視力があるとされています。また、同じ条件で、縞の数を一五本にして縞模様が認識できたら、視力は約〇・五以上になります。この視力テストを使って調べてみると、アカゲザルやカニクイザルなどのマカクザル、オマキザルやチンパンジーは一・五以上の視力を持ち、リスザルがそれより少し悪く一・三ぐらいで、マーモセットが一・〇程度であることが分かっています。夜行性のヨザルは〇・三ほどです。

ヒトの視力検査でよく使われるランドルト環は、円の一部が欠けていて、その欠けている位置がふつう上下左右の四種類あります。これを四五度ほど傾けて視力を測ってみて下さい。いつもより視力が低くなったはずです。サルでもヒトと同じように、斜めに傾いた線を使って視力を測ると、水平線や垂直線を使う場合よりも、縞視力のほか、傾きの検出能力（わずかな傾きの違いを検出する能力）もコントラスト感度（わずかな明るさの違いを検出する感度）も悪くなります。

それでは、自然界でも傾いた輪郭は認識されにくいのでしょうか？　この問いに答えるには、日常の視覚環境を考えなければなりません。大都市のような人工的な環境に限らず、自然の森の中でも水平や垂直に近い輪郭が多いのです。木は斜面からでも、上の方に伸びますし、滝は重力にしたがって真下に流れます。山の稜線や雲の輪郭には水平成分が多いですし、地平線や水平線はもちろん「水平」です。そのような環境では、水平や垂直の輪郭は、背景に紛れて見つけにくくなります。したがって、いくら解像度が悪くても、直方成分の多い背景の中では、傾いた輪郭は検出しやすいのです。

では、サルとヒトは見えるものを同じように見ているのでしょうか？　ヒトの子どもが「さ」と

「ち」を鏡文字のように書いたり、サルやチンパンジーが図形を左右反転させると、もとの図形と区別できなかったりするのは、ヒトとヒト以外の霊長類が同じ視認知の仕組みを持っていることによります。サルに傾けた縞模様を見せると、垂直線から左右のどちらの方向に傾いているか、あるいは、垂直線からどれだけ傾いているかの、どちらかにしか注意しません。ヒトの子どもでも、左右方向に注意を向けさせると、pとbの区別をしなくなり、上下方向に注意を向けさせるとpとqの違いを無視するようになるのです。つまり、意味のない単純な図形を見ても、一部の特徴にしか注意を向けられないために全体としての図形の違いに気づきにくいことを示しています。

もう少し、刺激図形を複雑にしてみましょう。アカゲザルとヒトで、動物や木が写っている風景写真をじゅうぶんに覚えさせた後に、その一部だけを見せて、どの絵が見えているのかを答えさせることで、視認知を調べた実験があります。その結果、ヒトでは絵全体の五〇パーセントの領域のうちどこかが二パーセントほど見えていれば、どの絵か分かりますが、サルでは絵全体の五パーセントの領域のうち二パーセントが見えているときでないと正答できません。つまり、ヒトとサルは絵のわずか二パーセントの情報で判断できる点は共通しますが、ヒトは絵の全体の構成や印象で認識するのに対し、サルは左隅に四角い模様があるとか中央が暗いといった局所的な特徴で認識しているのかもしれません。

しかし、なぜヒトとサルの視認知が違うのでしょうか。少し思考実験をしてみましょう。ミレーは二枚の「種まく人」を描きました。そのうちの一枚は山梨県立美術館にあって、もう一枚はボストン美術館にあります。この二枚の絵を使って、どちらの絵がどちらの美術館にある絵かを区別できるように練習したとしましょう。その後で、小さな穴からのぞいてほんの一部だけを見ます。どれだけの領域を使えば、どちらの絵なのかを答えられるでしょうか。

おそらく、ほんの一部しか手がかりとして使っていなかったのではないでしょうか。練習のときに全体を見るよりも、「農夫の手」など局所的な特徴を手がかりに区別したほうが楽だったからです。だから、先ほど紹介した実験で、いくら自然の風景写真が使われたといっても、自然の文脈とはかけ離れた環境での実験ですから、実験結果をそのまま、自然環境におけるサルの視認知に当てはめることはできないかもしれません。サル類とヒトは、基本的に視力での見え方がほぼ同じなのに、認識の仕組みが違うのは、対象についての知識や注意の向け方が違うためなのかもしれません。

（脇田真清）

56 サルの聴力はどれくらいですか？

認知と思考

音とは気体などを伝わる疎密波のことです。例えば、太鼓をたたくと皮が周期的に振動するのが見えます。皮が外側に揺れているときは、周りの空気が押されますから、皮の外側の空気の分子の密度は濃くなります。逆に、内側に揺れるときは空気が引き込まれますから、皮の外側の空気の分子の密度は薄くなります。こうしてできた空気の疎密の変化が、つぎつぎと隣り合った空気分子を押すことで、周期的な空気の振動が広がります。この振動が耳に伝わると音として感じられます。ヒトでは、一般的に三〇ヘルツ（Hz）から一八キロヘルツ（kHz）までの空気の周期的な振動を音として感じると言われています。しかも、一〜四キロヘルツあたりの音に対する感度が高く、小さな音でもよく聞こえます。そのため、聴力検査ではこの二つの周波数の音が使われます。身の回りの音では、救急車のサイレンの高い方の音がおよそ一キロヘルツで、ピアノのいちばん高い音がほぼ四キロヘルツです。

サル類では、旧世界ザルも新世界ザルも一キロヘルツから八キロヘルツにかけて聴こえがよく、ヒトには聴くことのできない三〇キロヘルツを超える高い音まで聴くことができます。ただし、一般に体の小さい新世界ザルの方が高い音に敏感です。ところが、原猿類にはもっと高い音がよく聴こえているようです。昼行性のワオキツネザルも、夜行性のギャラゴも、高い音は六〇キロヘルツあたりまで聴こえているらしいのですが、最も聴こえのよい周波数はワオキツネザルでは八キロヘルツ、ギャラゴでは三〇キロヘルツです。ちなみに新世界ザルの中でも夜行性のヨザルは、マーモセットやリスザルのような昼行性のサルよりは高い音に敏感です。

チンパンジーのような大型の霊長類も、三〇キロヘルツまでの音を聴くことができます。旧世界ザルや新世界ザルとチンパンジーの感度は、一キロヘルツと八キロヘルツのあたりで高いのですが、これらの周波数の中間の帯域では低くなっています。これらのサル類で聴感度の悪い周波数帯は、ヒトのもっとも感度のよい周波数帯であるのは興味深いところです。この傾向は、新世界ザルにおいて特に顕著で、八キロヘルツの音に比べ四キロヘルツの音は二〇デシベル（dB）ほど感度が低くなっています。聴力が二〇デシベルだけ悪いとは、音波が空気を押す力が一〇倍弱く感じられることを表します。感度の高い八キロヘルツが聴こえの悪い周波数帯にはさまれているのですから、一キロヘルツを超える周波数の中で、八キロヘルツあたりの音だけが極めてよく聴こえることを示しています。

高い音が聞こえることで良いことがあるのでしょうか。音源を定位する能力は、頭部サイズが大きくなるほど、すなわち左右の耳が離れているほど高くなります。音が正面で鳴れば、音波は左右の耳に同時に伝わりますが、音が真横で鳴ると、顔の幅の距離だけ音波が左右の耳に届くのに時間のずれが生じます。音は二〇度の空気中で一秒間に約三四〇メートル進みますが、ヒトの耳介の端から端までは三四センチメートルもないですから、音が左右の耳に伝わる最大の時間のずれは一ミリ秒もありません。両耳の距離で考えると、マカクザルはヒトの半分、キツネザルは三分の一、ヨザルでは五分の一の時間で音が通り過ぎてしまいます。ですから、両耳間の時間のずれを手がかりに音源を探すのは、小型の動物になるほど困難になります。

しかも、頭が小さすぎると、左右の耳に届く音の強さに差も生じません。例えば、六・八キロヘルツの音は一秒間に空気を六八〇〇回振動させますが、音が一秒間で三四〇メートル進むとすると、耳に伝わる空気の濃い部分と薄い部分の間隔は五センチメートルになります。ということは、両耳の距離が一〇センチメートルもあると、疎密の繰り返しが何周期分も頭の中に埋もれてしまうため、音の位相を手がかりに音源を定位することはできません。しかし、その距離が五センチメートルの小型の動物では、一つの周期の疎な部分と密な部分が両方の耳に別々に届いていることになります。ですから、高い音の定位が可能なのです。つまり、頭部サイズの小さいサルほど高い音を定位できるのです。逆に、ヒトほど頭部が大きくなると、高い音が定位しにくくなります。壊れかけのラジオが出すようなピーという音が、どこで鳴っているのか分からなかった経験のある人もいることでしょう。

また、音の特性として、周波数が高いと空気に吸収されやすくなるために、遠くではあまり聞こえません。しかし、湿度が高いと空気の密度が下がり、音波は吸収されにくくなるため、高い音でも遠くに届きます。ですから、例えば南アメリカなどの密林に棲むサルが、川の音や葉っぱの擦れ合う音などの森林の雑音に紛れないような、高い周波数の聴覚情報を利用できることは、非常に適応的なことでしょう。対照的に、ミドリザルなど静かなサバンナに棲むサルが高い音に対して特に敏感でなくても不都合はないでしょう。

サル類の高い音への感度が高いことは、よくわかりました。では、聞き分ける能力はどうでしょう。実は、サル類は高い音まで聴くことはできるのですが、ヒトほど小さい音を聴き取ることはできませんし、音の違いを聞き分けることが得意ではありません。周波数や音圧をヒトにわかる程度に少し変えたぐらいでは、高さが変わったとか音が大きくなったということに気づかないのです。ですから、サル類は、実験室で使われる単純な音に関する限り、聞こえてくる音を感じてはいても、積極的に聴きとろうとはしないようです。

しかし、聴覚情報に注意するように訓練すると、メロディーでさえ理解できる、すなわち聴覚信号から意味を抽出できるようになることが知られています。この結果は、訓練された動物だけが特別であることを示しているのではありません。サルという種が持つとてつもなく長い系統発生の歴史が、飼育環境でのせいぜい数十年の歴史で上書きされるとはとても考えられません。実験室で訓練することによって獲得される能力は、自然の中のサルにも備わっているはずです。実際、サルどうしのコミュニケーションに関わる音声は、複雑な構造をしているにもかかわらず、よく聞き分けることができます。また、サルは同じ仲間の音声を大脳左半球の聴覚野で処理しています。サルにとって意味のある複雑な音声信号は、ヒトにとっての言語や音楽のように処理されていることが示唆されます。したがって、意味のある聴覚情報は適切に認識でき、違いを聞き分けたりできると考えられます。

（脇田真清）

57 知能はヒトの何歳ぐらいですか？

認知と思考

知能とは、いわゆる「頭の良さ」のことです。ヒトを対象とした研究では、知能をどう捉えるかで、二つの立場があります。一つは、知能の質的な発達変化を強調するピアジェ派の立場です。もう一つは、知能の定量的な測定を重視する心理測定派の立場です。どちらの立場からも、一般にどの年齢でどんな行動をとったりどんな問題が解けたりするかが明らかにされています。こうした研究成果を応用して、ヒト以外の霊長類の知能が、ヒトの何歳くらいに当たるかが研究されています。

第一のピアジェ派の立場は、ピアジェがヒト乳幼児の発達を観察し、それに基づいて提案した発達段階の理論を基礎にしています。ピアジェは、乳幼児は、知覚と行為の結びつきの図式を心の中に形成し、これを発展させ操作することで思考ができるようになると考えました。ピアジェによれば、最初の感覚運動期（〇～二歳頃）で、外界を知覚して行為を遂行するための基本的な図式が形成されます。例えば、紐を引っ張ってガラガラを鳴らすことができるようになります。次の前操作期（二～七歳頃）で、図式を内面の対象に応用しはじめます。例えば、行為の結果を思い描くことが必要な入れ子の構造を作れるようになります。その後、具体的操作期（七～一一歳頃）と形式的操作期（一一～一五歳頃）で、図式を発展させて思考ができるようになると提案されています。また、ピアジェ派の研究者からは、論理性や社会性といった下位領域ごとに、知能が分割できるというアイディアも提案されています。

ピアジェ派の立場に基づいて、類人猿やサルを対象として知能を調べた多くの研究が行われています。これらの対象の行動がどの発達段階にあたっているかを、自然場面で観察したり、実験的状況で調べたりしたものです。例えば、アメリカのD・プレマックらは、チンパンジーを対象として実験によって知能レベルを示す行動を調べており、アメリカのS・T・パーカーらはこうした研究を総括して、次のように考察しています。

まずチンパンジーを代表とする大型類人猿については、感覚運動期のレベルは達成し、一部の下位領域について前操作期の途中、ヒトで約四歳の段階まで達成することが示されています。ただ、ヒトでは発達段階は下位領域の間でそれほど違いがないのですが、大型類人猿では達成度も達成の時期も大きく異なるようです。例えば、社会性の下位領域についてはヒトと同じように約二歳で感覚運動期を達成しますが、論理性の下位領域については約四歳で達成します。

次に、マカクザルを代表とするサルについては、感覚運動期の途中までしか達成できないことが示されています。下位領域ごとの達成度のパターンについては、類人猿と同様に、ヒトと違ってかなりばらつきがあることが示されています。

このように、ピアジェ派の研究から、類人猿はヒトの二～四歳の段階、サルは二歳未満の段階であることが示されます。また、類人猿でもサルでも、下位領域の発達パターンがヒトと異なっていることが示唆されます。

第二の心理測定派の立場は、厳密にテスト問題を作成し、統計データに基づいて成績と年齢とを対応づけるものです。研究の結果、標準的な課題が準備されています。また、知能は下位知能領域ごとにある程度独立していることが示されていて、特に動作性知能と言語性知能についてよく調べられています。

心理測定派の立場では、類人猿を対象とした研究がいくつか行われています。例えば、動作性知能を調べる研究として、京都大学霊長類研究所の林美里さんは、知能検査から動作性知能を調べる問題を四つ選び出し、チンパンジーにやらせてみました。問題は、積み木を順番に積み上げるといったもので、ヒトでは約二歳でクリアするようになるものです。検査の結果、オトナのチンパンジーは、これらの問題をクリアすることが示されました。また、言語性知能を調べた研究例として、ドイツのE・ヘルマンらは、オトナのチンパンジーとオランウータンと二歳のヒトのグループを対象として、言語性知能の一種と考えられる算数能力を調べました。具体的には、数の大小を比べるなどの課題問題です。その結果、三つのグループはだいたい同じくらいの成績であることが示されました。こうした結果から、チンパンジーは、少なくともヒトの二歳相当の動作性および言語性の知能を持っていることが示唆されます。

ただ、問題によっては、全く違った結果も示されています。例えば、京都大学霊長類研究所の井上紗奈さんらは、四歳のチンパンジーとヒト成人を対象にして、瞬間的に数字を記憶する能力を調べました。数字を記憶する能力は、言語的知能の一つとして考えられているものです。検査の結果、チンパンジーの成績は、オトナのヒトよりも高いものでした。この結果だけからすると、コドモのチンパンジーの一部の知能は、ヒトのオトナが何歳になっても追いつけないくらい優れていると言えるでしょう。

まとめると、心理測定派の立場の研究から、類人猿は、いくつかの問題ではヒトの二歳段階に相当する知能を持ち、いくつかの問題ではヒトと質的に異なるほど優れた知能を持つことが示されます。なお、心理測定派の問題は困難度が高いことから、サルを対象とした研究はまだあまり行われていないようです。

以上のような研究から、概して類人猿はヒトの二~四歳、サルは二歳未満の知能を持つことが示唆されます。ただ、ヒトとの質的な違いが示されている点は、注意されねばなりません。類人猿やサルたちは、自分たちの環境に適応するために独特のかたちで知能を進化させていて、得意な分野の知能はヒトに勝るとも劣らないと言えます。

（佐藤　弥）

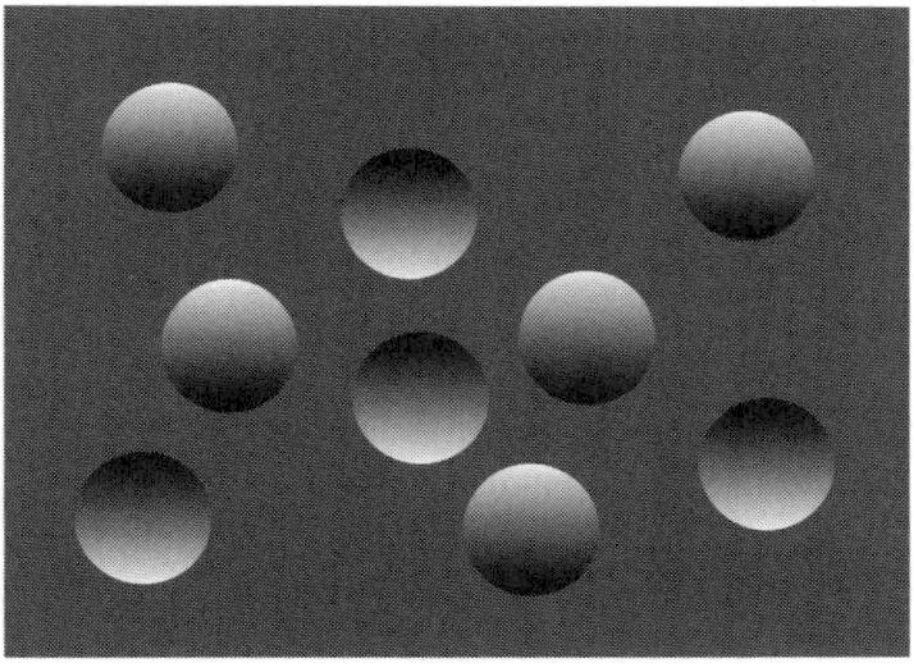

図１　上が明るく下が暗い円は出っ張って見え、下が明るく上が暗い円はへこんで見える

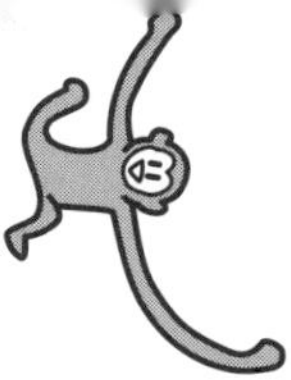

58

ヒトのように「影」を手がかりにして物の形や動きを見ますか？

物の形や特徴を見ること、見たときの動きや立体感、それはあまりに当たり前に感じられるかもしれませんが、実はすべては網膜に当たった光から始まっています。ところが、単なる光からどのように外界を認識しているのか、ヒトはどうして今のように物を認識するようになったのか、まだまだ解明されていない謎がたくさんあるのです。

物の形を見るとき、わたしたちはさまざまな手がかりを使いますが、「影」も重要な手がかりの一つとなります。徐々に暗くなっていく部分があるだけで、それは「影」と認識されます。「影」があると、ヒトの目は無意識のうちに奥行きを感じてしまいます。実際には平面に描かれた絵だとわかっていても、そこに三次元の形を知覚します（図１）。わたしたちは普段からテレビや写真のような平面画

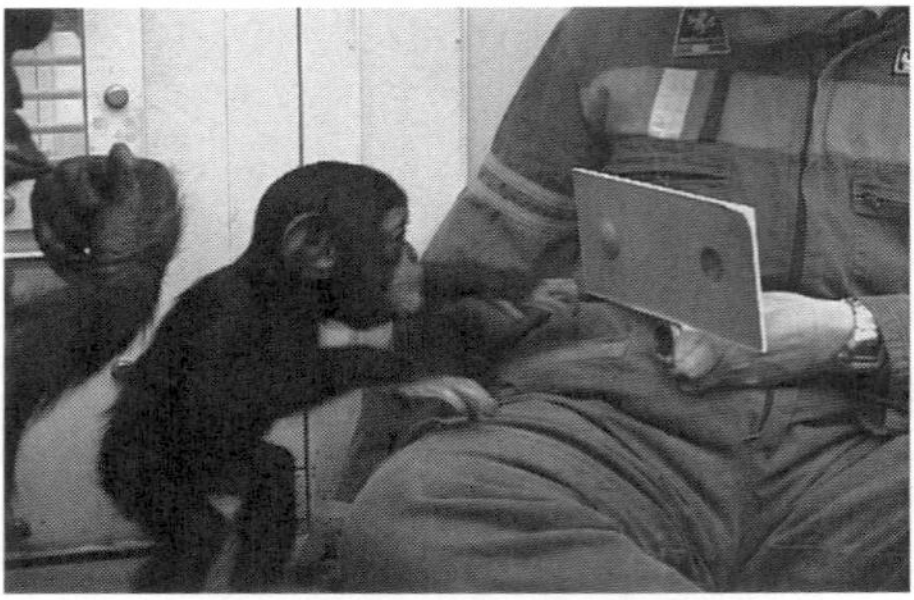

写真1　写真の凸面に手を伸ばすチンパンジーの赤ちゃん　撮影：伊村

像を見慣れているので、そこから三次元の形を何気なく認識していますが、平面画像をほとんど見たことがないチンパンジーやサルの赤ちゃんは、二次元の画像から三次元の形を知覚できるのでしょうか。

　生後五ヵ月のチンパンジーの赤ちゃんが「影」から凹凸を区別できるかどうか調べました。まず、半球を凹面と凸面になるようにはめたパネルをチンパンジーの目の前に置きました。すると、チンパンジーの赤ちゃんも、ヒトの赤ちゃんと同じように、出っ張っている方に頻繁に手を伸ばしました（写真1）。つまり凹凸を区別できるのです。次に、図1のパネルの写真をチンパンジーの目の前に見せました。凹凸を区別する手がかりは「影」だけです。それでも、チンパンジーの赤ちゃんは写真の凸像の部分により頻繁に手を伸ばしました。チンパンジーの赤ちゃんもヒトと同じように、「影」を手がかりに写真から三次元の形状を区別できることがわかりました。

「影」は物の形の知覚だけでなく、三次元的な動きを知る上でも重要な手がかりとなります。私たちは「影」が動いているのを見ると、物が動いていると瞬時に判断します。実際には物が静止していて光源が動いた場合にも「影」は動くのですが、わたしたちは無意識のうちに光源ではなく物が動いていると捉えます。これは、光源は静止していることを前提にして物が動いていると解釈した方が、現実的な場面では都合がよいからでしょう。自然環境では多くの場合、太陽が光源ですが、太陽の動きはほとんど無視できるほど遅いからです。こうした光源が上の方にあって、静止していることを前提にして、ヒト以外の霊長類も物の三次元的な動きを理解しているのでしょうか。

生後二ヵ月から六ヵ月のニホンザルの赤ちゃんを対象に実験しました。次の二つの「動画」を用意しました（図2）。

どちらもボールが斜めに移動し、元の位置に戻りますが、「影」の動きが違います。A動画では「影」がボールのすぐ下にあり、ボールと一緒に斜めに移動するのに対し、B動画では「影」が次第にボールから離れるように真横に移動し

図２（A動画）　ボールは手前から奥へ床の上に転がるように見える

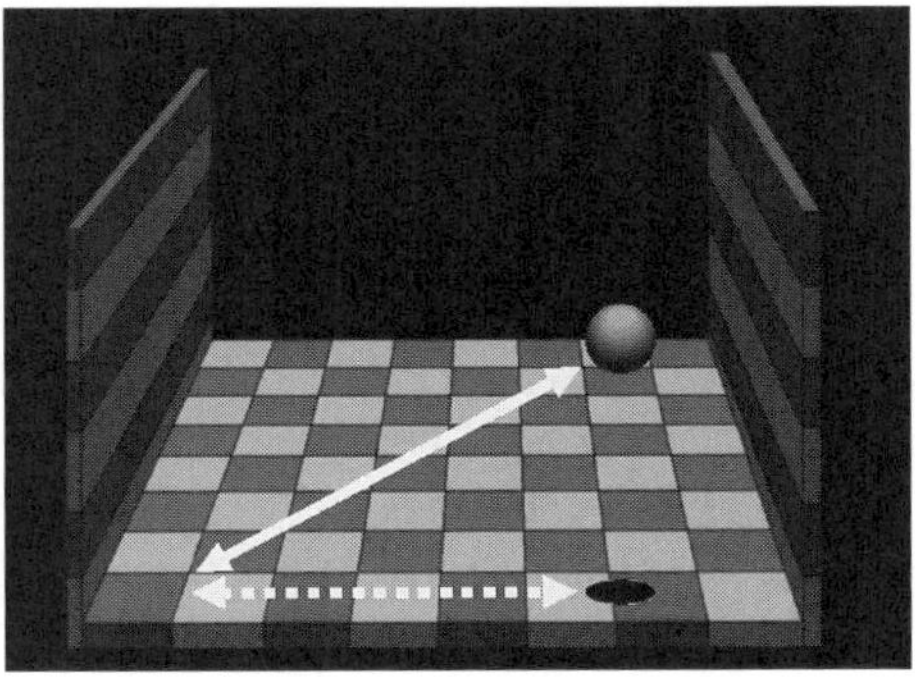

図２（B動画）　ボールは床から宙に浮き上がって見える

ます。ボールの動きは平面的には、まったく同じにもかかわらず、「影」の動きが違うだけで三次元的な動きはまったく違って見えます。わたしたちヒトの目には、Aの動画ではボールが手前から奥へと床の上を転がっていくように見えるのに対し、Bの動画ではボールが床から宙に浮き上がっていくように見えます。

言語でコミュニケーションできないニホンザルが、ヒトと同じように見ているのかどうかを、次のような実験手順で明らかにします。これらの動画をコンピューターで見せ、見ている時間を測定します（写真2）。まず、Aを繰り返し見せると、ニホンザルの赤ちゃんは飽きて徐々に見なくなります。そこでAとBを交互に見せます。もし、ボールの動きが違うと見ているとするならば、Bは新しいのでAより長く見ると予測されます。予測どおり、ニホンザルの赤ちゃんはBをより長く見ました。

写真2　コンピューター画面の映像を見ているニホンザルの赤ちゃん　撮影：伊村

さらに、ボールの下に出てくる黒い楕円形の図形を本当に「影」として見ているかを確かめるために、「影」をボールの上につけて同じ実験をやってみました。すると、Bの方を長く見ることはありませんでした。これらの実験から、ニホンザルの赤ちゃんは光源が物の上にあり、静止していることを前提として、「影」を手がかりに物の三次元的な動きを認識していることがわかりました。

生後間もないチンパンジーやニホンザルの赤ちゃんも、ヒトのように「影」を含むさまざまな手がかりを利用して、二次元の画像から三次元の形や動きを見ているのだといえます。（伊村知子）

59 サルもウソをつきますか？

認知と思考

巧みな話術で相手を騙《だま》すという行為は、人間に特有なものと考えられますが、人間以外の霊長類も音声と行動で、情報を隠したり、ウソの情報を与えたりすることが知られています。そして、欺《あざむ》き行為こそが、人間につながる霊長類の社会的知能の進化を表す指標になると考える研究者は少なくありません。

ヒト以外の霊長類で、日常的な行動の中に欺きは多く見られますが、たいていの場合、食べものの確保が目的のようです。声を使っての欺きの例には、以下のようなものがあります。アカゲザルは食べ物を見つけると、そのことを仲間に知らせるために「フードコール（音声）」を出しますが、食べ物を前にしていつも必ず出すかというと、そうとはかぎりません。まず自分が独り占めした後、初めてコールを発するということが少なからず観察されています。一方、実際に危険は迫っていないのに、まわりの個体を食べ物から遠ざけるために警戒音を出し、誰も近くにいなくなったところで独り占めしたという行為も観察されています。

音声でコミュニケーションをほとんどしないチンパンジーやボノボについては、行動で相手を騙したり、情報を隠蔽《いんぺい》したりすることが観察されています。自分より順位の高い個体に食べ物を横取りされてしまうことを経験から学習した低順位の個体が、自分は食べ物のありかを知っていてすぐにでも取りに行きたいところを、他の個体を食べ物から遠ざけるためにわざとまったく別の方向に向かって移動し、隙を見てありかに戻り食べ物を独り占めする、ということは少なからずあるようです。

チンパンジーやサルが餌の入った容器を指さしできることを利用して、指さしで相手を騙すことができるかどうか調べた実験があります。七〇年代にG・ウッドラフ博士とD・プレマック博士がチンパンジーを対象に行った実験が最初で、その後、サルを対象にした実験もいくつか行われています。実験には、チンパンジーやサルが指さしすると、その容器に入っている餌をくれる「親切な人」と、餌を横取りしてしまう「不親切な人」が登場します。「不親切な人」に対しても、最初は餌のありかを指して横取りされてしまうのですが、訓練を重ね、空の容器を指さすと横取りされずにすみ、餌がもらえることを学習させます。学習には時間がかかりましたが、チンパンジーやサルの中には、不親切な人に対しては、まったく指さしをしない、もしくは空の容器を指さすことができる個体も出てきました。また、最近の実験結果では、チンパンジーは他個体の視線を知識と結びつけて理解することができ、食べ物を横取りされそうな相手からは自分の姿が見えないような場所を選んで、食べ物のところまで行くことがわかっています。

研究者がこれらの欺きと見られる行動の目的や理由を説明しようとする際に、常に問題となることがあります。それは、これらの行動が、「意図的」な欺きかどうか、という点です。「意図的」かどうか、という問いは、じつは人間の行動を説明するときに重要なポイントとなります。法の世界でも、意図の伴わない犯罪は、過失と見なされ、意図的な犯罪より罪が軽くなります。まったく意図的ではない「隠蔽」の例が、よく知られる動物のカモフラージュです。カメレオンなどは、身の危険が迫っていることを察知すると、周囲の色彩にまぎれて敵に見つけられにくくするために体の色を変える能力を持っています。この場合、体の色は、ある状況が揃うと自動的に変化するものであって、カメレオンが意図的に騙す相手や時を選んだりしているわけではありません。対照的に、人が意図的に他人を騙すときには、騙す相手の知識の状態を正確に把握することが必要となります。相手が真実を知らないことを知った上で、虚偽とわかっている情報を与えることが意図的な欺きです。この相手の知識を把握し、虚偽とわかっている情報を与えることは、実は人間の場合も最初はとても難しいことなのです。

人間の場合、三歳くらいまでは、相手を意図的に騙すことはまずできません。三歳児でも、叱られるのがいやで嘘《うそ》をつくことはありますが、それは罰を回避したい欲求の表れで、それによって他人を陥れようという目的は含まれていません。三歳くらいまでの幼児には、現実と違ったことを誤って信じ込んでしまうことがある、ということを理解することはなかなか難しいことです。ましてや事実ではないとわかっていることを事実であるかのように他人に信じさせるなどということは、まずできませんでした。上記の「食べ物を横取りされないように空の容器を指す」という課題が、幼児を対象に行われましたが、三歳児はどうしても中身が入った容器を指してしまい、欺きは成立しませんでした。「心の理論」とも呼ばれる、相手の知識や考えていることを理解する能力が発達する四～五歳になるまで、欺きの概念を理解することは難しいと専門家は説明しています。ヒト以外の霊長類の場合も、自他の意図や知識を理解できるかどうか、できるとしてもどの程度なのかについては、意見が分かれるところです。

一方、イギリスのV・レディ博士の調査によると、二歳未満の子供が家庭でつく嘘には、親からしてはいけないと言われている行動をこっそりしてしまったのを隠すためととれる例が少なからずあるということです。この調査で、レディ博士は、一九九〇年にR・W・バーン博士とA・ホワイトゥン博士がまとめた霊長類の二五三の欺き行動の分類法をあてはめました。そこから見えてきたことは、まだ「心の理論」が機能する以前の幼児の行為の多くは、霊長類の欺き行動によく似ているということでした。バーン博士とホワイトゥン博士は、霊長類の欺き行動は経験によって習得されたのではないかと考えていますが、レディ博士も、乳幼児の欺き行為には、コミュニケーションの経験が不可欠であると考えています。

近年盛んになった赤ちゃん研究によると、一歳児や二歳児でも他人が何を知っているか、何を事実として信じているかある程度理解できるようです。それでも、三歳児に欺きの概念の理解が困難であるという事実は変わりません。単純な情報隠蔽行動は早いうちからできても、欺きの概念を理解し、実際に欺くところまでいくには、他者知識の理解に加え、現実に起こっていないことを仮定する能力が必要なので、三歳児にはそれがまだ難しいのかもしれません。また、二〜三歳児は、人助けをすることがとても得意だということがわかっているので、そのまったく逆の、人を騙す行為に抵抗がある可能性もあります。すすんで他人を助けたいという欲求は、ヒトの幼児には見られますが、チンパンジーやサルの行動にはほとんど見られず、むしろ他個体を欺いてでも食べ物を確保するというような競争心が特徴です。さらに人間の場合、小学生でも嘘をつくことはできるものの、そのあとそれが嘘だとばれるような発言をしてしまうことが多いという報告があります。ついたウソに合わせて、そのあとの発言のつじつまを合わせるには、相手が考えていることを状況に合わせて柔軟に推し量る高度な心の理論が必要だと考えられています。

（松井智子）

60 サルが怖がると、どのような反応が現れますか？

認知と思考

サルはヒトと同じように怖いという情動（感情の中でも一過性のものを指します）を持つのでしょうか？　サルに言葉で答えてもらうことはできないため、ヒトが感じる恐怖と全く同じ情動をサルが感じているかどうかは定かではありません。恐怖を感じる状況は生存に危機が迫っていることが多いため、恐怖に素早く適切に反応することは生き延びるために不可欠なことです。ですから恐怖に対する反応を詳しく調べることは、生きるための基本的な働きを調べることなのです。ヒトが恐怖を感じるような状況では、サルもヒトと同じような反応がみられるのでしょうか。

ニホンザルなどのマカク属のサルの多くは、グリメス（写真）という目を見開いて歯をむき出しにする表情を見せることがあります。この表情は自分よりも優位な個体から攻撃を受けたときに、劣位の個体で頻繁に見られます。上下の歯は合わさったままで、多くの場合に音声は伴いません。他にも、サルが他個体から攻撃を受けているときには、スクリームという甲高い叫び声のような音声を発することがあります。この音声を発するときもグリメスと同じように歯をむき出しにする表情を見せますが、上下の歯は離れていて口が開いた状態になっています。これらの表情や音声は、強い個体から攻撃されたり威嚇されたりしたときに、反撃の意志がなく、服従の姿勢を見せることで、争いを未然に防ぐ目的

グリメス　撮影：倉岡

を持っていると考えられます。

サルが恐怖を感じると、表情や音声だけではなく自律神経応答が現れることも確かめられています。サルにとって自分より優位な個体が近づいてくることは、次の瞬間に攻撃を受ける可能性があるため、緊張感の高まる状況です。ヒトでは緊迫した状況になると、心臓がドキドキし、手に汗握り、瞳孔が開くといった変化が現れますね。サルもヒトと同じように、このような場面では心拍数が上昇することが知られています。また他個体が攻撃をしかけることを示唆している状況では、サルも手に汗握るようになることもわかっています。サルも他個体の威嚇の表情を見ると、手の平に精神性発汗

応答を示します。精神性発汗とは、暑いときの発汗とは異なり、恐怖やストレスを感じたときに、主に手の平や足の裏にみられる発汗のことです。

さらにサルが恐怖を感じるような状況では、一部の体表面の温度が低下します。私たちは実験室において、他個体が威嚇する音声を伴った表情の映像をアカゲザル（マカク属のサル）に見せ、赤外光によって表面温度を測るサーモグラフィーという装置を用いて、顔の皮膚の温度変化を計測しました。マカク属のサルの顔には体毛がほとんど生えていないため、顔の皮膚の表面温度が計測しやすくなっています。顔の皮膚温度を詳細に調べた結果、他個体の威嚇の表情を見ることで、サルの鼻の皮膚温度が低下することがわかりました。恐怖を感じたときに起こる自律神経応答によって、鼻周辺の皮膚の下にある血管が収縮することで皮膚温度が低下したのです。ちょうど顔から血の気が引いて、顔が蒼ざめるのに近い状態です。ヒトの赤ちゃんでも、お母さんが目の前からいなくなったときに、鼻の皮膚温度が低下することが知られています。このように、他個体から威嚇され恐怖を感じるような状況においては、ヒトと同じような自律神経応答がサルでも現れていることが分かります。

こうした自律神経応答は、すべて恐怖を感じたときの防衛反応あるいはその準備だと考えられています。心拍数を上昇させることで全身に血液を活発に送り出して手や身体の活動レベルを上げ、手の平や足の裏を湿らせることで滑って転ぶことを防ぎ、素早い反応を行うために必要な筋肉に血液を集中させることで、恐怖に立ち向かったり（闘争）、恐怖から逃れたり（逃走）する反応が取れるようになると考えられます。

では、サルが恐怖を感じる時に、脳内ではどのような反応が起きているのでしょうか？　脳内で情

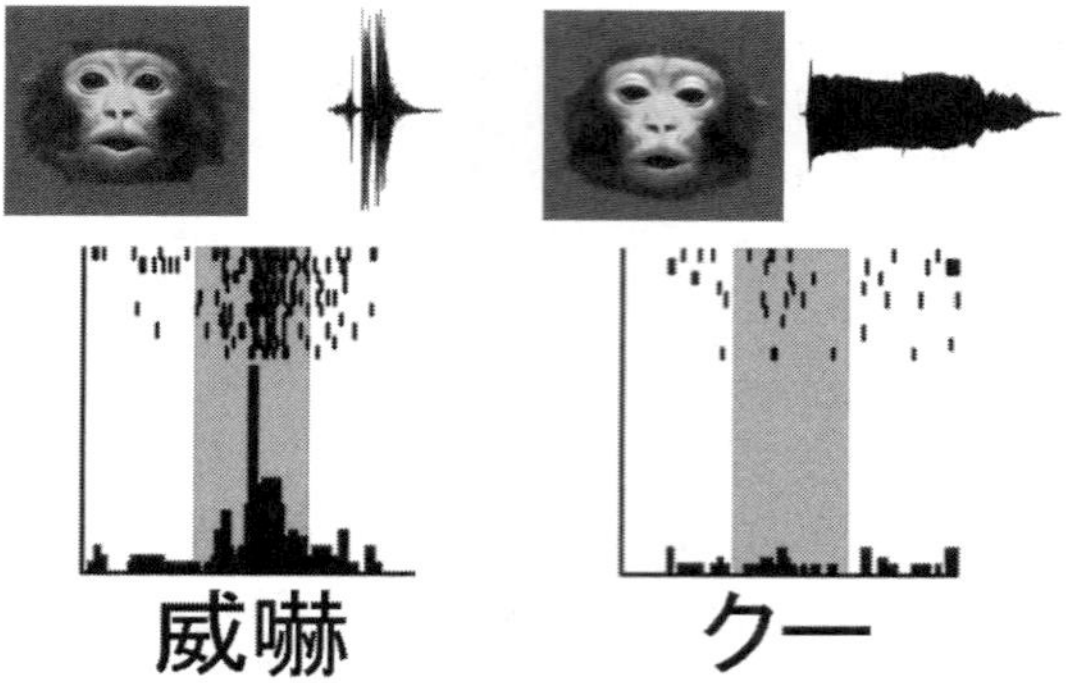

威嚇刺激に強く応答した神経細胞の活動例

動との強い関連が知られている領域として、側頭葉の内側にある扁桃核《へんとうかく》というアーモンド状の神経核があります。脳機能画像研究から、ヒトの扁桃核は恐怖表情を見たときに強く活動することが知られています。

　サルでも、昔から扁桃核で顔に応答する神経細胞が見つかっています。私たちがいろいろなサルのさまざまな情動表出のビデオを見せ、サル扁桃核で神経細胞応答を調べたところ、特定の情動表出に強い応答を示す神経細胞が複数見つかりました。上図はその中で威嚇の刺激に強く応答した神経細胞の活動例です。神経細胞は、活動電位という細胞内外の電位差の瞬間的な変化を起こして情報を伝えます。細胞の活動が高まると活動電位の数も多くなります。図の中ほどの短い縦線一つ一つが神経細胞の活動電位を示しており、一〇回ビデオを提示したときの活動電位の時間的変化を表示してあります。それを縦に積み重ねたのが下のヒストグラム（頻度分布を示す棒グラフ）です。刺激は一秒間のビデオ刺激で動画と音声が含まれています。図の上の部分に典型的な表情の写真と音圧レベルの時間的変化が示されています。うすいグレーの間にこのビデオが提示されました。

この神経細胞は威嚇のビデオに対しては、強い活動を示しました（活動電位がたくさんあり、棒グラフが高くなっています）が、同じ個体のクーという呼びかけの音声を出している時のビデオを見せたときには、活動が見られません。サルの扁桃核には恐怖を感じるような状況で、応答する神経細胞がたくさん存在することが分かりました。

さらに、この扁桃核に損傷を受けたサルは、恐怖を感じないような行動を示すことが知られています。クリューバー・ビューシー症候群と呼ばれる症状で、扁桃核に損傷を受けたサルは、通常では怖がって近づかないヘビのおもちゃに対して、何のためらいもなく手を出し、口に入れたりすることがあります。先に述べた自律神経応答にも扁桃核が関係しています。扁桃核は刺激と恐怖体験を関連づける脳領域として知られており、刺激に恐怖の意味づけを行っていると考えられます。サルが恐怖を感じる状況では、扁桃核が大切な働きをしているのです。


（倉岡康治・中村克樹）

61 サルはオスとメスをどう見分けるのでしょうか？

認知と思考

私たちヒトは、相手が男性か女性かを見分けるときに、体格・服装・顔・髪型、そして声や匂いなどの様々な手掛かりを用いています。ヒトは特に視覚が優れているので、見知らぬ人の写真であっても、素早くかつ正確に男性か女性かを見分けることができます。

　全ての動物にとって、オス・メスを見分けることは、自分の子孫を残すための相手を探す上でとても重要な能力です。群れで生活している動物にとっては、オスとメスを区別することができてあたりまえのように思えます。ではいったいサルは、どのようにして仲間のオス・メスを区別しているのでしょうか？　ヒトが声を聞いて男性か女性かを区別できるように、オス・メスを区別する手掛かりとしてヒヒはグラントと呼ばれる音声の性差を用いていることを、レスブリッジ大学のD・ランドールのグループが示しました。では、サルは視覚的にオス・メスを見分けることができないのでしょうか？

　霊長類の中には、オスとメスでは体の大きさや体型が大きく異なる種がいます。ゴリラはオスでは体重が一八〇キログラムにも達しますが、メスはその半分くらいです。チンパンジーのメスは発情すると、お尻が大きく腫れます。ですから、ゴリラやチンパンジーではオスとメスは簡単に見分けることができます。また、顔に注目しても、オスの顔の鼻筋は赤や青で彩られメスよりもカラフルなマンドリルや、オスとメスで顔の毛の色が異なるキツネザルの仲間などのように、雌雄で特徴が大きく異なる種もいます。これらの種では顔の特徴がオスとメスを区別する手掛かりになります。一般に、オスとメスの違いを性的二型と呼びます。性的二型は、オスとメスを見分ける有効な手掛かりになっているのでしょう。

　ヒトでも裸になると、男性と女性の違いは顕著です。でも服を着ていても顔だけで、たいてい男性か女性かがわかりますよね。詳しく調べた研究から、髪型・化粧・服装といった文化的な情報がなく

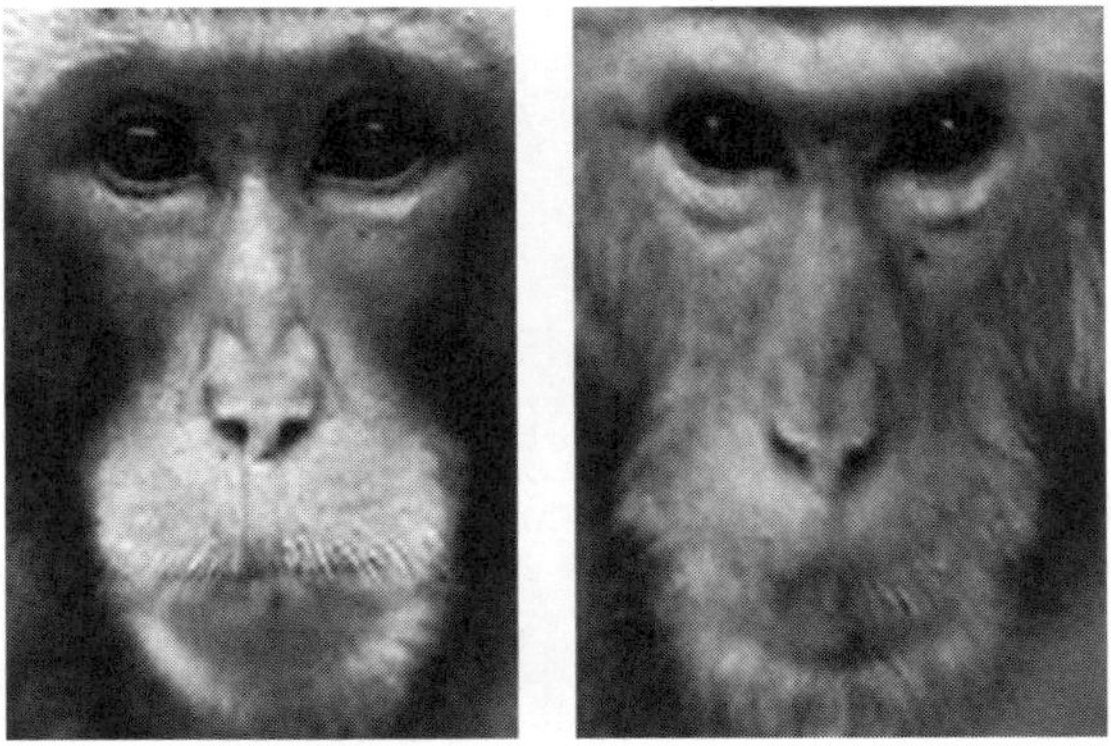

オスとメスの区別がつきますか（左：オス、右：メス）
撮影：木場

ても、ヒトは顔だけで男性か女性かを見分けられることがわかりました。男っぽい顔や女っぽい顔があるのです。生後六ヵ月の赤ちゃんでも、男性か女性かを見分けられることがわかっています。実は、ヒトの顔には、目や鼻のサイズ、眉毛、顔の形などの特徴に男性と女性で違いがあり、それらで男女を見分けています。

ニホンザルもヒトと同様に、一見しただけではオスかメスかがわかりにくい顔をしています。写真を見て、どちらのニホンザルがオスかわかりますか？　サルにもオス顔やメス顔があり、顔だけでオスとメスを見分けられるのかを調べました。

最初に、コンピューターのモニターに呈示されたサルの全身写真が、オスならば右のボタン、メスならば左のボタンを押すと、ご褒美《ほうび》としてイモやレーズンがもらえるようにサルを訓練しました。十分に訓練をした後で、いろいろなサルの全身写真を使って調べてみたら、サルも写真からオスとメスを見分けられることがわかりました。また、身体のどの部分がオスとメスを見分ける上で大切なのかを調べるために部分を隠した写真で調べたところ、オスでは陰部、メスでは胸部といった性的に特徴のある部位が、やっぱり大事な手掛かりになっていることがわかりました。それらの場所に加えて、顔がオスとメスを見分ける上で重要な手掛かりだとわかったのです。

ヒトのようにニホンザルにも「男顔」や「女顔」があるのでしょうか？　私たちはニホンザルの顔写真を一〇〇枚ほど集め、目や鼻、口のサイズや角度を計測し、オスとメスで比べてみました。その結果、サルの顔にも、顕著ではありませんが、性差があることが分かりました。オスはメスよりも鼻から下の吻部が長く、上顎や眼窩《がんか》のあたりが張り出し角ばっていました。サルも顔だけで本当にオスとメスを見分けられるのかを確かめるために、今度は写真のようなサルの顔だけの写真を使って調べました。すると顔だけの写真でも、オスとメスを見分けているようでした。

また、顔の形態情報がオスとメスを見分ける手掛かりとなっているかどうかを検討するために、コンピューターを使って、オスの眼・鼻・口などのパーツの空間配置をメスのものに変え、オスとメスの顔をブレンドした顔写真を作り、サルに見せオス・メスの判断をさせました。その結果、どうやらサルの顔のパーツやその空間配置には、オスらしいものとメスらしいものがあることがわかりました。そしてサルはこれらの形態情報をオスとメスを見分ける手掛かりにしていました。サルの世界にも中性的な顔があるのかどうかはわかっていませんが、あるとするとサルがどう反応するか興味深いですね。

（木場礼子・泉明宏・中村克樹）

62 霊長類はどのように顔を見分けていますか？

認知と思考

私たちは、社会の中で多様な相互交渉を持ちながら生活をしています。周囲と良好な社会関係を築き、スムーズに生活を送るためには、相手からさまざまな情報を読み取り、適切に対応する必要があります。このようなやり取りの中で、最も重要な役割を果たしている手掛かりの一つが、「顔」です。例えば、私たちは顔を見てすぐに、知らない人か知っている人か、そして知っている人なら、それが誰であるかがわかります。また、知らない人でも、顔から性別やおおよその年齢を推測することができますし、さらにはその表情からその人の感情や、心の状態を読み取ることも可能です。ところがおもしろいことに、顔写真を上下さかさまにすると、こういった情報の読み取りがむずかしくなるのです。私たち人類は、このような顔認知様式をいつ、どのように獲得したのでしょうか？

その進化の道筋を探るため、ヒト以外の霊長類の顔認知能力が調べられ、彼らも同種の顔を見分ける（弁別）能力を持つことがわかってきました。さらに、旧世界ザルや類人猿のいくつかの種では、ヒトと同じように倒立顔の弁別能力が低いこともわかりました。日常生活で倒立顔をほとんど見ない動物種にとっては、正立顔を効率よく処理するメカニズムを獲得することは大きな意義があると考えられます。

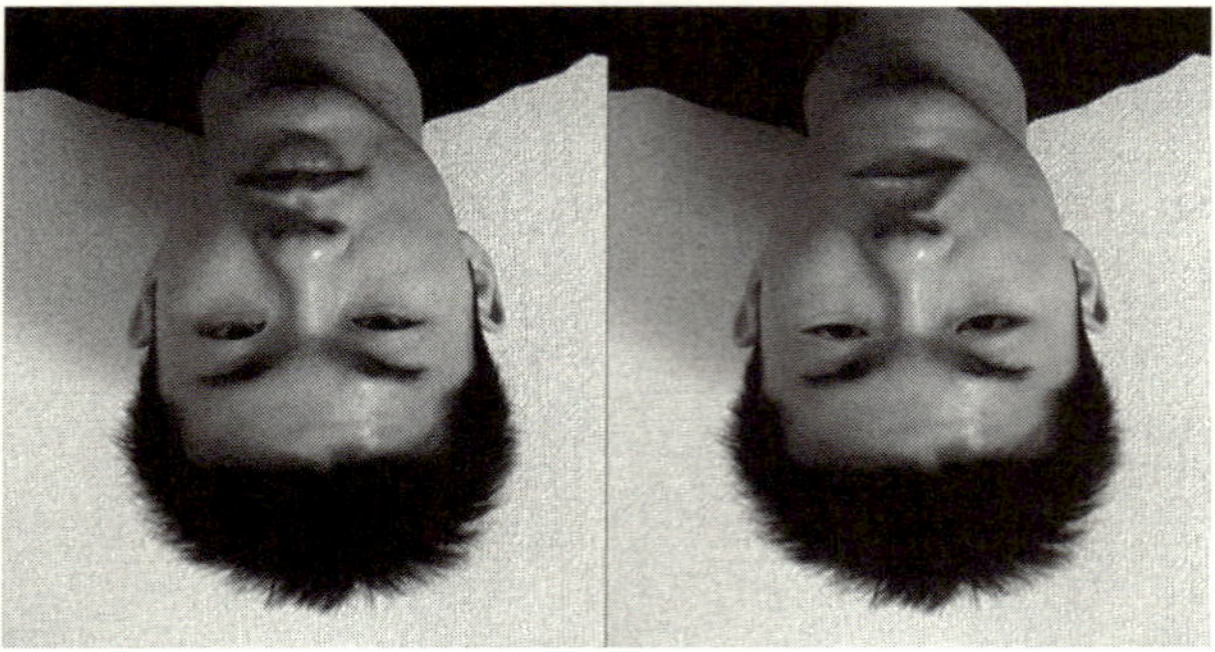

A　　　　　　　　B

サッチャー錯視

ヒトは、目鼻口の全体的なバランスに注目して顔を識別しています。その最たる例の一つが、サッチャー錯視と呼ばれるものです（写真）。写真の左右の写真を見比べて、何がどう違うか一見してわかるでしょうか？　それでは、今度は本を逆さにしてみてください。今度はいかがでしょうか？　Ｂの顔がとても気持ち悪く見えませんか？　実は、Ｂの顔は目と口が顔のほかの部分に対し一八〇度反転しています。私たちヒトは正立顔に対して、目鼻口の全体的なバランスに注目しているため、そのバランスが崩されたＢのような顔写真はとてもグロテスクに見えるのです。

それではヒト以外の霊長類も、正立顔に対して目鼻口の全体的なバランスに注目しているのでしょうか？　旧世界ザルの一種であるアカゲザルで、このサッチャー錯視を調べるために、私たちは馴化脱馴化法《じゅんかだつじゅんかほう》という方法を用いました。馴化脱馴化法とは、同じものを見つづければ飽きて見なくなる、そこに「新奇なもの」が出されればまた見るようになる、という非常に単純な行動習性を利用して、ものを「見分けてい

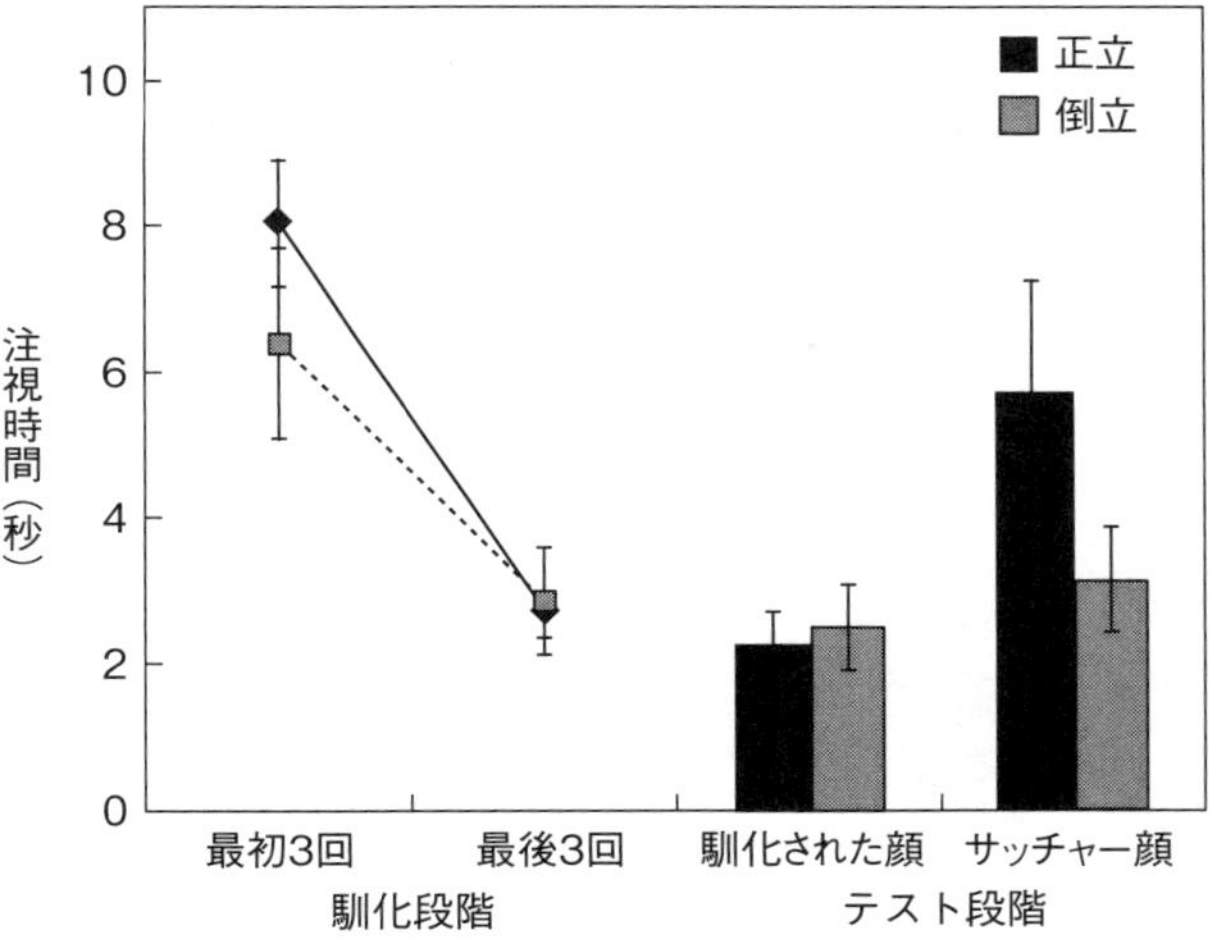

図　アカゲザルを対象にサッチャー錯視を調べた実験の結果

るか」をチェックする方法です。言葉で尋ねられない動物を相手にしていますので、こういった工夫をするのです。

実験では、まず同種未知個体の顔写真を繰り返し見せます（馴化段階）。その後、馴化に用いた写真とその写真をサッチャー顔化した写真を交互に見せます（テスト段階）。このような手順を、馴化段階・テスト段階共に正立顔を用いる正立条件と、倒立顔を用いる倒立条件で行います。実験の結果、馴化段階においては、両条件とも同じように写真に飽きてほとんど見なくなりました。ところが、テスト段階では、正立条件においてのみ、サッチャー顔を長いことじーっと見たのです（図）。つまり被験体は、正立顔についてはヘンだと感じたのに対し、倒立顔では違いを検出できなかったのです。これは、アカゲザルもヒトと同様に正立顔については目鼻口のバランスに注目して、顔を見ていたことを意味しています。

このような顔認知様式は、生後いつごろどのように獲得されるのでしょうか？　ヒトは、生後まもなくから顔のような構造を持つ図形を好んで見るようになり、生後二ヵ月を過ぎたあたりから、全体と部分のいずれもが顔様で、より実際の顔に近い図形を好むようになります。このような発達パターンは、チンパンジー・テナガザル・マカクザルでも確認されていますので、ヒトとこれらの霊長類の顔認知様式は非常に似た初期発達をたどるようです。

また、ヒトでは生後六〜九ヵ月ごろまでにどんな顔を見たかによって、その後の顔認知様式が影響を受けることが報告されています。つまり、生後六ヵ月までは、見たこともない動物の顔も見分けられるのですが、生後九ヵ月以降は、それまでに見ていないタイプの顔に対しては弁別能力を失っていくのです。これは、生まれた環境に対し、より効率のよい弁別能力を発達させる非常に適応的なメカニズムといえるでしょう。また、この発達には敏感期があり、生後九ヵ月までに見たことのない種に対しては、その後いくら見ても、すぐには顔弁別能力が獲得されないことも知られています。

同じような現象が、間接的にではあるけれど、チンパンジーでも見られるようです。ある研究者が、野生で生まれたチンパンジーに、見知っているヒトとチンパンジーの顔写真を見た後に、名前を表す記号をタッチパネルで答えさせる訓練をしたところ、チンパンジーの顔を見分けて名前を答えるほうがヒトの顔を見分けて名前を答えるよりも、チンパンジーにとっては簡単だったのです。約一歳で飼育されるようになり、ヒトと接していたにもかかわらずです。また別の研究者は、飼育下で誕生し、同種に対してはむしろ接触経験が乏しいチンパンジーについて、彼らの顔を見分ける能力を調べました。すると、なんと今度は、ヒトの顔のほうがチンパンジーの顔よりもよく弁別できたのです。この二つの研究結果を併せて考えると、チンパンジーでも、ある一定の年齢までの経験によって弁別するのが得意な対象が絞られていると考えられます。さらに最近、ニホンザルも同じような発達過程を持つことが報告されています。

このように私たちヒトの顔認知様式の進化的起源は、少なくともサルとヒトの祖先が分かれる以前にまで、遡《さかのぼ》れるのかもしれません。しかしながら、ヒトにおける研究と比較すると、ヒト以外の霊長類を対象とした研究はまだまだ十分ではありません。さらには、霊長類だけにとどまらず、広範な動物種における比較研究が必要でしょう。

（足立幾磨）

63 脳がいちばん大きいのはヒトでしょうか？

認知と思考

ヒトは脳が大きく進化しました。これ以上大きくなると産道を通れなくなるので、ヒトの赤ちゃんは未熟な状態で生まれると言われるくらいです。では本当に、ヒトの脳がさまざまな動物の中でいちばん大きいのでしょうか？　いろいろな動物の脳の大きさを見てみましょう。

いろいろな報告があり報告ごとに少し値が異なっていますが、おおよそネズミ（ラット）の脳は二グラム、ネコの脳は三〇グラム、イヌの脳は七〇グラムです。一方、ヒト（成人男子）の脳の大きさはおおよそ一四〇〇グラムもあります。イヌの二〇倍も大きい脳を持っていることになります。ネズミはともかく、ネコやイヌに比べてもヒトの脳が非常に大きいことが分かります。ヒト以外の霊長類はというと、ゴリラの脳は四五〇グラム、チンパンジーの脳は四〇〇グラム、サルの脳は九〇グラム程度です。こうして比べると、脳が発達していると言われている霊長類の中でも、ヒトの脳が飛びぬけて大きいことがわかります。

それでは、ヒトより大きい脳を持つ動物はいないのでしょうか？　よくよく調べてみると、イルカの脳は一五〇〇グラムとヒトに近い大きさです。また、ゾウの脳は六〇〇〇グラム、クジラの脳に至っては七八〇〇グラムと、ヒトより随分大きいことが分かります。重さだけならゾウはヒトの四倍、クジラはヒトの五倍も大きいんですね。図1はいくつかの動物の脳を同じ縮尺で描いたものです。大きさの違いが実感できると思います。

ところで、実は脳の細胞（神経細胞）は表面のほんの数ミリメートルのところにぎっしり並んでいます。だから大きさだけではなく、どれだけ表面積が広いかで神経細胞の数が多いかどうかが決まります。長い進化の過程で脳の表面積を増やすために多くの溝（脳溝といいます）を作るようになったようです。図1でネズミ、ネコ、サル、チンパンジー、ヒトを比べると、大きさだけではなく脳溝が次第に多くなっていくのがわかります。ただ、ゾウやイルカの脳溝はヒトの脳より多いくらいです。表面積を比べても、ゾウやイルカはヒトに勝るとも劣らない脳を持っていると言えます。なんだか残念な気持ちがしますね。

一般に体の大きな動物ほど臓器も大きくなります。例えば、心臓や胃はヒトよりゾウのほうがかな

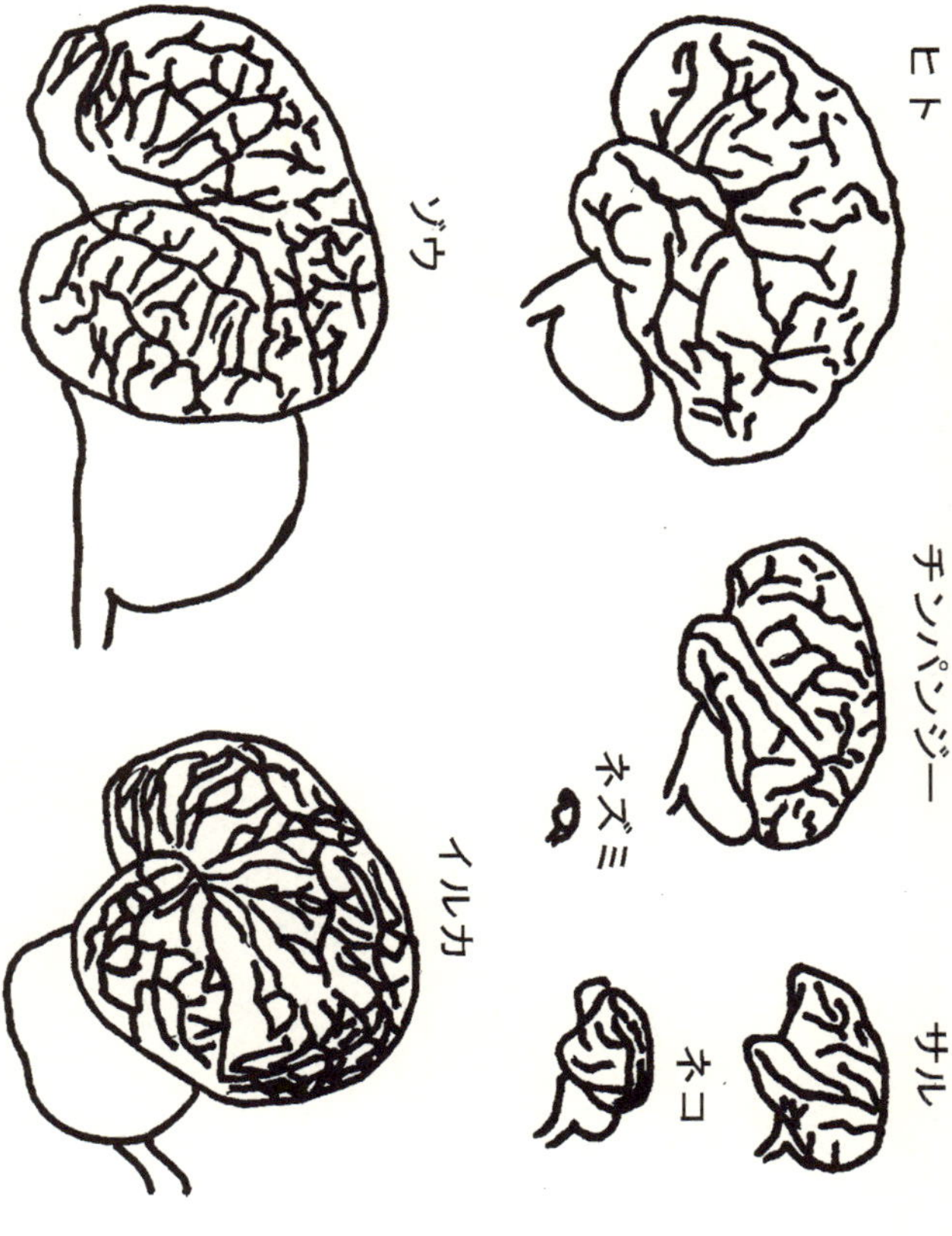

図1　脳の比較（同じ縮尺で描いた）

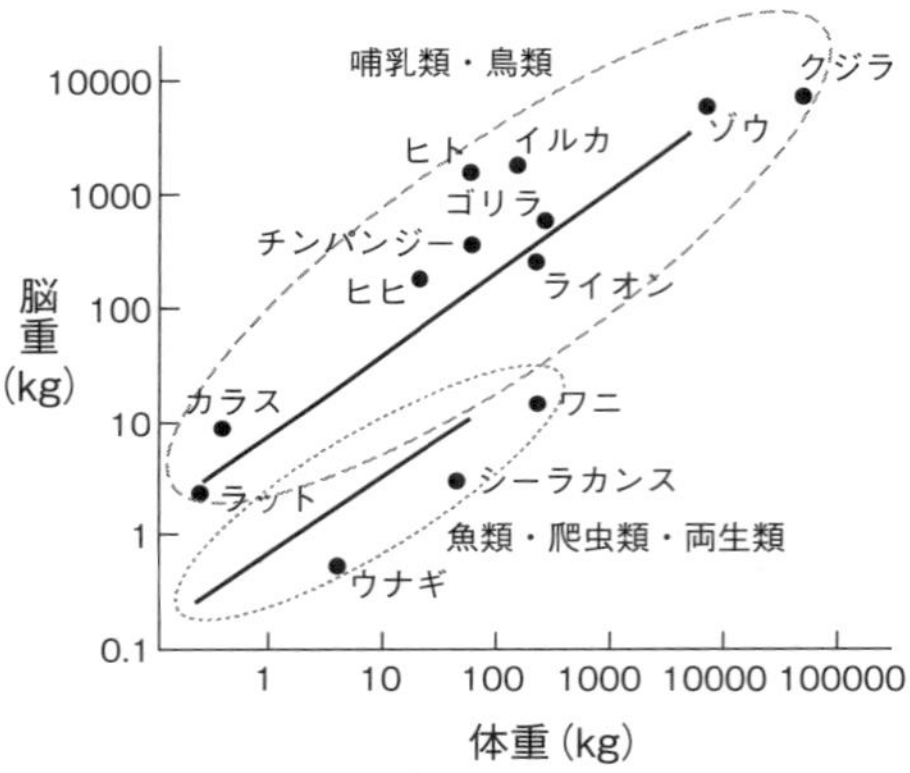

図2　体重と脳の大きさとの相関

り大きくなります。ゾウは体重が三〇〇〇～六〇〇〇キログラムもあります。脳も臓器の一つですから、こうして考えるとゾウの脳が大きくても当たり前と言えるかも知れません。例えば、ある恐竜の脳は数百グラムあったといわれていますので、イヌやサルよりずっと大きな脳になります。

体の大きさの異なる動物の臓器の大きさを比べるためには、体の大きさで補正しなければフェアではありません。一般的に、体の大きさとその他の生物学的量の間に成り立つ「アロメトリー」と言われる法則があります。体の割に脳が大きいのか小さいのかを見るために、この方法を使ってみましょう。図2は、体の大きさを代表する値として体重を横軸に、脳の大きさを代表する値として脳重を縦軸に取って、いろいろな動物の体の大きさと脳の大きさの関係を示したものです。この図では、左上になればなるほど体の割に脳が大きい動物、逆に右下になればなるほど体の割に脳の大きさが小さい動物だということになります。こうしていろいろな動物のデータを表すと、図のように大まかに、哺乳類・鳥類のグループと魚類・爬虫類・両生類のグループに分かれます。それぞれのグループで引いてある直線は、この図にない動物のデータも合わせて引いた各グループの平均的な値を示しています。哺乳類・鳥類は魚類・爬虫類・両生類よりも左上に寄っているので体の割に脳が大きいことがわかります。

それでは、脳の大きな哺乳類・鳥類の中で最も脳が大きい動物はいったい何でしょう？　直線から最も左上に外れているのはヒトですね。こうして比べてもやはりヒトの脳が最も体に不釣り合いに大きく進化したといえます。でも、すぐ横にはイルカがいますね。ゾウは体が大きいからヒトやイルカと比べると直線に寄っています。ゴリラやチンパンジーもヒトと比べると直線に近いですね。

この図は別のことも示していると私は考えています。みなさんはイルカにも言葉があると聞いたことはありませんか。ヒトにはもちろん言語がありますね。私は複雑なコミュニケーションを取れる動物ほど左上にくる、つまり脳が大きいと考えています。カラスなどの鳥類も比較的脳が大きいのですが、歌を歌ってコミュニケーションを取っていると言われています。仲間とどのように暮らしているのかという社会構造が複雑な動物ほど、脳が大きいという報告もあります。脳を大きく進化させる大きな要因として、コミュニケーションの必要性があったのでしょう。

でも脳にはさまざまな領域があり、各々役割分担があることがわかっています。ただ単に脳が大きいというだけでは、どの領域が大きいのかわかりませんし、質が異なる可能性があります。つまり、脳が大きいと言っても、単純な処理をしている脳の領域ばかりが大きくなっていて、複雑な処理を行っている領域は小さいままかも知れません。高度な行動を制御している前頭葉の大きさを霊長類で比べてみましょう。

最近のＭＲＩ（磁気共鳴画像法）を用いた研究では、前頭葉の体積は、ヒトで二五〇〜三三〇立方センチメートル、オランウータンやチンパンジーなどの大型類人猿では五〇〜一一〇立方センチメートル、テナガザルやマカクザルでは一五立方センチメートル程度でした。最も高度な情報処理をしていると考えられている前頭前野の体積に限っても、ヒトで二〇〇〜二八〇立方センチメートル、大型類人猿では四〇〜七五立方センチメートル、テナガザルでは一一立方センチメートルでした。前頭前野の体積は、類人猿の五倍程度、テナガザルの二〇倍以上と、やはりヒトの前頭前野が大変大きく進化していることがわかります。大脳皮質全体に対する前頭葉の割合を計算してみると、ヒトで三七〜三九パーセント程度になります。興味深いことにオランウータンはヒトとほぼ同じで三七〜三九パーセントだったそうです。ゴリラは三五〜三七パーセント、チンパンジーは三二〜三七パーセントと少し値が低くなります。テナガザルやマカクザルでは二八〜三二パーセントとさらに低い値になっています。

以前の研究ではヒトと類人猿の前頭葉の差はもっと大きいと報告されています。各動物で調べた脳の数が限られていますので、もちろん今後さらなる研究が必要ですが、前頭葉の割合だけを見るとオランウータンはヒトに匹敵するのですね。「総合的な脳力」を示す「賢さ」や「知能」を異なる動物間で直接比較することはできませんが、このように特定の脳領域を比較することによってある程度「総合的な脳力」を推測することができるのかもしれません。

体積が大きいということは、単に神経細胞の数が多いということだけではありません。ヒトでは神経細胞同士を繋いでいる神経線維の数が類人猿やサルと比べてかなり多いことになります。より多くの神経細胞がより複雑に結び付いていることで、非常に複雑な情報処理を実現しているのでしょう。もちろんイルカの脳に関してはまだまだわからないことが多いのですが、ここまで読んだあなたも脳がいちばん大きいのはヒトだと思いませんか。

（中村克樹）

64 ヒトは早産って本当ですか？

哺乳類のうち、巣穴で子どもを生み育てるネズミやリスなど、就巣性《しゅうそう》の種の新生児（アカンボウ）は、裸で目も開いていない未熟な状態で生まれますが、ウシ・ウマなど離巣性《りそう》の種では、生まれて間もなくから親について歩くことができるほど、発達した状態で生まれます。この就巣性・離巣性という言葉は、鳥類学の方から借用したものです。子育てのための巣を作らない多くの霊長目も離巣性で、出生直後から目が開いていて、毛も生えていて、少なくとも母親の体毛に自力でつかまる能力を持っています（写真）。原猿類やコロブス類の一部では、アカンボウを母親がくわえて運搬することがありますが。

ほとんどの霊長類は定住性の巣を持たず、樹上で出産することが多いので、新生児が無力だと落下の危険性がありますし、群のオスもメスもコドモも一緒に移動するので、アカンボウが自力で母親につかまらないと、母親の行動に大きな支障が出るからです。この中でヒトの新生児は、泣いて手足を動かすことぐらいしかできず、霊長類の中で特異的に極めて無力です。スイスのＡ・ポルトマンはこ

自力で母親につかまるニホンザルの新生児
写真：須田直子

れを生理的早産と呼んでいます。

この原因としては、ヒトで際立った特徴となっている脳の発達と、直立二足歩行によるところが大きいと考えられます。ヒトの脳容量はゴリラの二・五倍もありますし、脳細胞は分化が進んだ特殊な組織で、ある程度胎内でできあがってから生まれてくる必要があります。また母親の方も、立って歩くように進化した結果、骨盤の形・大きさに一定の制限を受け、今より大きなアカンボウを産むような体の変化は難しくなっています。ヒト新生児の頭のサイズは母体の産道を通過するのがぎりぎりです。頭が限界近くまで大きくなった段階で、他の身体形成はある程度犠牲にして未熟状態で誕生するものと考えられます。ヒトのコドモがよちよち歩けるような基礎的運動能力を獲得するには生後一年ほどの時間が必要なので、つまり現状は成熟出産の半分ほどで生まれていることになります。

このことは、ヒトの母親に多大の育児ハンディキャップを負わせることになりました。無力なアカンボウを両腕に抱えて育てなければならない事情が、ヒトの進化過程において影響を与えた可能性もあります。生活形態では、ベースキャンプがあって、幼いアカンボウとその母親やコドモたちは、そこに留まり、他のメンバーは狩猟採集で獲得した食物を持ってかえり、食物を分配するようになりました。そして特定の男女の間で、育児や食糧供給を分担し協力することで、長期間継続する配偶関係も生まれてきました。すなわち夫婦や家族です。

アカンボウの発達程度には、さまざまな要因が関係しています。ヒトとゴリラを比較してみましょう。ゴリラは、オトナメス（体重九〇キログラム）はヒト女性（四〇キログラム）よりもずっと大きいのですが、アカンボウは二・一キログラム、脳は二二七グラムです。一方、ヒトのアカンボウは三・三キログラムで脳重量は三八四グラムです。ですから、ゴリラは母親の体の割にアカンボウは小さいのです。ところが、ある程度、握ることができる手足を持っています。ゴリラでは、生後の成長が早く、七歳ぐらいでメスは性成熟に達します。一方、ヒトでは一五〜一七歳です。このように運動器官・脳神経系器官・生殖器官などの異なる器官系で、それぞれの種の生活に適した発達パターンが進化したのです。運動機能面で未熟なヒトのアカンボウも、その適応の一つでしょう。

（松林清明）

65 サルの脳とヒトの脳はどこが違いますか？

認知と思考

まず、大きさが違います。ヒトの脳は、個人差はありますが、だいたいオトナで一二〇〇〜一四〇〇

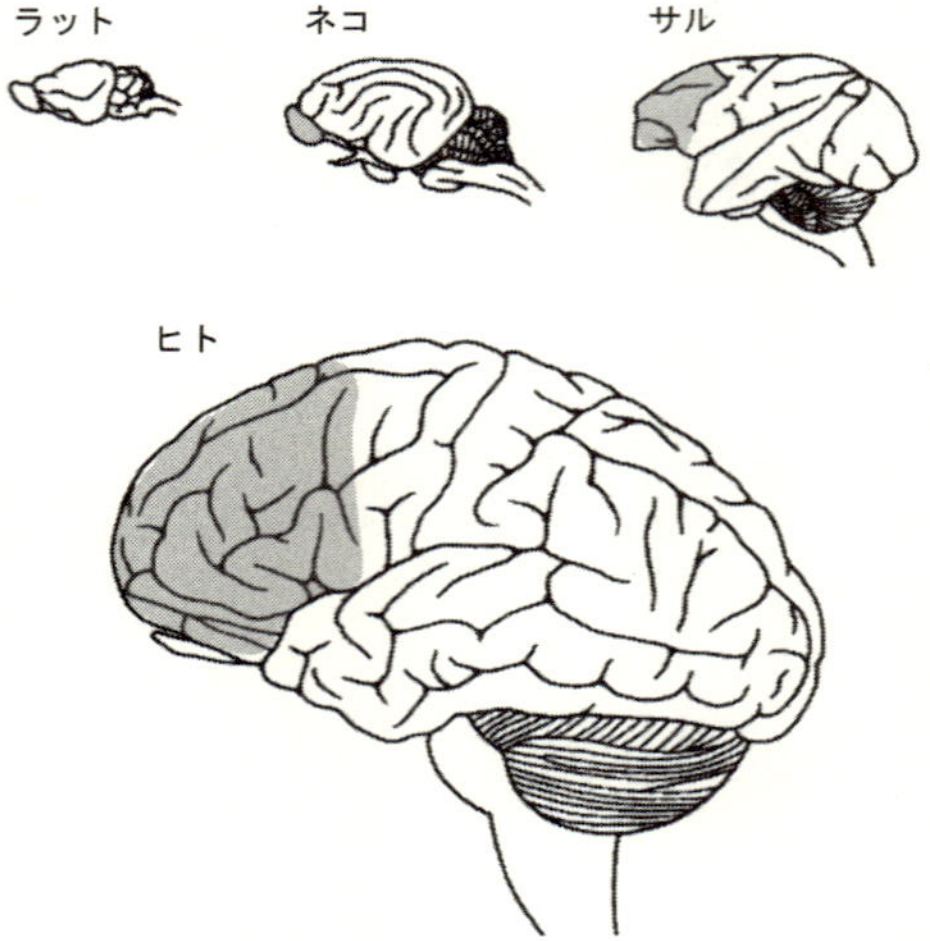

ラット、ネコ、サル（マカクサル）、ヒトの脳の外観（等縮尺）。グレーの部分は、前頭連合野（前頭前野）

○グラムあると言われています。それに対して、ニホンザルなどのマカカ（マカク）属のサルの脳は一〇〇グラム程度です。この数字を見ると、なるほど、ヒトの方がサルより賢いのは当たり前だなあ、と思うでしょう。ただし、同じ種（ヒトどうし、サルどうし）では、脳が大きいほど知能が高いという証拠はありません。有名な化学者ブンゼンの脳は一二九五グラム、文豪アナトール・フランスの脳は一〇一七グラムしかなかったそうです（時実利彦著『脳の話』より）。

次に、脳の外観を見てみましょう。図を見ていただくと明らかなように、脳の表面（大脳皮質）のしわ（脳溝）も、ヒトの方がかなり多いです。また、サルの脳の脳溝は個体差が少なく、同じ種類のサルならだいたい同じ位置に同じような形の脳溝があります（もちろん、例外もありますが）。ヒトの場合は個人差が大きく、人によって脳溝の位置や形がかなり違います。もちろん、基本パターンは誰でも同じなので、プロフェッショナル（脳外科医やヒトの脳の研究者）が見れば、どれがどの脳溝なのかすぐ（？）わかりますが、慣れない人には、ヒトの脳溝を見分けるのは難しいでしょう。試しに、本屋さんに行って、ヒトの脳についての本を何冊か開いて、大脳皮質の図を見比べてみてください。脳溝の形がずいぶん違って見えると思います。

大脳皮質をもう少し詳しく調べると、いくつかの領域に分けることができます。脳のいちばん前にある前頭連合野と呼ばれる領域は、思考や行動判断などに関係することが知られており、ヒトで特に大きくなっています。これが、ヒトの知性の高さの大きな要因であると考えられています。

また、ヒトの脳では、機能の左右差があることが知られています。ほとんどの場合、言語機能は左右どちらかの脳半球にしかなく、多くの人ではそれは左半球です。言語以外の機能については、まだはっきりしたことはわかっていませんが、機能的ＭＲＩなどを使った人の脳活動の研究では、いろいろな行動を行っている時のヒトの脳活動は、左右で違いがあるようです。サルの脳では、このような左右差は、まだ知られていません。このように、ヒトの脳とサルの脳ではさまざまな違いがあります。

しかし、ミクロの目で見ると、ヒトの脳とサルの脳はとてもよく似ています。脳の中には、神経細胞（ニューロン）と呼ばれる、直径数ミクロン（ミクロンは一〇〇〇分の一ミリメートル）から五〇ミクロンくらいの細胞が無数にあります。これらニューロンが、脳の情報処理の主役です。ニューロンは、細胞の形や持っている神経伝達物質（ほかのニューロンとの間で情報のやり取りをするための物質）によって、たくさんの種類に分類されますが、これらのニューロンの種類は、ヒトでもサルでもほとんど同じです。

大脳皮質の断面を顕微鏡で見ると、同じ種類の細胞が集まって、層構造を作っているのがわかります。典型的には、大脳皮質の表面からいちばん底まで、六つの層に分けられますが、この層構造は、ヒトでもサルでもほとんど同じです。また、この層構造は、皮質の場所によって、微妙に違っています。例えば、後頭葉にある一次視覚野などでは四層と呼ばれる、細かな細胞が集まっている層がよく発達していますし、前頭葉の一次運動野では四層はまったく見えず、五層に巨大な（直径五〇ミクロンくらい）細胞がたくさん見えます。このような細胞の並び方によって、大脳皮質を五〇から一〇〇の領域（皮質領野）に分けることができます。これまでの研究で、サルの大脳皮質にも、ヒトとほとんど同じだけの領野があり、それぞれの皮質領野の機能もよく似ていることがわかってきました。ネズミなどは、ヒトやサルほどたくさんの領野に分けることはできません。

また、大脳皮質より内側にある、脳の深い部分の構造は、大きさ以外はヒトとサルでほとんど区別できないくらいよく似ています（「81　サルが運動する時、ヒトと同じように脳がコントロールしているのですか?」参照）。どうしてヒトの脳とサル（マカクザル）の脳は、こんなによく似ているのでしょうか。もちろん、進化の上で近縁の種であるからというのが正解でしょうが、もう一つ、感覚や行動がよく似ているということも忘れてはいけないポイントでしょう。ヒトもサル（マカクザル）も、昼行性で、視覚に頼って行動しています。二つの目が前を向いていて、奥行きを知覚するのに都合がよく、また色を見分けるのも得意です。からだでは手、とくに指がよく発達していて、器用にものをつかんだり、つまんだりします。脳の中でも、視覚を処理する領域や、手指の運動を制御する領域がよく発達しています。

（宮地重弘）

66 サルにも白目はありますか?

認知と思考

ヒトの目と他の霊長類の目を簡単に区別する特徴は白目の存在です。白目とは、まぶたを開けた時に露出する黒目以外の部分（強膜）です。ヒトの白目が「白く」見えるのは、強膜が、密に並んだ太いコラーゲン線維でできていて、その線維が光を散乱させるためです。

一方、ヒト以外のほとんどの霊長類の目には、「白目」がありません。彼らの強膜には色素があり、黒目以外の部分も暗い色をしているからです。ニホンザルなどは白い強膜をしていますが、瞼裂《けんれつ》からほとんど露出していません。レイ夫妻原作の絵本に出てくる『おさるのジョージ』には白目が描かれていますが、実際には、強膜がはっきり白く見えているのは霊長類ではヒトだけです。いろいろな霊長類の目を調べた研究によると、ヒト以外の霊長類のほとんどは、強膜と虹彩がおなじような色をしていて、さらにそのうちの半数以上の種では、目の周りの皮膚の色も似ているそうです．

ヒトでは容易に白目と黒目は区別がつきますから、目が顔のどこについていて、黒目がどの方向を向いているかがはっきりとわかります。つまり頭がどの方向を向いていても視線がわかるのです。一方、ほとんどのサル類では、目を開けていても視線がどこを向いているのかがわかりにくくなっています。さらに、オトナのゴリラなどは、顔面まで暗い色をしているために、視線だけでなく、目が顔のどこについているのかよくわかりません。ちなみに、密かに人の様子を探る目つきのことを「サル目」と言います。

ヒト以外のほとんどの霊長類で白目に色が付いているのは、視線を仲間や捕食者に悟られないようにするためだとする説があります。色素を持つことは生物学的にコストのかかることですから、暗い強膜にはそれなりの意義があるのでしょう。

この説は魅力的ですが、視線をごまかすためには、相手が自分の視線を手がかりにしていることを理解していなければなりません（「47　他の個体の『こころ』は読めますか？」）。視線を手がかりに他者の意図を察する能力が捕食者にないのなら、黒目がはっきりしてもしなくても生存に影響しないはずです。他個体の視線によって、他者の意図を理解する能力は、ヒト以外には報告されていません。そもそも捕食者がトラやヒョウだとして、彼らが視線と心理状態とを結びつける能力を持っていたとしても、ネコ科の動物が標的となる動物の視線を認識できるほどの距離に近づくころには、すでに獲物を捕らえているでしょう。だから、そのような捕食者に対してわざわざ強膜に色を付けてまで視線をごまかしても生存には役立ちません。

逆に、ヒトの白目がくっきりと白く露出しているのは、捕食者に対する視線の隠蔽の必要がなくなったためで、強膜に色素を作るコストの節約につながったという説もあります。しかし、この説も信憑性はなさそうです。

着色強膜を持つ霊長類では顔の色も暗いことがありますから、強膜に色を付けたぐらいで負担はたいして増えないはずです。また、強膜は白くても、瞼裂幅が小さく白目がほとんど露出していないため、視線が隠れている霊長類もいます。このような霊長類では、強膜に色素を作るためのコストがもともと必要ありません。だから、ヒトの強膜が白色化してコストを節約したとしても、それは視線を隠蔽する必要がなくなったからだということにはなりません。視線の隠蔽が生存に有効だとすれば、それは捕食者にも被捕食者にも視線と心理状態とを結びつける能力がある場合です。すなわち、白目が広く露出したヒトがヒトの捕食者である場合に限られるのです。

それでは、ヒト以外の霊長類は「目」を見ていないのでしょうか？　アカゲザルは、同種個体のどんな表情でも、目への注視時間が長いことがわかっています。また、図形の認識に関わる脳部位の神経細胞の活動は、頭の向きより視線の方向に影響を受けやすいことが知られています。つまり、目は顔の中から特徴として抽出されやすい図形なのです。しかし、このサルが視線によるコミュニケーションをするかどうかは報告がありません。

訓練によって、チンパンジーは実験者の視線を手がかりに方向を理解するようになります。しかし、チンパンジーが積極的に視線を送ることはないようです。いくら訓練されても、一日のほとんどを白目のよく見えない他のチンパンジーと暮らしています。チンパンジーにとって視線という不明瞭な情報は、他の仲間と暮らすのに役に立つ手がかりになりません。だから、チンパンジーは視線を送るというレパートリーを獲得しないのでしょう。同様に、ヒヒもオマキザルも実験者の視線の方向を理解するようにはなりますが、視線が注意を向けている方向であることは理解していないようです。つまり、ヒト以外の霊長類も他者の目の向きに注意はしますが、視線をコミュニケーションに役立たせることはないようです。

ヒトで、視線によるコミュニケーションが可能になったことは、狩りなどの協調作業に適応的だと考える研究者もいます。確かにヒトでは協調作業に視線が重要です。視線が重要であるのは、白い強膜がはっきりしているために目立つ黒目を、わざわざ他者の心理状態を知るための手がかりにしているからです。しかし、視線でコミュニケーションしないはずのチンパンジーは群れで小型のサルの狩りを行うことが知られていますから、集団での協調作業に視線によるコミュニケーション能力は不可欠ではないようです。ヒトの白い強膜が広く露出して黒目が目立つことの進化的意義には、まだ定説がないようです。

しかし、白目の進化がどのようなものであれ、ヒトは霊長類で唯一、視線によるコミュニケーションというレパートリーを獲得しました。視線にはその人の心理状態が反映され、会話内容の確かさも相手への感情も表れてしまいます。面接でアイコンタクトが重要だとされるのはこのためです。ですから、少しぐらい内容に自信がなくても、しっかり相手の目を見て話していれば、話を信用してもらえるかもしれません。視線で相手を「だます」ことはヒトにしかできないのです。

（脇田真清）

67 サルにも利き手はありますか？

認知と思考

野生ニホンザルの研究が始まったばかりの戦後すぐの時期から、サルに利き手がありそうだという点は注目されていました。一九五五年、伊谷純一郎は大分県高崎山のサル八一頭がコムギを拾う時、どちらの手を使うかを調べ、オトナでは左利き三七パーセント、右利き一九・八パーセント、両手使い四三・二パーセントと報告しています。彼はまた、二歳以下のコドモの多くは、両手を同じように使うと報告しています。さらに、七年後の一九六二年に、同じグループのサル達を調べ、ほとんどのサルで利き手が変わっていなかったとしています。

一九六二年と一九六五年に河合雅雄は宮崎県の幸島《こうじま》で、投げ与えたサツマイモをサルがキャッチする行動を調べています。彼の報告によれば、左または両手が三七・五パーセント、右または両手が一六・七パーセントでした。一九六四年、同じく幸島でピーナツを拾う手を調べた徳田喜三郎の報告では、左利き四一パーセント、右利き二〇パーセントでした。一九八八年、霊長類研究所の放飼場でサルの視覚到達運動（固形飼料に手を伸ばす動作）を調べた久保田競の報告では、左利き四三パーセント、右利き一一パーセントです。

これらの報告で共通するのは、左利きが若干多いことです。また、利き手は個体ごとには安定していること、コドモでは利き手が決まっていないことも、これらのデータで共通しています。ニホンザルと同じマカカ属（マカク）のサルであるアカゲザル、ベニガオザル、カニクイザルなどでも類似の結果が得られています。アカゲザルの行動実験の結果をまとめると、左利き三三パーセント、右利き一六・五パーセントとなり、左利きが統計的に有意に多くなります。

原猿類の研究では、左利きが多かったという研究が二報、中南米に住む新世界ザルの研究でも左利きが多いという報告が複数あります。しかし、右利きが多かったというアカゲザルやオマキザル（新世界ザル）の行動実験の報告も複数あり、種のレベルで見ると、必ずしも左利きが多いというデータばかりではありません。ベニガオザル一〇頭の研究では目標に手を伸ばす運動は左利き、手先の細かな運動は右利きとしていますが頭数も少なく、それほど明確ではありません。

遺伝的距離がヒトにもっとも近い類人猿でも、利き手のデータはありますが限られた群れについてのデータである点、マカカ属のサルの場合と同様です。最も古い一九四一年のフィンチの三〇頭のチンパンジーのデータでは左利き一四頭、右利き一一頭と報告しています。一九六三年にシャラーは、七二頭のゴリラのドラミング（手で胸を叩いて音をだす）では、右利き六九パーセントと報告しています。一九九〇年と一九九一年に、松沢哲郎がギニアのボッソウのチンパンジーが行うヤシの実割り（直径五センチメートルほどでとても堅い）で、ハンマーを持つ手を調べたデータでは、右利き九頭、左利き四頭で、利き手は個体ごとに安定していたと報告しています。ヤシの実割りの場合、ハンマーを持つ手と反対側の手は、ヤシの実をつまんだり、実をほじくり出したりすることに使われており、どちらを利き手とするかは難しい面もあります。

実はヒトの場合も、日常生活の中で左右の手はむしろ役割分担をしており、右手だけでなく、左手も重要な役割を担っています。例えば、リンゴの皮を長くつなげてむこうとするとき、ナイフを持つ右手よりも、むしろリンゴを持つ左手の操作が決め手となることもあります。

ヒトの祖先である化石人類には、利き手はあったのでしょうか？　判断材料は骨と石器しかありません。約三〇〇万～二〇〇万年前の人類の祖先アウストラロピテクスを発見したレイモンド・A・ダートは、一緒に出土したヒヒの頭の骨に見られる傷の位置から、彼らが右利きであったと考えています。ヒヒの頭骨にあいている穴は左側に多く、その一部は同時に出土したカモシカの上腕骨の関節部分と形が一致しました。これらの観察から、ダートは、アウストラロピテクスが右手に持ったカモシカの上腕骨で向かい合ったヒヒの頭を殴りつけて殺したと推測しています。

一方、石器も古代人類の利き手を示す証拠となります。ケニアのコービフォーラ（一九〇万～四〇万年前）、スペインのアンブロナ（四〇万～三〇万年前）から発掘された石器の剝片《はくへん》の形から、その半数以上が右手に削るための石を、左手に削られる石を持って作られたと推定されています。さらに、片刃の削り器を調べると、約一三万年前のル・ラザレ遺跡の石器は刃が右側にくるように作られており、当時の人類が集団のレベルで右利きであったと推定されます。

ヒトで利き手が問題になるのは、①個人レベルで利き手が安定していること、②人類全体で見て右利きが多いこと、さらに、③左右の手の役割分担は、左右の大脳半球の役割分担と密接に関係することです。少なくとも、サルは①はある程度クリアしていそうです。したがって、サルに利き手があるかという質問に対するとりあえずの答えは、ＹＥＳです。しかし、このレベルでよければ、サルやヒトに限ったことではないかもしれません。例えば、ある種の魚は個体ごとに左旋回をするか右旋回をするか決まっています。手ではないが機能の左右非対称があり、個体ごとに安定しています。

ヒトの利き手に興味が持たれるのは、単に手の使い方に左右非対称性があるからではなく、外から見ることができる大脳半球の左右機能差の現象の一つとして利き手があるからです。この点で、サルの大脳には左右の機能差はあるでしょうか。

まず、アカゲザルやニホンザルなど、実験によく使われるマカカ属のサルでは形態レベルの差はほとんどありません。左右の機能差についても、現在までのところ信頼できる証拠はありません。マカカ属のサルよりも大型で地上性のヒヒの脳は、やや大型で左右の形態差があるという報告はありますが、脳半球左右の機能差についてのデータはありません。チンパンジーについては、脳の形態では左右差の報告があり、ヒトの聴覚性言語野に相当する左の側頭平面が右よりも大きいという報告がありますが。しかし、こうした形態的な左右差が機能的な左右差に結びつくかどうかは明らかではありません。今後は、脳の左右の形態差を左右の脳の機能の違いとの関連で明らかにしていく必要があります。

（三上章允）

68 サルにはリズム感覚がありますか？

認知と思考

はい、あります。

霊長類研究所のハフマン准教授たちは、山で餌付けされたニホンザルの群れや、霊長類研究所の放飼場で暮らすサルの群れを観察しているうちに、サルたちが石を拾って、トントントンとリズミカルに打ち合わせる遊びをすることを発見しました。これをサルの「石遊び」と呼んでいます。はじめに石遊びが発見されたのは、ニホンザルの群れだったのですが、よく観察すると、アカゲザルなど、他の種類のサル（マカクザル）の群れでも、同じような行動が見つかったそうです。

いったいこの行動にはどんな意味があるのでしょうか。ハフマンさんたちの観察によると、サルたちが石遊びをするのは、十分餌を食べた後で、群れの中でけんかも起こっていない、平和なときに限られるそうです。しかも、いくら観察しても、石遊びが何かの役に立っているようには見えないそうです。毛づくろい行動なども、サルたちがのんびりしているときにする行動ですが、これは、体をきれいにしたり、お互いにコミュニケーションをとったりするのに役に立つと考えられます。また、幸島のサルで有名になった海水での「イモ洗い」は、砂の付いたイモをきれいにしたり、イモに塩味を付けたりするなどの意味があるのではないかと想像できます。それらの行動と比べて、まったく実用的な意味の見出せない石遊びは、ある意味で、非常に文化的な行動であると考えられます。

ヒトも、意味もなくリズムをとりたくなることがありますね。のんびりとしてちょっと良い気分のとき、知らず知らずのうちにテーブルをトントントンとたたいてリズムを取ることがあります。ヒトの場合、そういう時には頭の中で音楽が鳴っていることが多いですが、石遊びをしているサルたちの頭の中でも、何か音楽が鳴っているのでしょうか。サルは鼻歌を歌ってくれないので、こればかりはわかりません。

さて、ヒトは、トン－トン－トン……という単調な（等間隔の）リズムだけでなく、トン－トン－トン－（休み）－トン－トン－トン－（休み）とか、トン－トン－（休み）（休み）－トン－トン－（休み）（休み）とか、もっと複雑なリズムも使うことができます。また、時によってテンポ（速さ）の違うリズムを使い分けることができます。サルにもこういうことができるのでしょうか。

群れの中で普通に暮らしているサルたちは、こういう複雑なリズムで石をたたくことはしないようです。しかし、ヒトが教えれば、もう少し複雑なリズムも覚えられるのではないでしょうか。私たちは、実験室の中で、サルにリズムを教える実験をしています。

実験の内容をご紹介しましょう。実験室では、サルは黒いパネルの前に座ります。パネルには、レバーが一つとボタンが一つ付いています。サルがレバーを押すと、実験開始です。サルがやることは、ボタンが一瞬赤く光ったときに、できるだけ早くボタンを押すことです。ボタンは六回連続で光ります。サルがボタンの光るタイミングに合わせてうまく六回ボタンを押すと、ごほうびにジュースをもらえます。またサルがレバーを押すと、同じリズムでボタンが光り、サルは同じリズムでボタンを押します。これを二〇回繰り返すといったん休憩で、次にまた違ったリズムのボタン押しが始まります。

ボタンが光るリズムをいろいろ変えて、サルがどんなリズムを覚えることができるのかを調べました。

単純な等間隔のリズムで、間隔を〇・六秒、〇・七五秒、一秒、一・二秒、一・五秒と変えると、テンポの速いリズム（〇・六〜一秒間隔）は比較的簡単に覚え、正確なタイミングでボタンを押すことができるようになりましたが、ゆっくりしたリズム（一・二〜一・五秒間隔）は、上手く覚えることができず、押すのが遅くなってしまいました。

次に、もう少し複雑なリズムを教えました。使ったリズムは、短い間隔と長い間隔を交互に繰り返すものです。トン－トン－（休み）－トン－トン－（休み）－トン－トンという感じです。このとき、長い間隔（トン－（休み）－トン）の長さが短い間隔（トン－トン）の長さのちょうど二倍だと、サルはリズムに乗って正確にボタンを押すことができましたが、一・三倍や二・五倍などの中途半端な長さだと、なかなか正確なタイミングでボタンを押すことができませんでした。これらの行動実験の結果は、これまでにヒトを対象とした実験で得られている結果とよく一致しました。したがって、サルも、ヒトと同じようなリズム感覚を持っている、そしておそらく、ヒトと同じような脳内メカニズムで、リズムを覚えたり、運動リズムを作ったりすると考えられます。

（宮地重弘）

69 テナガザルが大きな声で鳴くのはなぜですか？

認知と思考

テナガザルは文字通り長い上肢が特徴的な小型類人猿です。テナガザルにはたくさんの種が存在し、中国雲南省の南部からインドネシアのジャワ島やカリマンタン島にいたるまで東南アジアや南アジアの熱帯林に広く分布しています。体重が六〜一〇キログラムほどで、類人猿の中では極めて小柄です。オトナメスとオトナオスのペアを中心として、そのコドモから構成される二〜五頭ほどの小さな一夫一妻型の群れを作ります。したがって、ニホンザルやチンパンジーなどの多くのサルで見られるような大型の群れとは異なっています。完全な樹上生活者である点も、彼らの特徴といえるでしょう。

テナガザルの音声は、他のあらゆる霊長類と比較して、際立って特殊です。テナガザルの音声は、ニホンザルやチンパンジーの声とはまったく異なり、非常にメロディアスな旋律を持っているので、「歌」と呼ばれています。テナガザルの音声は、他のサルが発するような単純な音声とはまったく異なり、「音素」と呼ばれる単一の音声が系列的に組み合わさり、いくつかの音声が連続的に連なった複雑な音声を発します。さらに発声の継続性も著しく高く、午前中に歌い始め、場合によっては数時間も持続的に続くこともあります。さらに、その歌は一キロメートル以上に響き渡ります。同じように大きな声をだす南米に生息するホエザルなどとならび、その伝達距離は霊長類の中では最大級です。

一キロメートル以上届くほどの大きな声の歌ですが、それは彼らが樹上性の生活をしていることや一夫一妻であること、敵対的な縄張りといった特徴に深く関連して進化してきたものです。彼らは一日中樹上で生活していますが、熱帯雨林では樹上は鬱蒼《うっそう》としており見通しがききません。二〜五頭という小さなまとまりの群れであっては、そのコミュニケーションは視覚に頼ることができず、聴覚に頼ったコミュニケーションが優勢となります。結局、見通しのきかない熱帯林の樹上では、家族の中のコミュニケーションも隣り合う群れ同士のコミュニケーションも、音声に頼ることが必要です。

また彼らの群れは、だいたい二〇ヘクタール前後を縄張りとしています。野生の熱帯林ではこうした縄張りが連続的に分布しています。二〇ヘクタール程度の縄張りということは、円形に例えると、直径五〇〇メートル前後の大きさを持った縄張りということです。すなわち、隣り合う群れはおおよそ〇・五〜一キロメートルの距離を保って分布していることになります。さらに隣り合う群れ同士の関係は非常に敵対的で、その縄張りはあまり重なりません。したがって、群れの縄張りを防衛するために、隣接群に対して十分に音声が伝達できるように大きな声に進化したと考えられています。種によっては夜明け前から始まり午前中を中心として歌われる歌は、お互いの場所を確認し空間的な配置を定め、群れの縄張りを防衛する役割があると考えられています。

こうした進化的な理由に対して、あのような小さな体で大声を生み出すメカニズムに関してはほとんど知られていません。喉頭嚢《こうとうのう》と呼ばれる大きな喉袋を持ったシアマンと呼ばれるテナガザルは、その喉頭嚢を大きく膨らませ、共鳴器として用いて音量を上げていることが知られていますが、シアマン以外のテナガザルにはそういった特殊な共鳴器はありません。したがって、どうやら喉の特殊化というよりも、声の出し方に特殊化がおきていることがわかりつつあるようですが、まだまだ未解明な点も多く、これからの研究が期待されます。

このように、テナガザルの社会や生息する環境に合わせた形で、ある特殊な音声が進化してきたと考えられますが、こうした現象はテナガザルに限らず他の霊長類でも見られます。例えば、音がサルの生息環境である森を通過しながら伝わるとき、音は減衰しますが、ある特定の周波数帯の音がより減衰しにくかったりします。つまり、生息環境によってよく伝わりやすい周波数帯が存在します。こうした周波数帯のことを「周波数の窓」と呼びますが、いくつかの種のサルでは、声の高さがそのサルの生息地の「周波数の窓」に合っていることが知られています。すなわち、さまざまな生息環境で効率的に声を伝えるために、音声の形式が進化した例です。

テナガザルの歌の特殊性は、大声であることに加え、その「歌」と呼ばれるほどの複雑性でもあります。大きな音声を発する霊長類はテナガザルに限らずチンパンジーやグエノンなどの霊長類でも見られますが、いろいろなパターンの音素を組み合わせた系列的な複雑性は、テナガザル独特の特徴でしょう。系列的な音声は、他の霊長類においてはあまり見られるものではありません。

テナガザルは聴覚−音声系のコミュニケーションに特化していると言えます。このように系列的に音素を組み合わせて歌を生み出しコミュニケーションするようになったのは、紛れもなく彼らの社会や生息環境の影響があったのでしょう。面白いことに、たくさんの種が存在するテナガザルは、種に応じた歌のパターンがあり、系列的なその特徴も全く異なるのです。

しかし、今のところそのような種に特化した歌のパターンがなぜ進化したのかは全く知られていません。テナガザルの歌の進化についてはまだまだ取り組むべきことが多いのです。また、系列的に声を組み合わせて音声コミュニケーションをしているのは、紛れもなくヒトです。複雑な音声が進化した基盤は全く異なるものでしょうが、その相似性という点に着目した比較研究も面白いトピックスと言えるでしょう。

（香田啓貴）

第6章

生理と病気

サルにも肥満があります。ストレスやスギ花粉症もあります。サルとヒトとでは、共通の感染症がたくさんあります。エイズはサルエイズウイルス（SIV）に起源しています。サルで、アルツハイマー病やパーキンソン病の原因究明や、運動麻痺からの回復の研究が進められています。運動機能や発達に関する脳の研究も進みました。なお、精巣の大きさを比較した研究から、ペア型種では小さく、複雄複雌の社会では大きいことがわかっています。

生理・脳研究でなくてはならない霊長類、マーモセット。人工保育中のコドモ。
写真提供／森本真弓

70 メタボ（肥満）のサルはいますか？

生理と病気

メタボリック・シンドロームは、最近、問題になり、多くの人が関心を持っていて、ダイエットされている読者もいらっしゃることでしょう。「メタボ」と呼ばれていますが、内臓脂肪型肥満、高脂血症、高血糖症、高血圧症などが、メタボの症候群（シンドローム）で、食物摂取と消費（メタボリズム＝代謝）のバランスが崩れ、さまざまな病気の元になるので注意が喚起されているわけです。このシンドロームはサルにも起こるのでしょうか？

肥満は現代社会では非常に大きな問題です。シンドロームの中で、最も目につく症状です。一日の食べるものに苦労する人がいる一方で、食べ過ぎて肥満になる人が増えています。特にアメリカやヨーロッパなどでは肥満者が増え、社会問題となっています。肥満は個人の健康の問題でもありますが、多くの成人病（生活習慣病）の元になって、結果的に国の医療費を圧迫することから、国家にとって予算的な損失が著しいのです。

肥満は、簡単に言えば体に脂肪の溜まり過ぎた状態です。ヒトでは健康上、どこまでが許容されるのでしょうか。もちろん個人差がありますが、男性で二〇パーセント以上、女性で二五パーセント以上の脂肪率が肥満と言えるでしょう。電気抵抗を計測して脂肪率を出す体重計や両手で握るタイプの体脂肪計がありますが、正確な脂肪の割合を調べるには特別の機器を使わなければならないので、ヒトでは別の指標で肥満の度合いを予測します。それはＢＭＩという指標で〈体重／(身長)^2〉で計算し、値が一八・五〜二五の間にあれば正常とします。二五以上は体重が多めの状態で、三〇以上を肥満としています。

サルには肥満はあるのでしょうか？　答えは「イエス」です。飼育されているサルでは運動不足の上に、決まった量の食べ物が与えられ、動物園などではさらに観光客が餌を与えるなどして、よく食べ過ぎの状態になります。このような状況では、相当の肥満になることがあります。サルの肥満を判定するにはＢＭＩという指数を使うことはまれです。体重と身長などは測りやすいのですが、ヒトと違って脂肪量を正確に反映できないからです。そこでたいへんですが、エックス線を使った測定機器で正確に脂肪率を測ります。ニホンザルやアカゲザルでは体脂肪率二二パーセント以上が肥満とされています。

野生のサルは、食事にかなりの時間を費やします。ニホンザルですと果実や葉っぱを食べているので、これらが手に入れやすいかどうかで変わってきます（「21　サルは一日に何回食事をしますか？」）。これらの食べ物は、そんなに高カロリーではないために、満腹になるまで食べても肥満になることはほとんどありません。一方、次のような報告があります。南アフリカのある都市近郊の野生ヒヒには、ほとんど肥満が見られなかったのですが、人家に近づきゴミ箱をあさったりして人の食べ物を取って食べるようになりました。人の食べ物は栄養価が高かったので、ヒヒの中に肥満のものがたくさん出てくるようになったのです。これらのことは、サルは自身で自分の体を肥満でないベストな状態に保っているのではなく、栄養価の高い、うまい食べ物があれば簡単に肥満になってしまうことを示していま す。ヒトと同じようなことがすぐ起きるということでしょう。

脂肪の蓄積と消費には、食欲のコントロールを含め、非常に多くの遺伝子やホルモンが関与しています。糖尿病に関係する肥満は、インシュリンなどの遺伝子の異常が原因となります。また遺伝子が少し変化して脂肪を蓄積しやすくなることもあります。レプチン遺伝子は脂肪の消費に関係します。脂肪細胞がたくさん脂肪を蓄積すると、レプチン（ホルモン）を分泌します。レプチンは、脳部分（視床下部）に働いて、食欲のコントロールなどを行い、食物摂取を制限します。これが機能しなくなると、肥満になります。肥満がおさまらないとレプチンは生産され続け、血液に溜まっていきます。肥満のサルではほとんどの場合、血中のレプチン濃度が高いことが示されました。マウスなどの実験動物では、レプチン受容体の変異によっても肥満が起こることがわかっています。

ニホンザルはサル類の中でもいちばん寒いところに住むサルで、スノー・モンキー（雪のサル）と呼ばれたりします。近い仲間のアカゲザルやタイワンザルなどに比べて、全体にずんぐりした体型です。この性質は北の動物ほど、熱を逃がしにくいという、動物学の法則に従っています。霊長類研究所のニホンザルについて調べると、脂肪率やレプチン濃度が高いものが、かなりの頻度で見つかりました。糖尿病の個体も見つかっていますが、他の検査の指数では、メタボリック・シンドローム的には特に異常はなく、病的なものではありません。寒いところに適応してきたので、脂肪を溜めやすい体質になっているものと考えられます。

（景山　節）

71 サルにもストレスはありますか？

ストレスという言葉は、いろいろな場面で使われています。サルにもストレスがあるかどうかということを調べる前に、まずここでストレスという言葉の意味をはっきりさせておきましょう。

例えば、手にゴムの風船を持っている状態を思い浮かべてください。体を風船に例えると、生物は体の状態をいつも良い状態に（へこみがなく、ふくらんでいるように）維持するような働き、「恒常性」を持っています。押すと、風船はへこみます。このように、外部からの刺激を受けて、生体に起こる反応を「ストレス」といいます。このときの外部からの刺激を「ストレッサー」といいます。同時に、何らかの刺激によって体の恒常性に生じた歪みを直そうとします。生体に起こる反応とそれを直そうとする反応を含めて、ストレスまたはストレス反応と呼びます。

では、ストレッサーにはどのようなものがあるのでしょうか？　ヒトでは、寒暑・騒音・化学物質など物理化学的なもの、飢餓・感染・過労・睡眠不足など生物学的なもの、精神緊張・不安・恐怖・興奮など精神的・社会的なものなど多様です。では、サルにも同じストレッサーがあるのでしょうか？　物理化学的なもの、生物学的なものについては、サルでも同じであることは容易に想像ができるでしょう。では社会的なストレスということになると、野生や飼育下で群れを作って暮らしているサルたちには社会があることがわかっており、どうやらこれもありそうです。またある程度、感情の変化による行動や表情の変化も観察されますので、精神的なストレスもありそうだと考えられます。

具体的にサルはどういう状況に置かれた時に、ストレス反応を起こすのでしょう？　そして、それはどうやって調べるのでしょう？　サルの体の何らかの変化を捉えればいいわけですから、ヒトや他の動物でストレス反応が起こりやすいものをサルでも調べてみるのが手っ取り早い方法です。ストレス反応が起こりやすいことがわかっているのは、生理学（肉体）的には、自律神経系、免疫系、内分泌系、行動の変化です。ストレスの内分泌系の指標として、コーチゾルというホルモンを使います。本来コーチゾルは、体の代謝を調整している大事なホルモンの一つです。ヒトではストレッサーが存在した時に、その血中濃度が上がることが知られています。では実際にサルでも同じような変化が起こるのでしょうか？

例えば、病気の治療のために注射をされるのは痛いし私たちも嫌なものです。サルではどうなのでしょうか？　血液を採るために血管に針を刺した時に、コーチゾル濃度の変化を調べると、明らかに平常時より上がっていることがわかりました。これは主に物理的な痛みの刺激によると考えられます。また、心理的な刺激として全く見知らぬ個体とケージ越しに対面させると、このホルモン濃度が上がります。これらのことから、サルでもヒトと同じように物理的なストレス反応や精神的なストレス反応を示すことがわかりました。他に、離乳後の子ザルでは、母親と分離した直後にコーチゾルの一時的な上昇と免疫系の活性低下、および抑鬱《よくうつ》行動が見られます。

このように、飼われているサルたちには様々なストレッサーがあり、それは病気にもかかわっています。下痢や脱毛、急にお腹が膨れて息ができなくなる急性鼓腸症などは、飼育環境の変化がストレッサーとして影響していると考えられます。実際には、たった一つのストレッサーによって病気が引き起こされるわけではなく、いくつかが一緒に影響を与えていると考えられます。

ここで大事な問題が出てきます。前に書いたように、血液を採ってその中のコーチゾルを測るのはとても良い指標になるのですが、針を刺すこと自体ストレッサーになるので、繰り返し採血を行うような実験の場合には使えません。ストレス研究のためにサルにストレスを与えていたのでは、本末転倒です。そこで採血のような手法ではない、もっと優しい手法が開発されてきています。コーチゾルを含めて、ホルモンは血液の中を回って体に作用するものなのですが、一部は糞や尿に出てくるのです。それらを使って測定する技術が開発されています。

例えば、カニクイザルで血中と尿中および糞中コーチゾル濃度の変化を調べたところ、それらの変化はパラレルで明らかに採血がストレッサーになったことが分かりました。また、チンパンジーで麻酔によるストレス反応を糞中コーチゾルによって調べたところ、麻酔処置した二日後にそれが上昇し、麻酔処置がストレッサーになったことが分かりました。ただ、これらの方法にも欠点はあります。それは集めるのに手間がかかること、どの個体のものかきちんと分かっている必要があること、個体間で試料が混じり合わないことなどが必要です。

これらの欠点を補う画期的な方法として最近始められたのが、体毛を使う方法です。毛は毛根の細胞が分裂することによって成長し長くなります。この時に血液に含まれているホルモンを毛の中に取り込み閉じ込めるのです。実際にこの手法によって、アメリカの霊長類センターでアカゲザルが建物の建て替えに伴う引っ越しによってストレスを受けたことが明らかになっています。行動の指標については説明しませんでしたが、それを含むこのようなサルに優しいストレス測定法を開発して、できるだけ強いストレスのない環境でサルたちが暮らせるように、努力していきたいと思います。

（鈴木樹理）

72 サルにも花粉症はあるの？

生理と病気

はい、スギ花粉症のニホンザルはいます。花粉症は免疫系がかかわる病気の一つで、アトピー等とともにアレルギー性の疾患として知られています。日本では、これらアレルギー疾患の急増と発症の低年齢化が深刻になっています。私達はその原因として「衛生環境」の変化が、大きく影響していると考えています。サルとヒトのスギ花粉症の比較から、アレルギー疾患とそれへの対策を考えてみましょう。

■花粉症とは

花粉症などアレルギー（正確には即時型・I型過敏反応と言います）を引き起こす要因として三つの因子があります。一つ目はアレルギー誘因物質（アレルゲン＝抗原）です。多くはタンパク質で、スギ花粉症の場合はスギ抗原と呼ばれます。二つ目の因子は抗体です。免疫応答システムは、体に取

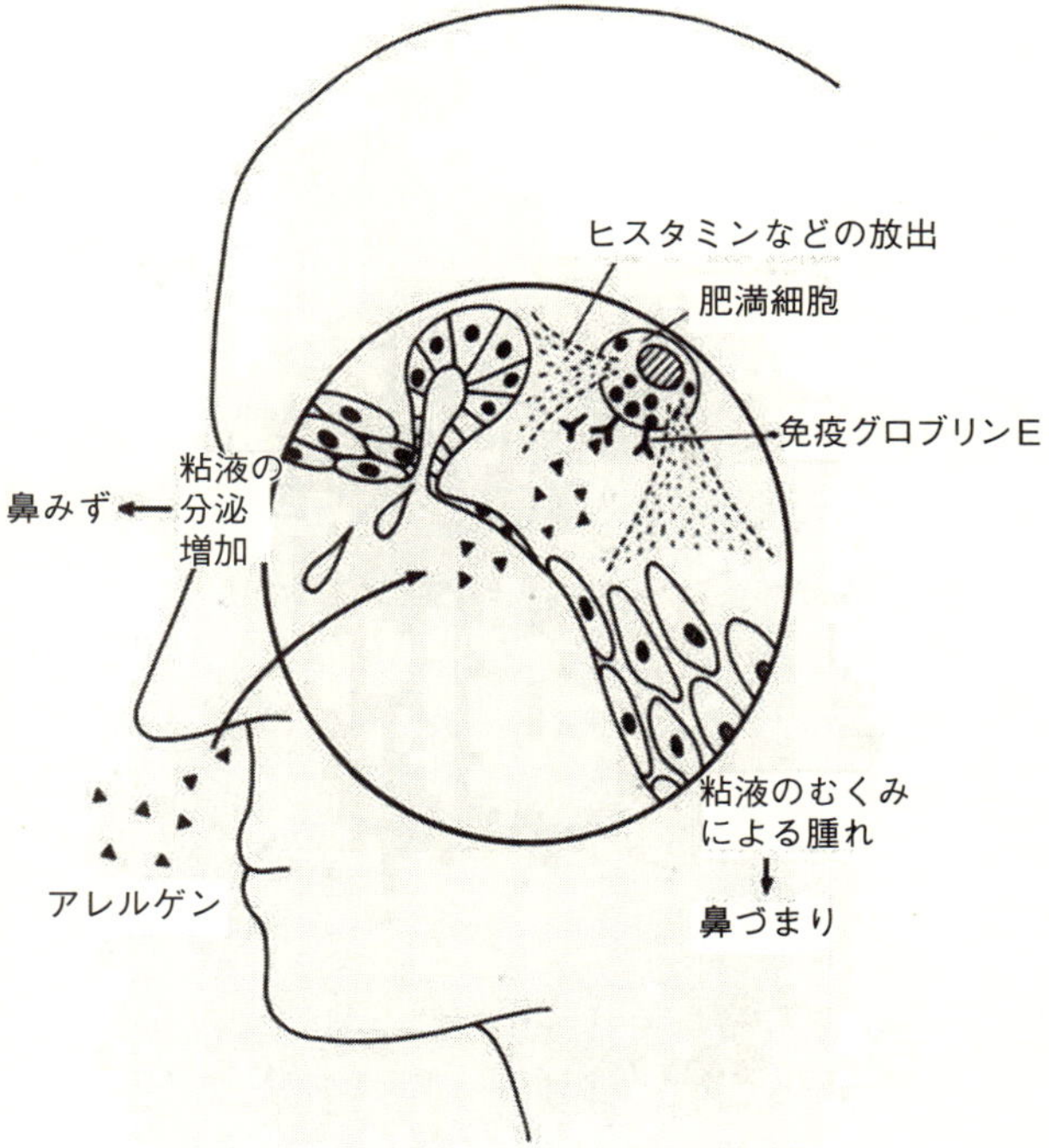

図1　花粉症の起こるしくみ

り込まれた抗原を認知して、免疫グロブリン（抗体：Ig）を作ります。この時、通常はIgG抗体が作られることが多いのですが、アレルギーを引き起こす寄生虫、花粉、食物、ダニあるいはペットの毛などの抗原の場合、それぞれの抗原に特異的なIgE抗体が作られます。

三つ目の因子は、粘膜、組織、皮膚にある肥満細胞（肥満に関連する細胞と誤解を受けやすいのですが、肥満とは関係ありません）です。この細胞の中には、アレルギーを引き起こすヒスタミン等の炎症物質がつまった細胞内顆粒がたくさんあり

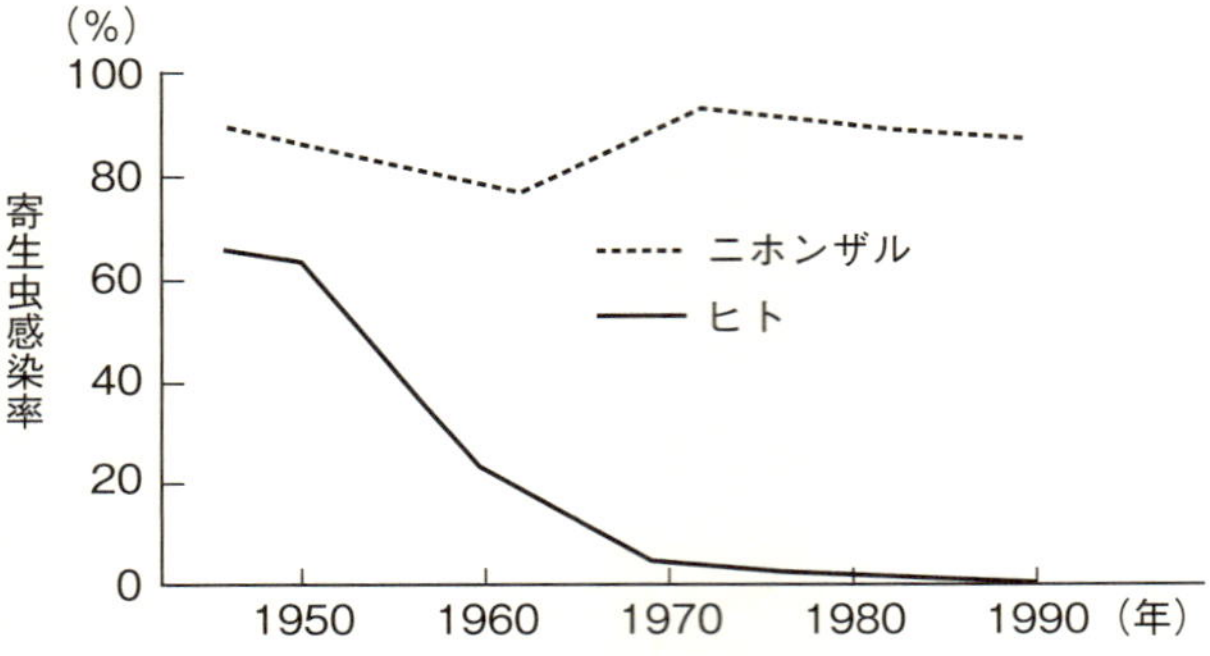

図2　日本人とニホンザルの寄生虫感染率の変異

ます。

図1のように、作られたIgEが肥満細胞の表面に取り付き、それにアレルゲンが結合すると、肥満細胞が活性化されて炎症物質を放出します。炎症物質が目や鼻の組織と血管を刺激し、クシャミ・鼻水・涙目・鼻詰まりなどアレルギー症状が引き起こされます。ちなみに花粉症の症状をおさえる「抗ヒスタミン薬」は、これらのヒスタミンの作用をおさえます。

このアレルギーは治りにくいので嫌われていますが、本来は非常に重要な免疫応答＝侵入異物防御システムとしての役割を持っています。鼻腔《びくう》、口腔《こうくう》、眼、消化管および皮膚は直接、外界に接しているため、さまざまな外来異物や病原微生物が入り込みやすい部位です。特に、野生動物にとって消化管寄生虫と皮膚ダニなどに対する防御システムは、サバイバルの鍵となります。アレルギー要因のIgEが最も大量に産生される部位は消化管で、IgEを介したアレルギー反応が消化管に巣くう寄生虫から身を守ると考えられます。

先進国では衛生環境の改善によって、寄生虫やダニの感染

サル
・スギ特異的 IgE 抗体を持っていても無症状が多い
・花粉飛散期の抗原特異的 IgE 抗体の産生誘導が見られない
・'70年代以降のスギ特異的 IgE 抗体保有率の増加がない
・単一抗原に対する特異的 IgE 抗体の産生
・非特異的 IgE レベルが高い

ヒト
・花粉飛散期に抗原特異的 IgE 抗体の産生誘導が見られる
・'70年代以降のスギ特異的 IgE 抗体保有率の急激な増加
・スギに加え複数抗原に対する特異的 IgE 抗体の産生
・非特異的 IgE レベルが低い

表1　サルとヒトのスギ花粉アレルギーの違い

は稀なケースになっていますが、発展途上国の人びとや野生動物ではありふれていて、これらに対する感染防御システムのアレルギー反応がフルに働きます。図2のように日本でも戦後間もない頃まで、回虫等の消化管寄生虫感染率は高く、六〇パーセント以上でしたが、その後の衛生環境の改善にともない、現在では数パーセントに減少しました。しかし、寄生虫やダニが駆除されるとともに、花粉症・アトピー等アレルギー疾患が急増しました。

■花粉症のニホンザル

一九八六年、私たちはまったく偶然、宮島野猿公苑のニホンザルの中に、スギ花粉症のメスザルを見出しました。このサルはスギ花粉が飛散する春先に目のうるみ、涙目、クシャミ、鼻水などの症状が見られました。また、皮内アレルギーテストをしてみると、スギ花粉抗原に反応性を示し、血中にはスギ特異的 IgE 抗体が認められました。正真正銘のスギ花粉症でした。

その後、全国の野猿公苑や動物園でニホンザルの花粉アレルギーに関するアンケート調査・捕獲調査を行い、国内各地で花粉症のニホンザルが確認されました。自然発症が見られることから、ニホンザルは、ヒトの花粉症・アレルギー疾患を研究するための格好なモデルになりうると言えます。

そこで、より詳しくニホンザルの花粉症を調べてみますと、表1のようにニホンザルとヒトでの相違点が明らかになりました。特に、ヒトと大きく異なる点として、サルでは二〜四月の花粉飛散期に、スギ特異的IgE抗体の産生誘導が認められません。さらに興味深いのは、一九七〇年代から現在までの三〇年間で、スギ特異的IgE抗体陽性率は増加していない点です。また、ヒトのアレルギー患者では、複数抗原（スギ、オオアワガエリ、カモガヤ、ダニなど）を認識する種々の特異的IgE抗体が産生されます。その一方で、抗原の定まっていない、アレルギー抑制にかかわる非特異的IgEは少ない。ところが、サルではスギ花粉抗原を認識する特異的IgE抗体が主体で、くわえて、非特異的IgEはヒトの数十倍のレベルでした。

1. 寄生虫感染
・ 幼児期からの二重感染
非病原性アメーバー原虫
蠕虫性寄生虫

2. IgE 産生
・非特異的 IgE 産生の亢進
・ 特異的 IgE 産生の抑制

3. Th1/Th2 バランス
・ IFN-gの発現亢進
・ IL-4の発現抑制
・結果的にTh1＞Th2 インバランス

？ 原虫/蠕虫類二重感染ではTh1が優勢
？ Th2劣性で非特異的 IgE 産生の亢進

図３　ニホンザルの免疫応答と寄生虫感染・衛生状態

ヒトと異なるサルのアレルギーの特徴を比較検討することで、ヒトでのアレルギー増大の要因解明と、その解決につながる糸口が見つかる可能性があります。花粉症のニホンザルは、自然界のバイオメディカル実験の結果で、アレルギー・免疫異常を制御するための有益な情報を提供しています。こうした視点でニホンザルの免疫応答と寄生虫感染・衛生状態を調べると、図3に示す傾向が浮かび上がり、ヒトではアレルギーを増強する液性免疫系（Th2）の活動が高まりますが、一方、サルではアレルギーを抑制する細胞性免疫系（Th1）の活動が高まっていました。しかも、サルでは先に述べたようにアレルギー反応を弱める非特異的IgEの産生も高まっていました。

このようなサルの免疫特性を生み出すには衛生環境が鍵となることは確かですが、どのような仕組みでそうなるのか、詳細についてはまだ明らかではありません。しかし、もしサルのような免疫環境を模倣することができれば、アレルギー・アトピーの増大を防止することが可能になるかもしれません。もちろん、寄生虫・サナダムシを飲むような非科学的で非衛生的な方法ではありません。ただ、こうした免疫状態を作り出し、実用化あるいは臨床応用するには未解明な点が残っています。これらの課題解明に向けた新しい視点でのアレルギー研究に、サルというモデルを駆使して取り組む必要があります。

（中村　伸）

73 サルにも更年期はありますか？

年を取ってきて生殖の機能が衰えてくると、それを調節していたホルモンが今まで通りには分泌されなくなり、徐々に減少して最後には完全になくなります。更年期とは、これらの分泌が徐々に衰え始めてからなくなるまでの期間だと見なされます。

ヒトの女性では、年を取ってきて生殖の機能が衰えてくると、月経を調節していたホルモンが今まで通りには分泌されなくなり、徐々に減少して、最後には完全になくなります。もう少し詳しくホルモンの分泌の変化から説明します。

大きく分けて二つのことがらが進行します。一つは、卵巣（卵を作り出す器官）から分泌され、卵胞（卵とそれをとりまく多数の細胞のかたまり）を発育させるエストロゲン分泌が排卵前期に減少することと、もう一つはエストロゲン不足による卵胞刺激ホルモン（ＦＳＨ）の濃度が上昇することです。このＦＳＨ濃度の上昇は残った卵胞を刺激し、排卵させます。しかし正常に発育する卵胞がほとんどない場合、排卵（受精）能力は終了し、月経は止まります。これが更年期の中頃に起こる閉経です。

この大きなホルモン変化は体に不調を起こす場合があり、それを更年期障害と呼びます。自律神経中枢の失調によるのぼせや眩暈《めまい》、情緒不安定、不眠などのさまざまな身体的・精神的な不調・異変が起こります。また、エストロゲンの減少に伴って、骨が脆《もろ》くなる骨粗鬆症《こつそしょうしょう》に陥りやすくなります。

ヒトと同じようなメカニズムで月経が起こることが知られているのは、類人猿やニホンザルなど旧世界ザルだけで、新世界ザルや原猿類ではそれがありません。したがって、普通に考えるとヒトと同じように類人猿と旧世界ザルにも更年期があると推測できます。しかし、これらの霊長類に限らず、野生の動物は生殖能力がなくなる前に死んでしまうのが一般的です。

それぞれの個体は、種の存続とその繁栄という役割を担っています。これは言い換えれば、どんどん子孫を増やす役割を担っているということです。つまり野生の状況では、生殖能力のなくなった個体は、生きていても種の繁栄のためには役には立たないのですから、年を取ってそのような状態に近づいた個体は、自然に淘汰されることになり、野生下では更年期の霊長類が観察されることはほとんどないのです。しかし、飼育されている個体ではたまにそこまで長生きする個体もいます。

飼育されているニホンザルやアカゲザルといったマカクの仲間でも老化研究が進んでいて、メスでは二〇歳を過ぎると生殖機能が低下し、繁殖期に入っても排卵が開始される時期が遅くなったり、不規則かつ不完全になったりして、子どもを産む間隔が長くなり、数年後には子どもを産まなくなってしまいます。その後三〇歳ぐらいまで生きます。チンパンジーでは四〇歳ぐらいまでは子どもを産むのですが、その後産まなくなって六〇歳ぐらいまで生きたことが報告されています。

野生の状況では更年期を経て閉経後まで生きている個体が存在しないのに、なぜヒトだけにそういう現象が起こったのか、それが人類の進化という観点から見た時に何を意味するのか、今有力な仮説は、「おばあちゃん仮説」と呼ばれるもので、自分では繁殖に参加しない女性でも、その長い間生きてきた知識や経験によって自分の血縁の子育てを助け、それによって自分の家系の繁栄に貢献する事ができる、というものです。

しかしながら、類人猿、旧世界ザルのみならず新世界ザルや原猿まですべての霊長類について、繁殖機能の老化の研究は特に野生下の状況についてはは始まったばかりです。老化研究が目指すのは、霊長類の進化における更年期と寿命の延長の意味を明らかにすることだけではありません。飼育下の霊長類でもヒトで問題になっているような更年期障害が当然起こっていると予想されるので、その治療といった観点からも生殖機能の老化研究は今後重要性が増すものと思います。

ヒトの男性では四〇歳ぐらいから男性ホルモン（主に遊離テストステロン）が徐々に低下し始めるようです。それに伴い、自律神経中枢の失調によるさまざまな身体的・精神的な不調・異変が起こります。以前は通常のうつ病と診断されていたかなりの例が、更年期障害であるとわかってきました。

サルの場合ほとんどデータがないのですが、アカゲザルで若いサル（六～九歳）と年を取ったサル（二一～二六歳）の生殖関連ホルモンの分泌動態を比較したところ、年を取ったサルでは日中に黄体刺激ホルモン（ＬＨ）の量が減少し、それにともなってテストステロンの濃度が低くなっていました。ですから、やはりサルのオスにもヒトと同じように更年期があると考えられます。

更年期障害についてもヒト同様、メスと同じようにオスのサルでもあるだろうと予想されますが、まだ明らかではないのでこれから研究を進める必要があります。

（鈴木樹理）

74 サルや類人猿からヒトに、ヒトからサルや類人猿に感染する病気はある？

生理と病気

サルとヒトとでは、共通の感染症が数多くあります。そのような感染症を外から持ち込むことを防ぐために、新しく外からサルが研究所に入る場合には九週間の「検疫」を行います。「検疫」の期間中は「検疫舎」という隔離された建物で、一頭ずつ個別に飼育します。身体検査、血液検査で健康状態をみて、結核、赤痢、サルモネラ、Ｂウイルスなどのよく知られた感染症を持っていないか検査をするとともに、未知の病気を発症しないか、九週間、様子をよく観察します。研究所の環境や餌に慣らすというのも、検疫期間の重要な役割の一つです。

サル（マカクザル）を飼育する上でとても重要なのは、Ｂウイルスというヘルペスウイルスの一種です（「75　サルのＢウイルスって何？」）。サルでは感染しても普段は潜んでいて、時々、口内炎程度の症状を引き起こしますが、ヒトに感染すると痙攣《けいれん》や麻痺などの神経症状から、死に至ることもあります。逆に多くのヒトが持っている単純ヘルペスは、普段はおとなしく潜んでおり、発症しても口の周りに小さな水疱をつくる程度でおさまりますが、サルが感染するとひどく重症になり、死に至ることもあります。

このように、普段からサルと接するときには、ヒトからサル、サルからヒト、どちらの方向の感染も起こさないよう十分に注意をする必要があるのです。そのために、霊長類研究所では、サルの飼育や実験の区域と、研究室などの人の区域とを分離しています。所員は通常の健康診断だけでなく、結核診断も必ず受けます。サルの近くで作業する場合は、決まった上着と帽子、手袋、ゴーグル、マスク等を着用することが義務づけられています。特に、サルの移動などの際には、確実にハンドリング（扱う）する、あるいは麻酔を施し、咬傷《こうしょう》、引っ掻き事故を防止することなど、細かい取り決めが作られて、新しくサルと接するヒトは、初期訓練を受けることになっています。

研究者が調査でアフリカやアジアの熱帯地域へ行く際にも、調査中に感染症にかからないように十分に注意する必要があります。感染症にかかってしまうと、本人が病気で辛い思いをするだけでなく、持ち帰って日本のヒトや霊長類に広げてしまう、いわゆる「輸入感染症」の危険性もあります。逆に、調査地で絶滅の危機に瀕している貴重な野生霊長類に、ヒト由来の感染症をうつしてしまう危険性もあります。熱帯地域の感染症で特に重要なのは、マールブルグ病やエボラ出血熱というフィロウイルスによる出血熱で、感染力が強く、死亡率も高い病気です。一九九四年には森で見つけたチンパンジーの死体を解剖した研究者が、エボラ出血熱に感染したという事故がありました。中央アフリカでは多くのゴリラやチンパンジーの命も、エボラ出血熱によって奪われています。

黄熱、デング熱やマラリアなど、蚊によって媒介される病気もあります。特に、マラリアにかかってしまった研究者の話は少なくありません。マラリアを媒介するハマダラカは日本にもいますし、温暖化によって増える恐れもあるので、今日本にないからといって、将来も安全とは言い切れません。

コレラや鳥インフルエンザ、新型インフルエンザなどにも十分注意する必要があります。

近年コートジボワールのタイという森で、チンパンジーの間に流行し、死亡個体も出た呼吸器感染症の原因が、ヒトからうつったと思われるウイルスだったという報告がありました。野生チンパンジーの病気の原因を特定するのはとても難しいのですが、国際チームが遺伝子工学の技術を駆使して可能にしました。同様にタンザニアのマハレやゴンベなどチンパンジーの長期研究で有名な場所でも、呼吸器感染症の流行によって複数個体が死亡するということが過去に何回かあり、ヒト由来の病原体が原因である可能性が高いと言われています。

二〇〇〇年以降、タンザニアの国立公園では研究者や旅行者が野生霊長類を近くで観察する際のルールが作られました。旅行者はチンパンジーから一〇メートル、研究者は七・五メートル以上離れて観察すること、マスクの着用、呼吸器症状のある人はチンパンジーの観察に行かないこと、旅行者は一時間以上、一ヵ所に留まらないことなどが盛り込まれています。まだ完全に守られているとは言えないようですが、このルールが作られ、ゴンベでは二〇〇二年、マハレでは二〇〇六年以降、チンパンジーの呼吸器疾患による死亡は確認されていないそうです。

学術調査やエコツーリズムは野生霊長類の生息地に大きな利益をもたらしていますが、感染症という思わぬ副作用もあるのです。自分の身を守るためにも、希少な霊長類を守るためにも、調査や観光に出かける際は、感染症についての正しい知識を持ち、予防できるものはワクチンの接種、蚊帳や虫よけスプレー、予防薬を飲むなど十分に予防し、感染を最小限にすることがとても大切です。

（宮部貴子）

75 サルのＢウイルスって何？

生理と病気

ヒトとサルは近縁で、病気、特に感染症でも共通する場合が多くあります。そういった人獣共通感染症の中で、あまり知られていませんが、死亡に至るような重い症状をもたらす病原体に、Ｂウイルスがあります。Ｂウイルスは、ニホンザル・アカゲザル・カニクイザルなどマカクザルに広く自然感染し、サルが感染してもほとんど無症状か、非常に軽度の口内炎などですみます。しかし、ヒトが感染すると重い脳脊髄炎を起こし、死亡例が報告されています。このＢウイルスは二〇世紀前半に初めての感染死亡例を出し、注目されるようになりました。

一九三二年一〇月二二日、ニューヨーク大学助教授（ニューヨーク市衛生局ポリオ研究部長兼任）のウィリアム・Ｂ・ブレブナー博士（二九歳）がポリオ（小児まひ）ウイルス実験に用いていたアカゲザルに、二本の指を噛まれました。その後、神経障害、急性脳髄膜炎および呼吸困難の症状が急速に進み、一一月九日にニューヨークのベレビュー病院で死去しました。わずか二週間半ほどの急性感染死亡であったため、一一月一〇日付「ニューヨーク・タイムズ」でも報道されました。

当初、この病原体が何であるか不明でしたが、ゲイ博士とホールデン氏が遺体から採取された組織を用い、ヒト単純ヘルペス様のウイルス性病原体を検出し、故人のファーストネームを取って「Ｗウイルス」と名付けました。その後、セイビン博士とライト博士がさらに詳しく研究して、一九三四年にヒト単純ヘルペスとは異なるウイルスであることを明らかにし、故人の姓にちなんで、「Bウイルス」と命名しました。以降、このBウイルスの名称が広く受け入れられています。

これまで米国を中心にマカクザルを用いた研究者・実験従事者・飼育管理者で、二〇件以上のBウイルス感染死亡例が報告されています。そのため、Bウイルスは危険度が最も高いレベル－4の病原体に指定され、マカクザルを扱う実験・飼育関係者にはBウイルス感染事故の防止が強く求められています。しかしながら、マカクザルが生息する日本・中国・インド・東南アジア諸国では、Bウイルス感染の頻度が高い事が予想されるにもかかわらず、これまで感染死亡例は報告されていません。

日本を含めアジアでは、これまで、Bウイルス感染を前提にした感染要因検査がなされていなかったために、実際に感染死亡例があったとしても見のがしていた可能性があります。あるいは、米国を中心に起きた感染死亡事故では、ポリオワクチン開発やエイズ研究に利用されているサルからの感染で、それらのサルでは、実験にともなって、何らかの免疫抑制が起こり、自然感染では見られない大量のBウイルスが増殖し、感染リスクが高まったことによる事故かも知れません。図1に示すように、Bウイルスに類似する他のサルヘルペスウイルス（ヒヒヘルペスウイルス：HVP2、オナガザルウイルス：SA8）では、ヒトの感染死亡例が見られず、危険度も二段階低いレベル－2にランクされています。そうした観点から、ヘルペスウイルスの中でBウイルスとそのヒト感染に関しては特異的で、なぜ致死的なケースが起きるのかBウイルス研究者にとって大きな課題です。

Bウイルスはサルからサルへの感染でも、他のヘルペスウイルス（図1）とは異なり、感染してい

Bウイルス　(BV)

マカク B Virus, Monkey B Virus,
Herpesvirus simiae,
Cercopithecine herpesvirus type 1

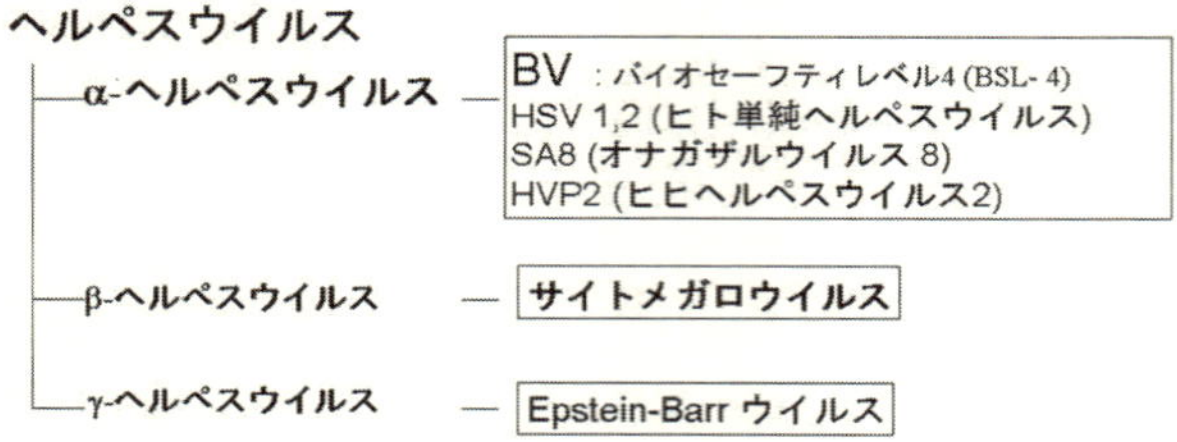

図1　Bウイルスに類似する、他のサルヘルペスウイルス

る母親との同居飼育や、感染サルがたくさんいる群れ飼育においても、図2のように、二〜三歳になってはじめて感染が認められます。類似のサイトメガロウイルスやエプスタインバーウイルスでは、母親が感染していれば、生後六ヵ月以内に子ザルも感染することを考えると、Bウイルス感染の遅発性には特別の要因があるのかもしれません。二〜三歳のマカクザルになると性行動らしき行為も始まるため、Bウイルス陽性サルから生殖器粘膜を介して感染する可能性も示唆されていますが、その可能性は低いと考えます。

筆者らは、違うメカニズムを推測しています。Bウイルスが宿主の細胞内に取り込まれるためには、細胞表面タンパク質のネクチンが必要になります。このネクチンの生成量が〇歳では低く、一方二〜三歳では相当量が生成されるため、それまでは感染感受性が低く抑えられているのではと考えています。

Bウイルスは通常のサルでは潜伏感染状態にあり、この状態なら感染しているサルに噛まれても感染事故の危

第6章　生理と病気

図2　BV陽性コロニーにおけるコザルBV抗体価の変化

険性は高くはありません。しかし、感染ザルが、グループ飼育から個別飼育、飼育ケージの移動、あるいは長距離移送などによって、ストレスを受けると、潜伏状態の不活性ウイルスが活性化され、口腔（こうくう）粘膜や生殖器粘膜から排出されます。

また、数十頭のオス・メスのニホンザルを壁で囲まれた放飼場に入れておくと、図3に示すように、繁殖期（一〇〜一二月）にオスのサルでBウイルスの活性化が見られます。興味深いのは、この時、メスではほとんどウイルスの活性化が見られない点です。したがって、飼育環境の変化や繁殖期のストレスがウイルス活性化の要因になるので、こうした状態ではBウイルス陽性サルの取り扱いには格段の注意が必要になります。

国内の野猿公苑や放飼場群のニホンザル一四群について、私たちはBウイルスの感染状況を調べました。その結果、一〇群でBウイルス陽性のニホンザルが見つかりました。予想外だったのは、四群でBウイルス自然感染のサルが見られなかったことです。冒頭で、マクザルではBウイルスが見られ、ニホンザルでの囲に自然感染していることに触れましたが、ニホンザルでの広範

図3　BV陽性コロニー飼育成体のBV抗体価季節変動

　マクザルは生物学・医学の実験研究に広く用いられていますが、こうしたBウイルス非感染の群れ、感染前の二〜三歳の子ザル、あるいは遺伝子ワクチン接種したマクザルを効率よく利用すれば、Bウイルスの感染事故を防ぐ事ができます。また、運悪く感染を疑う事故にあっても、抗ヘルペスウイルス薬のアシクロビル等を服用すればウイルス増殖が止まり、死亡にいたる可能性はごく低いので、Bウイルスを必要以上に恐れることはありません。

（光永総子・中村　伸）

調査結果から、海外でもカニクイザルやアカゲザルでBウイルス非感染の群れが見出されるかもしれません。

76 エイズはサル起源なのですか？

後天性免疫不全症候群、いわゆるエイズとは、エイズウイルス、正式にはヒト免疫不全ウイルス１型（ＨＩＶ－１）への感染により起こる病気です。ＷＨＯの調査では、現在もなお世界で三〇〇〇万人以上の人々がＨＩＶ－１に感染しエイズによる死の恐怖と闘っています。また先進諸国では唯一日本だけ、今もＨＩＶ感染者が増加しています。

長年の研究成果により、ＨＩＶ－１の増殖を抑制する抗ウイルス薬が多数開発されてきました。このため、現在では不治の病ではなくなりつつあります。しかし残念ながら、こうした薬をもってしても、まだウイルスを体内から排除することは困難で、患者さんはエイズ発症を予防するため高価な薬を飲み続けなければなりません。また発展途上国の人々は、こうした薬を入手することも容易ではないのが現状です。このため、感染リスクのある地域に住む人々のために有効な予防ワクチンを開発すべく、精力的な研究が進められています。

エイズは昔からあった病気ではなく、今からおよそ三〇年ほど前、一九八一年にアメリカで初めて報告されました。この原因ウイルスであるＨＩＶ－１は、一九八三年フランスのモンタニエらの研究グループにより発見され、この功績により二〇〇八年ノーベル生理学医学賞が授与されたことはまだ

記憶に新しいところです。エイズウイルスに感染すると、体の免疫システムの中心的役割を担っているヘルパーTリンパ球細胞がだんだん減少していきます。そのため無症候期（通常五〜一〇年間）において徐々に免疫機能が低下し、やがて通常では見られないような（正常な免疫力のある人では起こらない）慢性下痢症、カリニ肺炎やカポジ肉腫を発症するようになります。この状態が「エイズ」と呼ばれるものです。

さてこのような人類にとって大きな脅威となっているエイズウイルスとは、いったいどのように出現したのでしょうか？　この謎を解くカギは、サルエイズウイルス（正式名称はサル免疫不全ウイルス：ＳＩＶ）の発見にありました。当時、アフリカに住む各種サル類にＨＩＶ-1同様のウイルスが自然感染しているのではないか、こうしたウイルスがヒトに感染したのではないか、と予想されていました。そこで世界中の研究者が精力的に調査を行った結果、一九八〇年代末から一九九〇年代初頭にかけて、予想通りＨＩＶに似たウイルスが次々と分離同定されました。中でも、東京大学医科学研究所（当時）の速水正憲らによるアフリカミドリザルおよびマンドリル由来ＳＩＶの発見は世界初でかつ画期的なものでした。なぜなら、これらウイルスの分子遺伝学的解析により、ＳＩＶはＨＩＶ-1と遺伝子レベルにおいて大きくかけ離れたものであることが明らかになったのです。

もしＨＩＶ-1の由来がＳＩＶであるとすれば、そのＨＩＶ-1のウイルス遺伝子はＳＩＶに似たものでなければならなかったわけで、このことからサル類由来ＳＩＶは遠い昔、おそらく数十万年以上前にそれぞれのサル種に拡がったことが証明されたのです。

ではＨＩＶ-1はどこから来たのでしょうか？　実は、類人猿であるチンパンジーが持つウイルスがHIV-1の起源だったのです。すなわちチンパンジー由来エイズウイルスは、HIV-1のウイルス遺伝子と比較して極めて近似していました。おそらく食用としてチンパンジーを捕獲していたころ、血液を介してヒトに感染したものと想定されています。

ところでガーナやコートジボワールといった国々がある西アフリカ地域では、第二のヒトエイズウイルス、HIV-2が分布しています。HIV-2はHIV-1と異なり、世界的な流行もほとんど起こっておらず、また感染してもエイズを発症する割合はHIV-1と比べはるかに低いことが知られています。西アフリカに見られるスーティマンガベイというサルからも他のアフリカ産サルと同様にSIVが発見されていますが、実はこのSIVはHIV-2と非常に類似していました。すなわち、HIV-2はスーティマンガベイの持つSIV由来だったのです。今なお、アフリカでは食肉用としてサルなどの野生動物をマーケットなどで売買することが一般的で（bush meatと呼ばれます）、こうしたことがサルからヒトへのエイズウイルス感染の原因となったことが容易に想像できます。

ちなみに、SIVに自然感染しているサル類はエイズにならないことが知られています。つまり長い年月を経てエイズウイルスはその宿主であるサル類と共存するようになったのです。HIV-1に感染したヒトにおいても必ずしもエイズになるわけではないようです。こうした場合、ウイルス自身は体内でわずかながらも増殖し続けているにもかかわらず、免疫力は低下せず、ウイルスに対して抵抗性を有するヒトが一定の割合で見られることが明らかにされています。おそらく遠い将来、HIV-1も人類と共存するようになるのでしょう。

（明里宏文）

77 サルはアルツハイマー病になりますか？

生理と病気

ヒトを含めて、霊長類は一般に長寿です。生理的寿命で比べると、例えば南米にすむ小型のマーモセットは一二～一五年、ニホンザル等のサルは二五～三〇年、チンパンジーやゴリラ等の類人猿は四〇～五〇年、そしてヒトは九〇～一〇〇年も生存しますが、イヌは七～一〇年、ラットやマウスはわずか二～三年です。サルの老齢期は二五歳以上とされていますが、高齢ザルの脳はどうなっているのでしょうか。驚いたことに二九歳（老年期）の脳は、外見的には六歳（若年期）の脳とほとんど変化が見られませんでした（写真1）。

一方ヒトでは、加齢とともに脳が萎縮することが知られていますが、特にその顕著な例がアルツハイマー病です（写真1）。この病気が進行すると、神経細胞が死滅し、記憶力が減退し、今やったばかりのことを思い出せなかったり、道に迷ったり、親や兄弟、ときには鏡に映った自分自身すらわからなくなったりします。

アルツハイマー病患者の脳を調べるとシミのような「老人斑」と、神経細胞内に「神経原線維変化」と呼ばれる蓄積物が多数存在します。これらの蓄積物に関する生化学的、分子生物学的研究が、一九八〇年代から世界中で精力的に行われました。その結果、「老人斑」の主成分はアミノ酸が四〇

〜四二個つながったアミロイドβ《ベータ》ペプチド（Aβ）であり、「神経原線維変化」はリン酸化したタウ（τ）というタンパク質であることが明らかにされました。タウやAβの前駆体タンパク質（APP）は、神経細胞の発達に関与することが知られています。しかし脳が老化したり、アルツハイマー病になったりしてAβの分解が進まず、脳内に蓄積するとタウのリン酸化が起こって、神経細胞が死滅するのです。

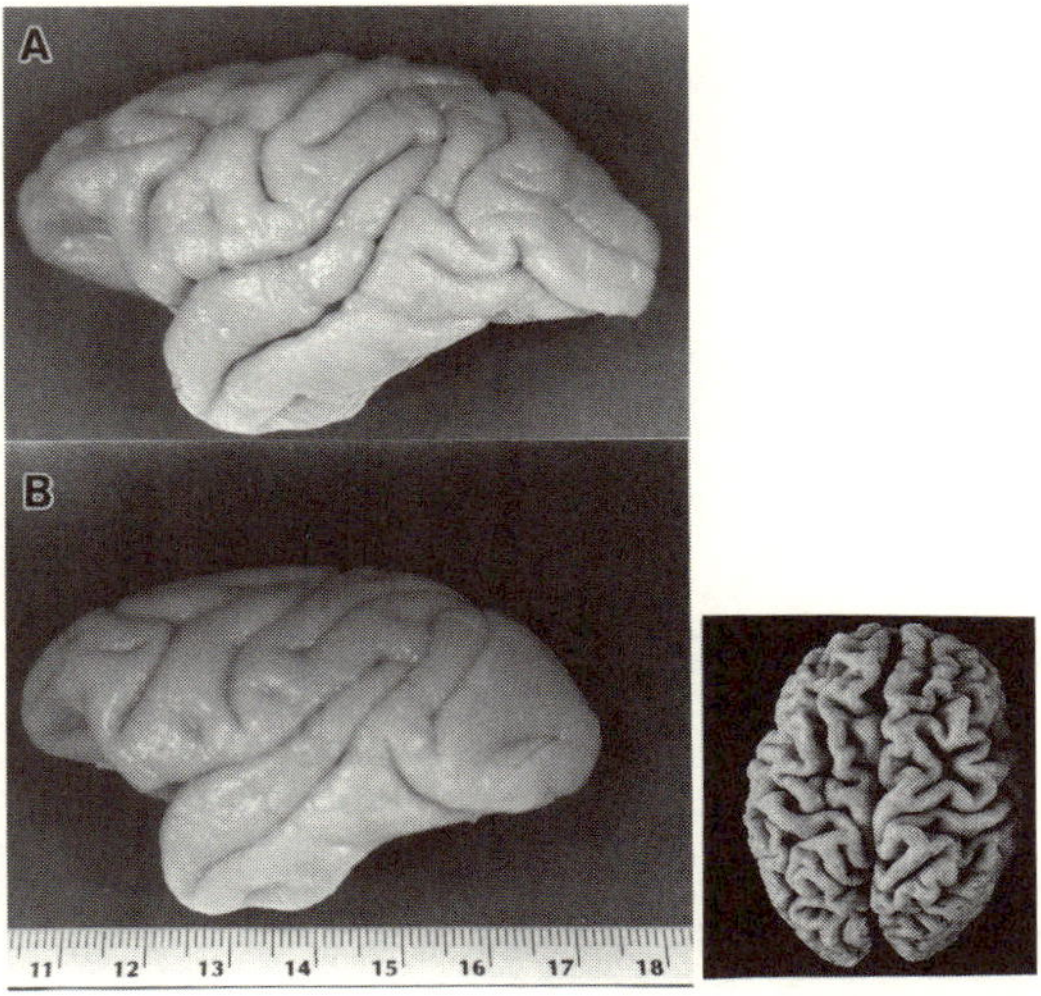

写真１　メスのニホンザル６歳(A)と29歳(B)の脳左外側面。加齢による形態変化はほとんど見られない。右下図はアルツハイマー病患者の脳

現在アルツハイマー病の病理学的特徴としては、脳内に「老人斑」と「神経原線維変化」が観察されること、そして「神経細胞が脳内で多数死滅していること」の三つが基準とされています。近年、磁気共鳴画像法（ＭＲＩ）によって脳の萎縮が観察でき、また認知機能検査でもある程度アルツハイマー病の診断が可能となっています。

では、ヒトに近縁のサルはアルツハイマー病になるのでしょうか。二五歳以上の老齢ザルは背中が曲がり、すばやい動きができなくなり、じっとしていることが多くな

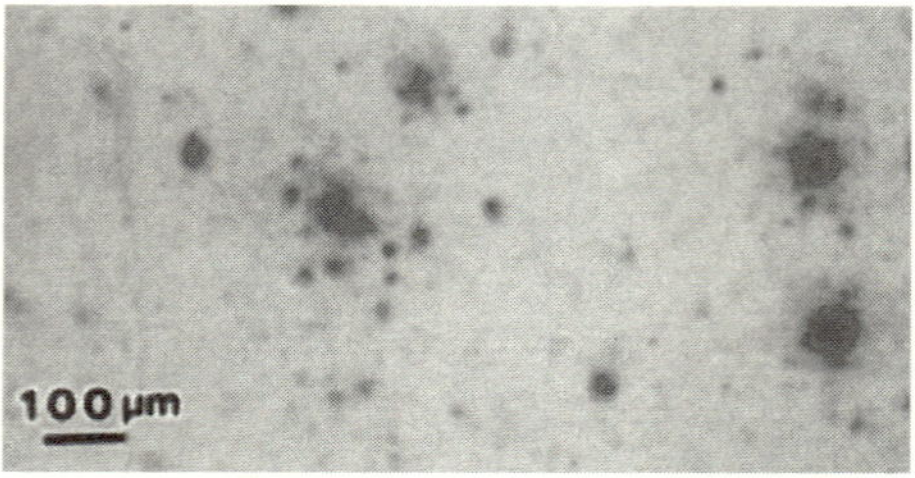

写真2　メスのニホンザル29歳の前頭葉に観察された老人斑。（林：Central Nervous System Agents in Medicinal Chemistry誌，第8巻，220ページ，2008年より）

ってきます。また記憶学習能力も落ちていることが知られていますので、明らかに脳機能は低下しています。ではサルに前述の三つの基準は見られるでしょうか。

「老人斑」については、高齢の原猿類、新世界ザル、旧世界ザル、類人猿の脳内には存在することが報告されています。写真2は、二九歳のニホンザルのメスの前頭葉に見られた「老人斑」です。興味深いのは、マダガスカルに生息しているグレイネズミキツネザルでも「老人斑」が観察されています。この原猿類は体重五〇〜八〇グラムと小型ですが、寿命は一〇〜一二年と長寿なのです。ちなみにこのサルと大きさの近いネズミは、寿命が二〜三年で、「老人斑」は全く観察されません。

次に「神経原線維変化」については、高齢の原猿類、新世界ザル、旧世界ザルには観察されないことが報告されています。一部の類人猿に「神経原線維変化」の第一段階が見られたという報告もありますが、これについてはまだ確認されていません。将来ＭＲＩ等の手術や解剖によらない方法で、高齢類人猿を対象にした研究が必要です。

「神経細胞の死滅」についてはどうでしょう。アルツハイマー病では三〇〜七〇パーセントもの神経細胞が死滅することが知られています。一方アメリカのアラン・ピータースらは、五歳から三二歳までのサルの前頭葉について詳しく調べ、全く神経細胞が死滅していないことを報告しています。しかし高齢ザルでは神経細胞から出ている突起は、萎縮して短くなっているということが最近報告されています。いずれにしろアルツハイマー病で見られるような多数の神経細胞の死滅はサルでは起こっていないようです。

さて、新しい記憶をたくわえるのに関わる海馬《かいば》は、アルツハイマー病で神経細胞の死滅が著しい脳領域です。サルではこの部位の老化に伴う変性は観察されていないので、現時点ではアルツハイマー病のサルはいないと考えられます。

私たちのグループは、ソマトスタチンや脳由来神経栄養因子（BDNF）の生産量が、三〇歳を超えたサルの海馬や大脳で著しく低下することを発見しました。アルツハイマー病患者の脳でも、ソマトスタチンとBDNFが顕著に減少することが報告されています。

ソマトスタチンは神経細胞で作られるペプチドホルモンで、さまざまな機能がありますが、脳では記憶に関係します。BDNFは神経細胞の生存に不可欠です（「80　霊長類の脳の発達にはどのような特徴がありますか？」）。興味深いことに脳内にAβが蓄積するとBDNFが減り、その結果、ソマトスタチンも減少することが明らかになりました。したがって、老齢ザルはアルツハイマー病になる前段階の症状を示していると考えられます。この点からも、高齢ザルを対象にしたアルツハイマー病発症のメカニズムに関する基礎研究が重要です。

（林　基治）

78 サルもパーキンソン病になりますか？

生理と病気

パーキンソン病は、様々な動作を学習・記憶し、まとまった運動を滑らかに行うために重要な役割を果たしている、大脳基底核の働きが悪くなる病気（大脳基底核疾患）です。パーキンソン病は、大脳基底核の一つである黒質に分布しているドーパミン細胞（神経伝達物質としてドーパミンを使って信号を線条体に伝える神経細胞）が変性・脱落することによって発症し、身体が動きにくい（無動）、筋肉や関節が硬くなる（固縮）、手足が震える（振戦《しんせん》）などの重い運動障害を伴います。発症年齢は二〇歳代から八〇歳代とかなり広いですが、六〇歳を過ぎると発症率が急激に高くなることから、パーキンソン病は、アルツハイマー病とともに、老化と強い関係があることがわかっています。

このように、大脳基底核は、小脳とともに、随意運動（自分の意志で行う運動）の発現と制御に深く関係した脳領域です。大脳基底核には、入力部である線条体と出力部である淡蒼球内節《たんそうきゅう》や黒質網様部を直接連絡する「直接路」と、介在部である淡蒼球外節と視床下核を介して間接的に連絡する「間接路」の二つの神経路が存在しますが（図）、これらの神経路の活動性を調節している線条体の細胞は、黒質緻密部からのドーパミン信号によって活動が強くなったり弱くなったりします。パーキンソン病の場合には、このドーパミン信号が欠落することによって直接路と間接路が活動異常を来し、そ

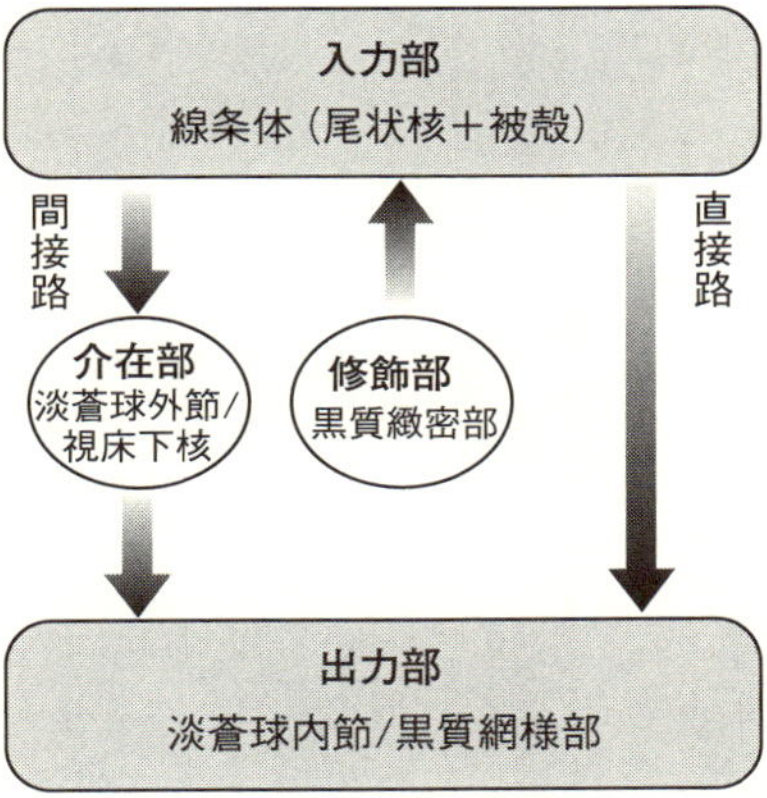

図　大脳基底核の分類

の結果、様々な運動症状が現れるわけです。

パーキンソン病の原因や病態を研究する上で、モデル動物を開発することは必要不可欠です。事実、ドーパミンの類似物質である6-OHDA（6-ハイドロキシドーパミン）がドーパミン神経毒として働くことから、一九八〇年半ばまではこの薬物を黒質ドーパミン細胞に作用させてモデル動物を作製するのが主流でした。今日でもラットによる研究では、6-OHDAが一般的に使用されています。しかし、6-OHDAはドーパミン細胞をかなり特異的に破壊できる反面、無動、固縮、振戦などのパーキンソン病に特徴的な運動症状を忠実に再現できないという欠点がありました。

そこで登場したのが、一九八三年に初めて報告されたMPTP（1-メチル-4-フェニル-1,2,3,6-テトラハイドロピリジン）です。MPTPは元来、合成ヘロインの製造工程で偶然発見された化合物で、これを誤って取り込んだ人がパーキンソン病によく似た症状を示したとの報告に続いて、サルに投与することによってパーキンソン病の有効な霊長類モデルを作製できることが発表されました。写真にMPTPを投与したサルの組織像を示しましたが、黒質から線条体に連絡するドーパミン細胞が脱落していることがよくわかると思います。もちろん、このようなサルでは、無動や

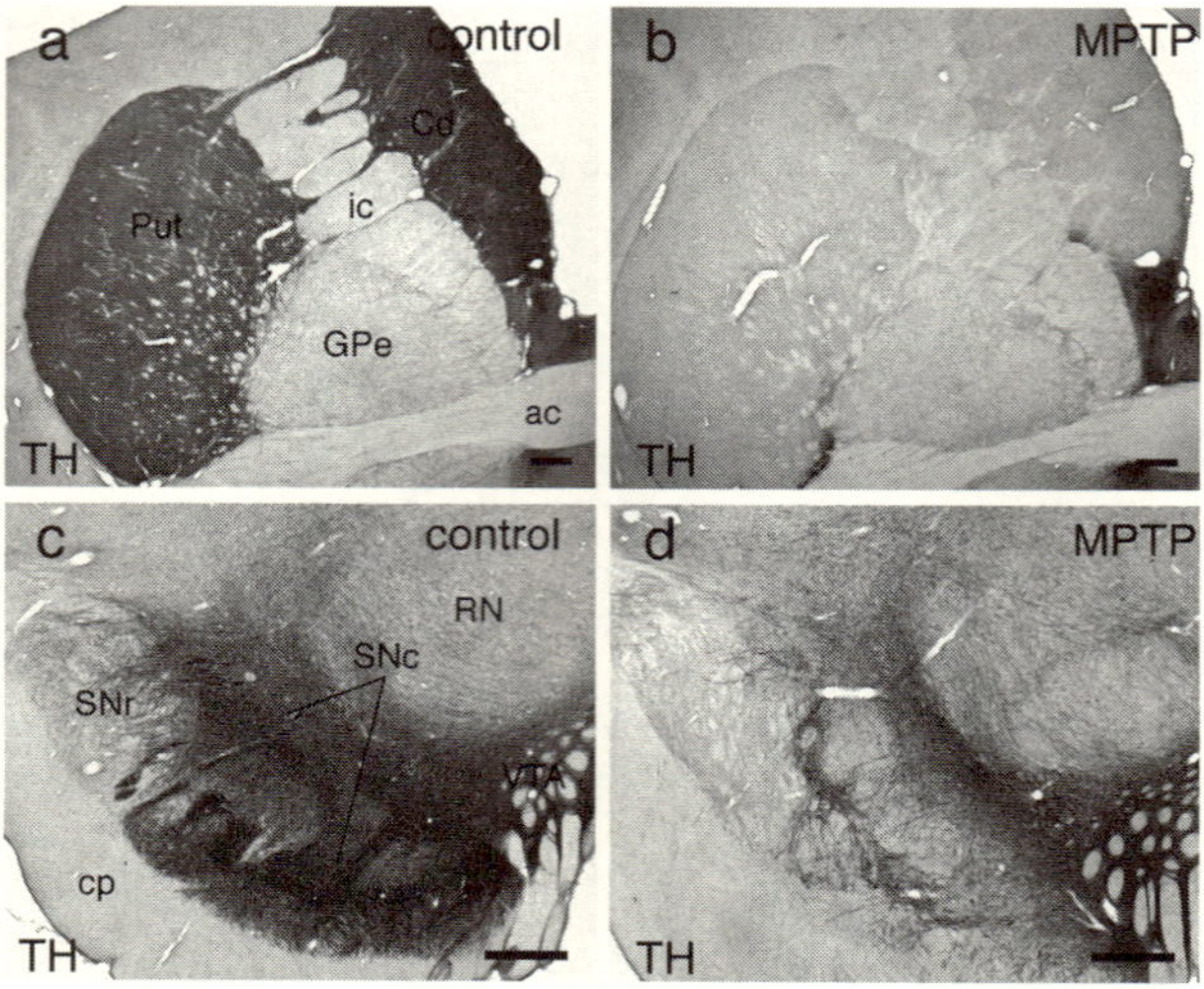

写真　パーキンソン病モデルザルの大脳基底核におけるドーパミン合成酵素（チロシン水酸化酵素；TH）の免疫活性
　aとbは線条体で、cとdは黒質。また、aとcは健常な対照動物で、bとdはMPTPを投与したパーキンソン病モデル動物。ac、前交連；Cd、尾状核；cp、大脳脚；GPe、淡蒼球外節；ic、内包；Put、被殻；RN、赤核；SNc、黒質緻密部；SNr、黒質網様部；VTA、腹側被蓋野。

固縮などの運動症状が顕著にみとめられます。
　さて、ここでの質問「サルもパーキンソン病になりますか？」に対する答えですが、たしかにＭＰＴＰのような薬物を使うと答えは「イエス」です。しかし、これまで自然発症したと思われるパーキンソン病のサルを筆者自身、見たことがありません。たしかに老齢ザルでは、写真に近い程度にドーパミン細胞が脱落した個体をしばしば確認することがありますが、そのような個体でもパーキンソン病様の運動障害は観察できません。パーキンソン病の病因としては、遺伝因子よりもむしろ、様々な環境因子が関わっていることがよく知られています。その点からも、パーキンソン病の発症メカニズムを解明し、それを克服する方策を検討するためには、今後も霊長類モデルを使って研究を進めていくことが必要です。

（高田昌彦）

79 サルの体に麻痺が起きても治りますか？

生理と病気

体を動かそうと思っても、思うように動かせない状態のことを麻痺（運動麻痺）と言います。麻痺の原因や、その程度にもよりますが、軽い場合には通常の生活を送っていると自然に治ることもありますし、もう少し重い場合でもリハビリテーションによって治ることもあります。

麻痺は、中枢神経系（脳と脊髄）や末梢神経系の運動情報を筋肉に伝える経路が、外傷や炎症などで働かなくなったときに見られます。サルにも、もちろん麻痺が起きます。ヒトの場合でも、サルの場合でも、麻痺の起きていない部分を上手に使ったり、麻痺の起きた部分の機能を回復させたりする能力があります。

ヒトの場合は、脳梗塞《こうそく》や脊髄損傷で手足が麻痺した場合には、医師、作業療法士、理学療法士などの協力のもと、患者さんがリハビリテーションに励みます。リハビリテーションには、麻痺の起きていない部分で麻痺した部分の機能を補うタイプのものと、麻痺の起きた部分の機能そのものの回復を目指すものとがあります。後者にはサルを用いた実験からの知見が活かされています。たいへんな努力を伴いますが、麻痺の起きた部分を何とか使おうとすることで、徐々に元の運動機能が回復していくのです。「精密把握《はあく》」を例にとって説明しましょう。

精密把握とは、ものを指先でつまむ動作のことです。精密把握はものを強力に握りしめる握力把握に比べて力は入りませんが、細かなコントロールができる利点があります。この動作が最も上手なのは何と言ってもヒトです。ヒト以外にはニホンザルの仲間やフサオマキザルもこの動作ができますが、原始的なサルや、霊長類以外の動物は行うことができません。

精密把握ができるかどうかは、手の構造以外に、脳と脊髄の構造が大きく関わっています。運動は、最終的には脊髄の運動ニューロンが興奮して筋肉を刺激し、収縮させることで生じます。どの筋肉がどういう時間経過で収縮して一連の運動が生じるかは、脊髄のどの運動ニューロンがどういう時間経過で情報を伝えるかにかかってきます。運動ニューロンは、大脳皮質の一次運動野という部位のニューロンが直接、あるいは間接に情報を伝えることによって興奮します。脳梗塞や脊髄損傷で手足の運動が麻痺するのは、この情報伝達ができなくなるからです。

大脳皮質から脊髄に直接情報伝達をする神経路を皮質脊髄路といいます。皮質脊髄路が最も発達しているのがヒトで、ニホンザルなどがそれに次ぎます。ヒトやニホンザルの皮質脊髄路の中には、大脳皮質のニューロンが運動ニューロンに直接シナプスを作っている結合があります。それ以外は、脊髄の介在ニューロンを中継して情報が伝わります。この直接シナプス結合の有無が、精密把握ができるかどうかに深く関わっており、精密把握ができないサルや、霊長類以外の動物には、この直接シナプス結合がほとんど、あるいは全くないのです。この直接シナプス結合に関わる軸索のほとんどは、大脳皮質の一次運動野の後方のニューロンから出ているので、一次運動野後方は進化的に新しいと提唱する人もいます。

サルでも、一次運動野が働かなくなったり、皮質脊髄路の情報伝達が遮断されたりしたら、麻痺が生じます。当然精密把握もできなくなります。私たちは麻痺の生じたサルの回復過程を調べました。最初のうちは、全くものをつかむことができません（もちろん、指先でつまむこともできません）。しかし、最初はつまみやすいものを、徐々につまみにくいものをつまむように訓練すると、初めのうちは不自然な形でつまんでいたのが、だんだんと元のように指先でつまめるようになりました。

ところが、このような訓練をしなかった場合は、かなり時間が経っても、もののつまみ方は不自然なままで、つまみやすいものはつまめるのですが、つまみにくいものは全くつまむことができるようになりませんでした。運動機能を十分に回復させるためには、適切な訓練が必要だったのです。

精密把握が回復したときに脳の働きを脳の血流を指標にしてＰＥＴ法で調べると、普通の状態ではあまり活動していない脳部位が働いていることがわかりました。普通は、右手でものをつまむときには左半球の一次運動野が強く活動し、その他の脳部位はあまり活動しません。ところが、リハビリテーションのような訓練をして、麻痺が回復したときには、運動前野や体性感覚野、右半球の一次運動野などが活発に働いているのです。脳の働き方が変わり、運動に必要な情報を送ることができる部位が協力して、何とか動かそう（情報を伝えよう）としているのです。

これらの部位では、ニューロンの軸索が伸びて、神経回路の構造が変化するときに増えるタンパク質が、盛んに合成されています。訓練によって新たな神経回路が作られ、脳内のネットワークが働きを変えて、必要な機能を達成していると考えられます。

これからまず調べていかなければならないのは、どの神経回路がどのように変化することが回復には重要か、です。さらに、それにはどのような内容やスケジュールの訓練が有効であるか、あるいは回復を助けるような薬剤や刺激等の補助手段はどういうものかなどを明らかにしていかなければなりません。これらの基礎研究が、失われた機能が回復し、患者さんがよりよい生活を送れる手段の開発につながるでしょう。

異なるアプローチもあります。たとえば脊髄損傷の患者さんに対して、一次運動野からニューロンの出している信号を読み取って、それを電気刺激に置き換えて筋肉を収縮させ、運動機能を取り戻させようという試みです。運動指令を出す脳と、運動する筋は損なわれていないので、中間を結びつければ回復するという発想です。あるいは、脳の信号で義手や義足を動かす試みもなされています。このような技術をＢＭＩ（ブレイン・マシン・インターフェイス）と呼びます。コンピューター技術と脳科学が両方、進歩してきたことによって実現可能性が高まり、研究が盛んになってきています。

わたしたちは、運動機能が不幸な事故などで損なわれてもできるだけ早く、小さな負担で回復することができるよう、サルを用いたリハビリテーションの研究によって、回復メカニズムの解明を進めています。基礎研究を踏まえたリハビリテーションの進歩やＢＭＩの進歩によって、機能回復がより小さな負担で効果的なものになることを期待しています。

（大石高生）

生理と病気

80 霊長類の脳の発達にはどのような特徴がありますか？

ヒトの脳が他の動物と大きく異なっているのは、学習や思考などに関わる大脳皮質が著しく発達している点です。サル（マカク）の大脳皮質もラットと比べると格段にヒトに近いので、発達過程の分子レベルでの解明が進んできました。ここでは大脳皮質を構成している細胞に焦点を絞って述べていきます。

大脳皮質を構成している細胞には、記憶等に関わる神経細胞と、神経細胞に栄養を与えたり保護したりするグリア細胞との二種類があります。脳研究は主に神経細胞を研究対象として発展してきましたが、最近はこれまであまり注目されていなかったグリア細胞も脚光を浴びています。例えば、グリア細胞は神経細胞や他のグリア細胞同士と情報のやりとりを行い、後述するシナプス形成に関わり、シナプスが形成される位置の決定に重要な役割を果たしていることがわかってきました。

ではサルの大脳皮質がどのように発達していくのか、ラットとヒトとを比較の対象にして考えてみましょう（図1）。受精卵が子宮に着床した時点を出発点とする日齢（着床後日齢）で比較します。大脳皮質の神経細胞が増殖する期間は、ラットでは一六日齢から開始して、たったの五日間ほどです

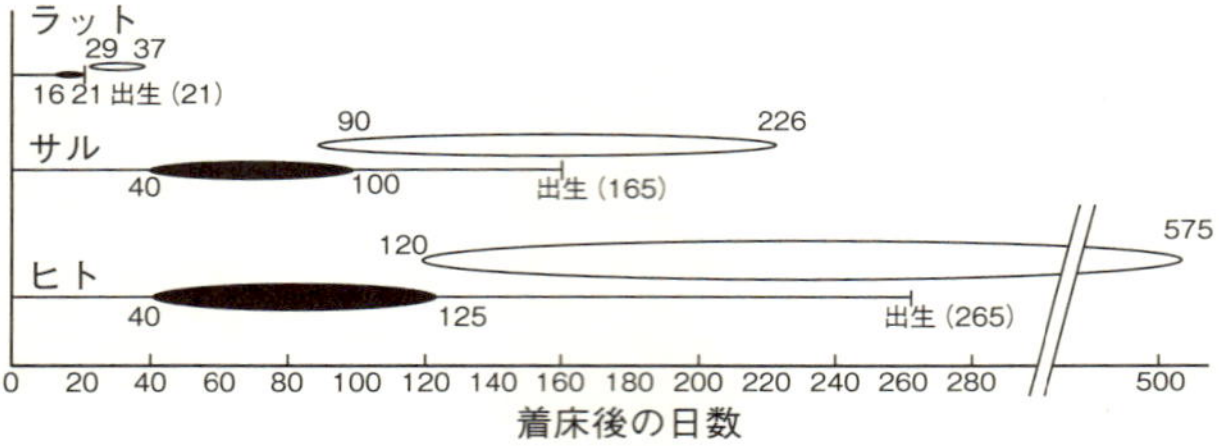

図1　ラット、サル、ヒトの大脳皮質における神経細胞の増殖期間（⬬）とシナプス形成期間（⬭）。ラットでは生まれるまで神経細胞を作り、生後にシナプスが作られる。サルとヒトでは胎生期に神経細胞が作られ、シナプスは胎生期から生後まで長期間作られる

が、サルでは四〇日齢で始まり約六〇日間、ヒトでは四〇日齢からの八五日間ぐらいです。神経細胞の数は増殖期間の長さによって決まるので、ラットは二億、サルは六〇億、ヒトでは一四〇億もの膨大な数になります。しかしここで注目すべきことは、神経細胞はいったん、非常に多く作られ、その後アポトーシス（自然細胞死）が起こり、この数に落ち着くということです。

ラットでは神経細胞が増殖を終えるとすぐ出生ですが、サルやヒトでは神経細胞の増殖が終了してから出生するまでの期間がずいぶん長いことになります。増殖を終えた神経細胞は、複数の神経細胞や神経細胞から伸びた突起とシナプスという構造によって連絡し合って、複雑な神経回路網を作り上げていきます（図2）。シナプスがいつ、どのように作られていくのかは、個体により全く異なり、その個体の個性を生むとさえ言われています。シナプスの形成過程は、発達神経科学の最も興味深いテーマの一つとなっています。また脳は大脳、小脳、中脳などさまざまな領域に区別されますが、どのようなメカニズムで作られるのかについて、ヒトを含めた霊長類ではほとんど解明されていませんので、これについて

も今後の重要な研究テーマです。

　さて、大脳皮質におけるシナプスの作られる時期とその期間は、ラットでは生後二日から一六日の約一四日間、サルで着床後九〇日から生後六一日（着床後日齢では二二六日）のおよそ一三六日間、ヒトでは着床後一二〇日から生後三一〇日（着床後日齢では五七五日）の約四五五日間です（図1）。このようにヒトを含む霊長類ではシナプスは出生前から作られ始め、生後もずっと非常に長い期間にわたって作られます。霊長類の脳はラットよりはるかに複雑なので、それを正確に作り出すためには、このような長い期間が必要なのです。またサルやヒトではシナプスは出生後も長期間さかんに作られるので、胎生期の環境とともに生後の外部環境もたいへん重要です。こうしてサルやヒトの脳では非常に多くのシナプスが作られ複雑な神経ネットワークが作り上げられていきます。

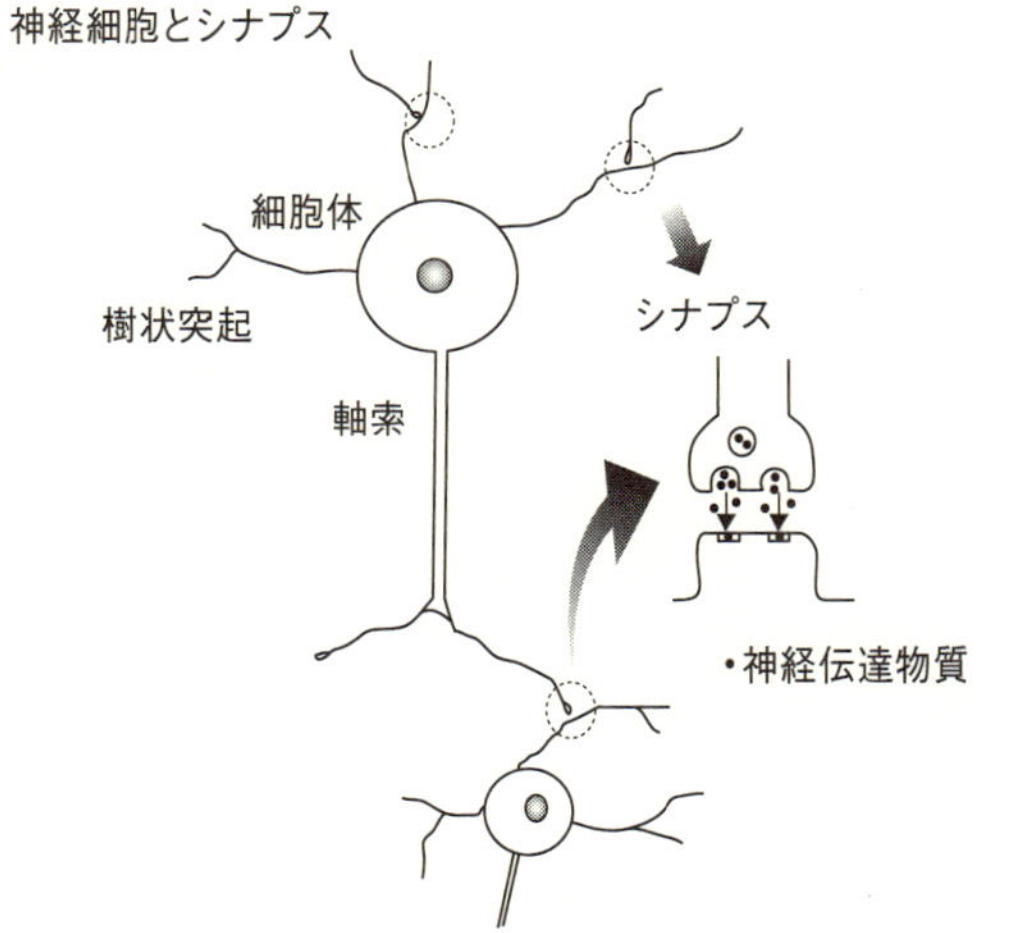

図2　神経細胞はシナプスという構造によって神経回路網を作る

　ただ不思議なことに、ヒトを含めた霊長類ではせっかく作られたシナプスは、ある時期、間引かれるという現象があります。一方ラットでは、シナプス数は生後に増加した後は死に至るまでほとんど変化しません。サルではシナプス数は生後一～六ヵ月齢に最大となり、その後三～四歳までに半分になります。ヒトでは生後一年頃がピークでその後六歳ごろまでに半減します。

いったいどのようなメカニズムで、このようにシナプスがいったん余分に作られ、その後、除去されるのでしょうか。私たちはシナプス形成に重要な分子として、脳由来神経栄養因子（ＢＤＮＦ）に注目して、研究を行ってきました。ＢＤＮＦの分泌には、神経細胞の電気活動によって増加したり減少したりする不思議な性質があるからです。前述のように霊長類では胎生時期からシナプスが作られますが、生後、神経活動が盛んになると、神経細胞のシナプスからＢＤＮＦが分泌され、活動の強いシナプスだけが残されると考えられています。サルの大脳皮質では、シナプス数の変化と一致してＢＤＮＦ量が生後一～六ヵ月齢に最大となり、その後、半減することを私たちのグループは発見しました。私たちはＢＤＮＦが大脳皮質のシナプスの形成と神経回路網の構築に、最も重要な分子の一つと考えています。

興味深いことに育児放棄されたラットの海馬ではシナプスの数が少なく、その理由はＢＤＮＦの分泌量が少ないためだと報告されています。私たちヒトでも育児環境が子どもの脳の発達に著しい影響をおよぼす可能性があります。このことに関連して二〇〇八年ハーバード大学のグループは、ＢＤＮＦは主に抑制系のシナプスの形成に重要であると、マウスを用いた研究により報告しています。ヒトではどうなのかを知るために、大脳皮質がよく発達しているサルでの研究が必要です。

これまで述べてきたように、脳の発達のプロセスが正常に進行するということは、その個体の生活にきわめて重要であり、この点からも、ヒトと同様の発達過程を示すサルの脳を対象とした研究が、今後ますます重要になってきます。

（林　基治）

81 サルが運動する時、ヒトと同じように脳がコントロールしているのですか？

生理と病気

ヒトやサルなどの高等動物が運動するときには、脳の中のどの場所が働くのでしょうか？

一七世紀になって初めて、大脳に運動機能と密接に関係した領域が存在することが提唱され、一九世紀後半には、弱い電気刺激を加えたときに運動（筋収縮）が誘発される場所が大脳皮質の前頭葉に存在し、この部分を損傷すると麻痺（筋収縮が起こらず、運動ができない状態）が生じることが実験的に証明されました。このような場所は一次運動野と呼ばれていて、中心溝のすぐ前方に位置します（図1）。一般的に運動野と呼ばれている領域は一次運動野に相当します。一次運動野は運動指令を作り、脊髄を介してそれを筋肉に伝えるための中心的役割を担っています。解剖学者のブロードマンは二〇世紀初頭に、神経細胞の形や分布（細胞構築）に基づいて大脳皮質の領野を区別した脳地図を作成し、一次運動野に相当する領野を四野と分類しました。

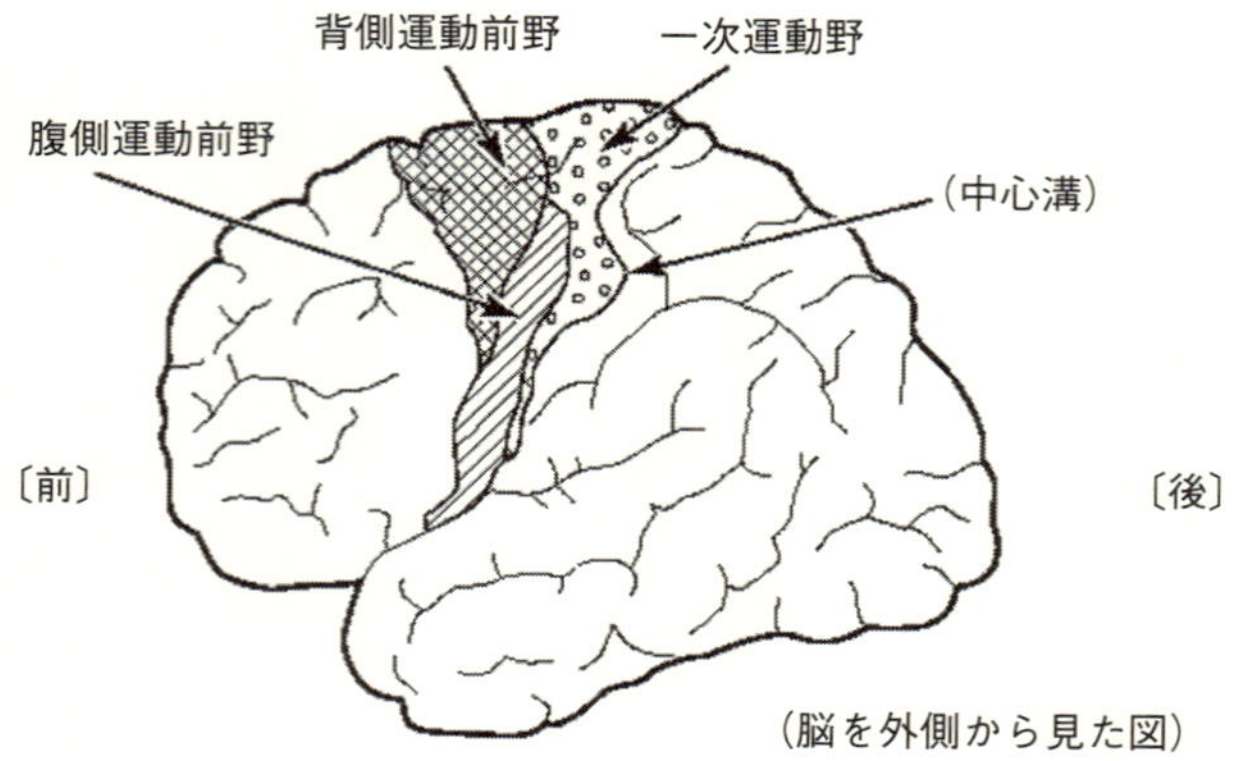

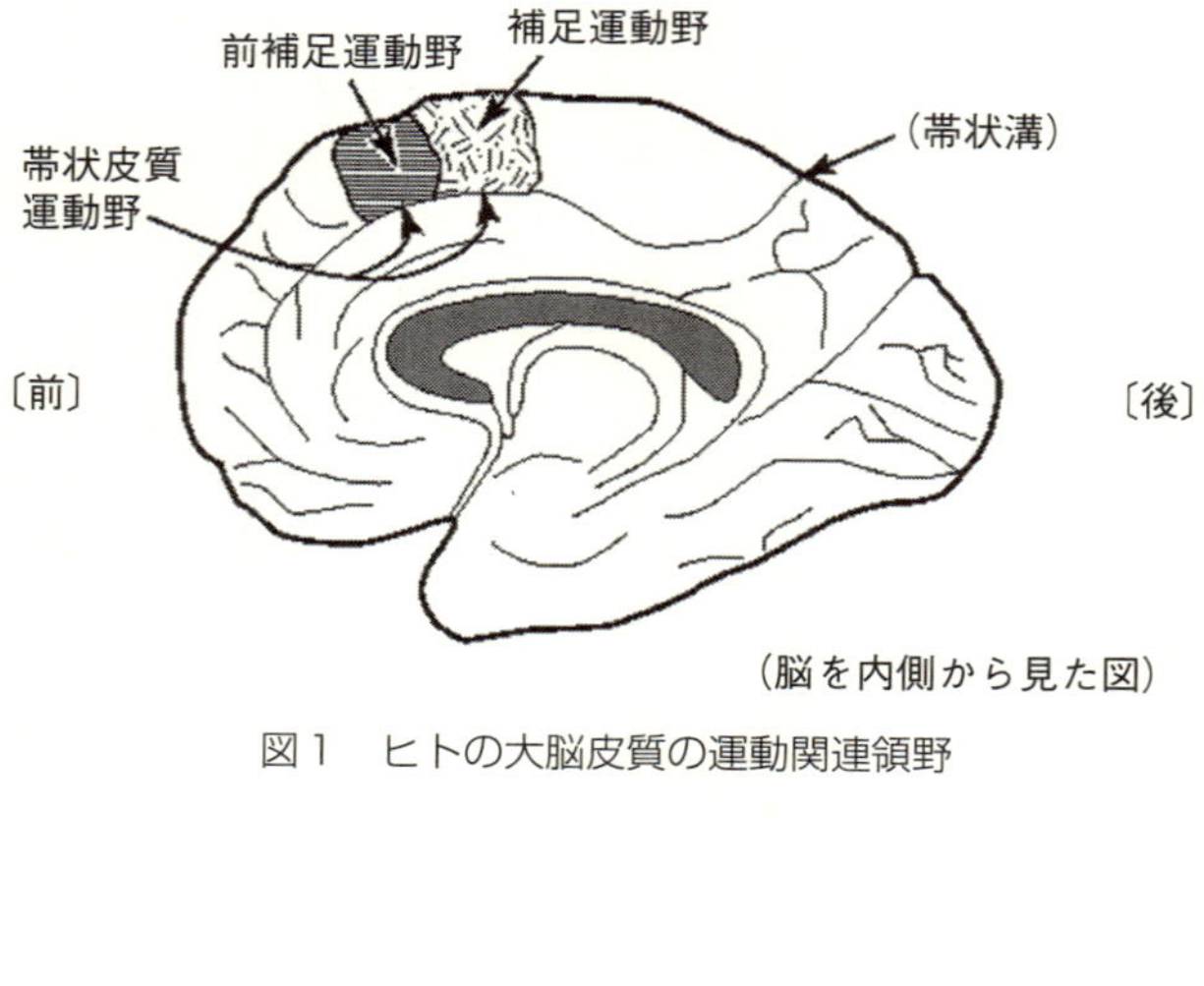

図1　ヒトの大脳皮質の運動関連領野

脳には一次運動野以外にも、大脳皮質の前頭葉に運動機能と密接に関連した領野（運動関連領野）が多数存在します。まずヒトの大脳皮質を外側から見てみると（図1上）、一次運動野の前方に運動前野があります。運動前野は前述のブロードマンによる分類では六野に相当し、背側運動前野と腹側運動前野の二つに分けられています。次に大脳皮質を内側から見てみると（図1下）、補足運動野がありまず。補足運動野は一次運動野の次に発見されたので、二次運動野と呼ばれたこともありました。補足運動野の前方には前補足運動野が存在します。これらの運動野は帯状溝よりも上方に位置しますが、これらとは別に、帯状溝に埋まるようにして帯状皮質運動野が存在します。一次運動野以外の運動関連領野、すなわち、背側運動前野、腹側運動前野、補足運動野、前補足運動野、帯状皮質運動野を総称して高次運動野（高次の運動制御を行っている領域）と呼びます。

実は、高次運動野はサルを含む霊長類で発見・定義され、後にヒトで確認されたという経緯があります。つまり、高次運動野に関する詳しい研究は主にサルを用いて進められてきたわけです。図2に示したサルの高次運動野の構成と配置をヒトのものと比べると、ヒトとサルでは大脳皮質に刻まれたしわ（溝）の数にはかなりの違いが見られるものの、両者は基本原則がきわめてよく似ていることがわかります。

では、なぜこのように多数の運動関連領野が存在するのでしょうか？　私たちは様々な状況に対応し、様々な目的を達成するために運動を行います。その際、身体を取り巻く外界の情報や身体そのものの情報、さらに過去の学習をとおして得た記憶情報に基づいて、運動を選択し（どのようなタイプの動作を行うか？）、企画し（どのような手順で行うか？）、構成します（どのような時間的・空間的

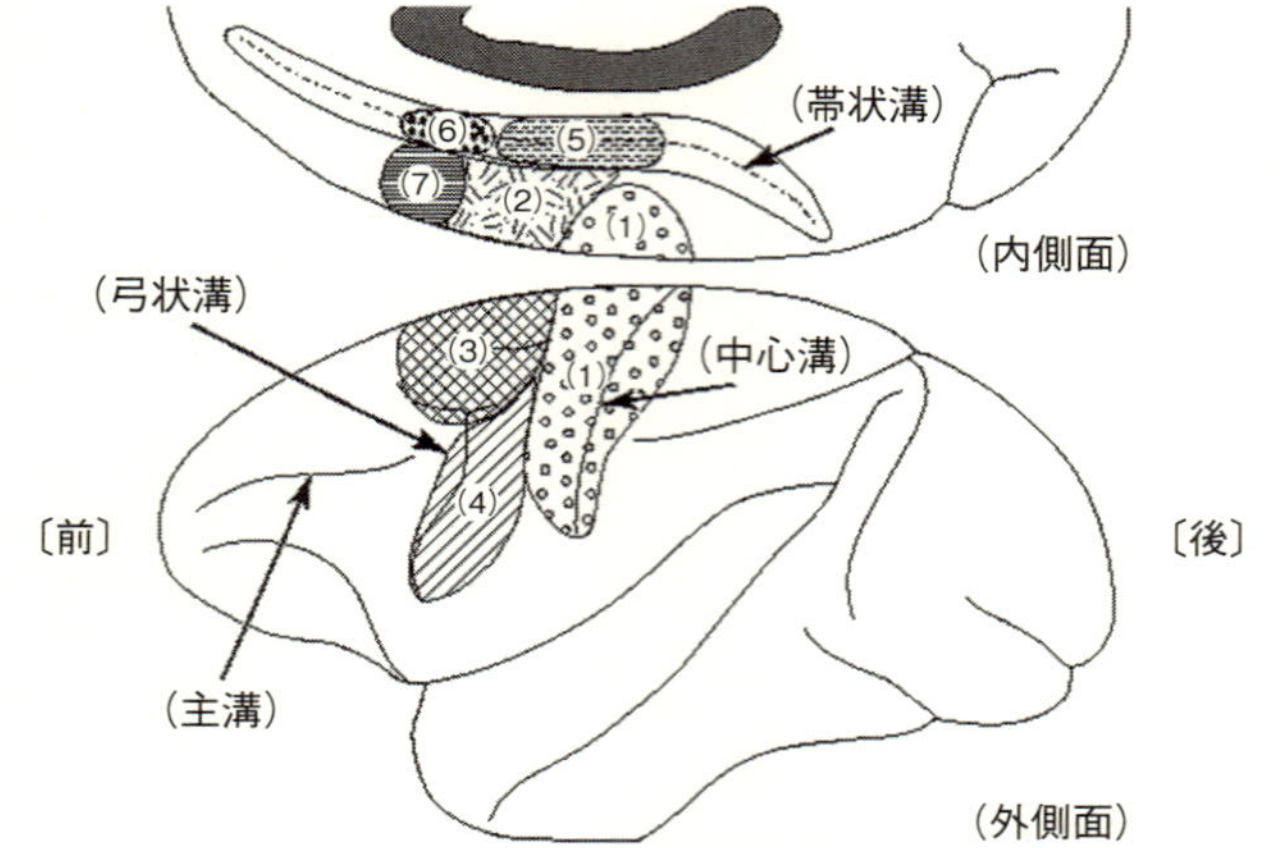

図2　サルの大脳皮質の運動関連領野
1．一次運動野　2．補足運動野　3．背側運動前野　4．腹側運動前野　5．帯状皮質運動野尾側部　6．帯状皮質運動野吻側部　7．前補足運動野

パターンで行うか?」)。しかし、それらの情報は認知情報として大脳皮質の連合野（前頭連合野や頭頂・側頭連合野）に集められていますが、連合野は一次運動野と直接連絡を持ちません。したがって、目標設定や組み立てが異なる運動を実行するために、参照すべき認知情報は連合野から様々な機能を分担する高次運動野にいったん送られ、そこを介して一次運動野へと送られることになります。すなわち、高次運動野は、運動の発現と制御に必要な入力信号（認知情報）を供給する連合野と出力信号（運動指令）を形成する一次運動野を橋渡しするインターフェイスとして働いていると言えます。

一次運動野や高次運動野の機能についてはまだわからないことがたくさん残っていますが、サルを使った研究によって、「個々の運動野はそれぞれどのように役割分担しているか？」「個々の運動野の間をどのような情報がどのように運ばれているか？」などの疑問が今後つぎつぎと解決されていくことが期待されます。

（高田昌彦）

82 脳内物質はサルとヒトとで同じですか？

生理と病気

結論から言うと、基本的には同じです。しかし、細かく見ると量が違ったり、物質の構造が少し違ったりします。では、どこが同じでどこが違うかを説明しましょう。

脊椎動物の脳は基本的に同じ構造をしていて、ただ動物の種類によって脳の部位の大きさの割合が異なります。さらに脳の中の細胞は、情報処理の主役と言えるニューロン（神経細胞）、グリア細胞（ニューロンに栄養補給をしたり、ニューロンの軸索に絶縁体であるミエリン鞘《しょう》を巻いたりする細胞の総称）、および血管細胞で、これも共通しています。これらの細胞は、それぞれ特徴的な物質を作り出し、細胞に特有の機能を果たしていますが、サルとヒトとでは（それどころか魚とも）大きな違いはありません。

ニューロンはさまざまな形をしていて、さまざまな神経伝達物質をシナプス（ニューロンとニューロンあるいは他の種類の細胞（筋細胞など）との情報のやり取りの場）に分泌することによって、情報を伝えます。神経伝達物質には、グルタミン酸やＧＡＢＡ（γ－アミノ酪酸）、アセチルコリン、ドーパミン、セロトニン、ノルアドレナリン（ノルエピネフリン）など、さまざまなものがありますが、これらの低分子物質はどの動物でも共通です。一方、ある種のニューロンは情報のやり取りに神経ペプチドと呼ばれる分子を使います。これは少数のアミノ酸が結合した分子で、脳内には数十種類が存在します。神経伝達物質をシナプスで受け取る受容体や、シナプスから運び去るトランスポーターは、タンパク質からできています。

これらのペプチドやタンパク質は、DNA上の遺伝情報に基づいて合成されます。進化の過程でDNAの配列が変化して、ペプチドやタンパク質の構造が動物の種類によって違うことがよくあります。ヒトとサルのような近縁な動物の間でも、少し異なっていることがあります。少しの違いによって、働きが違うこともあり、目や鼻のような感覚器官では、受容体タンパク質の構造の違いが刺激応答特性や感度に直結しています。しかし、脳の場合は、ヒトとサルのように近縁であれば、構造の違いは、脳の機能に単純に直結していません。

ヒトとサルの脳は基本的には非常によく似ていますが、大きさが全然違います。ヒトは霊長類の中で最大の脳を持っています。ただ、脳全体がサルと同じ割合のまま大きくなっているのではありません。大脳皮質が大きくなり、中でも前頭前野という額の部分の領域が非常に大きくなっています。この拡大が、神経ネットワークの複雑化を生み、他者が何を考えているかの推測、言語の使用などヒトらしい脳の使い方を生み出す原動力になっていると考えられます。

では、ヒトの脳もサルの脳もほとんど同じ物質でできているのに、それを形作るニューロンなどの細胞の数が違い、脳の領域のプロポーションが違うのはなぜなのでしょう？　その疑問に対する完全な解答はまだありませんが、脳の形成に関わるタンパク質とそれを作り出す遺伝子が関係しているのは確かです。そういうタンパク質・遺伝子の中に、ヒトとサルとで違うものがいくつか知られています。

まず第一は、小頭症関連遺伝子と呼ばれるものです。小頭症関連遺伝子に変異が生じると、脳が小さくなってしまいます。小頭症関連遺伝子は少なくとも六種類ありますが、詳しく調べられている二つは、いずれも胎児期にたくさん発現すること、神経細胞が分裂する部位で発現することがわかっており、脳が形作られるときのニューロンの細胞分裂に関わっていると推測されています。さらに、これらの遺伝子では、ヒトがチンパンジーとの共通祖先から分かれた過程で、短期間にたくさんの変化が起こったこともわかってきました。しかし、この遺伝子の違いだけではヒトの脳とサルの脳の大きさの違い、脳領域のプロポーションの違いを説明することはできません。

言語に関わる遺伝子として注目されたものにＦＯＸＰ２遺伝子があります。ある種の言語障害（構音異常や文法の障害）が多発する家系で、この遺伝子の変異が見つかったことが注目のきっかけになりました。その家系の人の脳の構造や活動をＭＲＩ（磁気共鳴画像法）で調べると、運動学習に重要な役割を果たす線条体という脳部位の構造が異常で、線条体や大脳皮質の言語野の活動低下が観察されました（「87　ヒトやサルのゲノムレベルの特徴は？」参照）。

その家系の人と同様の変異をＦＯＸＰ２遺伝子に起こしたマウスでは、ある種の発声の頻度が下がったりしました。ＦＯＸＰ２は線条体で、特に発達初期に多く発現する転写因子（ＤＮＡに結合して、他の遺伝子の転写を制御するタンパク質）であるという点は、線条体を中心とする神経ネットワークの形成を制御している可能性が高く、非常に興味深いものです。しかし、実はFOXP2遺伝子は進化的には、非常に保存性が高く、ヒトとチンパンジーで二塩基、ヒトとマウスで三塩基の違いしかありません。したがって、この遺伝子を言語能力やヒトとサルの脳の差異に、安易に結びつけるのは無理があります。

さらに最近注目されているのはノンコーディングRNAです。DNAからRNAが転写され、RNAから翻訳されてタンパク質が合成されるという、セントラルドグマはみなさんご存じだと思います。しかし最近のゲノム解析から、タンパク質の合成につながらず、RNA自体が最終産物になるノンコーディングRNAが非常に多いことがわかってきました。ノンコーディングRNAの中には、タンパク質の翻訳を制御する働きを持つものがあります。その働きによって、細胞の分化を含めた発生の制御を行うものも知られています。HAR1と呼ばれるノンコーディングRNAは胎児期にカハール・レチウスニューロンと呼ばれる特定のニューロンでたくさん作られることから、大脳皮質のニューロンの分化や移動の制御に関わっていると推測されています。このHAR1は、ヒトとチンパンジーの間で、配列がチンパンジーとニワトリの間よりも九倍多く異なっていることから、ヒトの脳の特異性を生み出している可能性があります。

もともと脳に関連する遺伝子は、免疫系に関連する遺伝子などと比較すると、進化の過程での変化が比較的小さいことが知られています。脳では、多種多様な細胞によって、複雑な構造が作られています。それらの細胞は、複雑なネットワークの中で働く多様なタンパク質を合成しています。このため、遺伝子の変化によるタンパク質の機能変化がほとんどの場合は不利に働くからでしょう。このため、神経伝達物質が多くの動物で共通するだけでなく、その受容体やトランスポーター、さらに細胞内情報伝達系に関わる物質も多くの動物で共通、あるいは非常に似ているのです。

同じおもちゃのブロックを使っても、組み立て方によって全く違うものを作り出すことができます。それと同じように、全くあるいはほとんど同じ脳内分子を使っていても、その組み立て方、つまり脳ができてくるときのタンパク質の発現の時間的・空間的パターンを変えることによって、細胞の数も変わり、細胞間の連絡のしかたも変わり、ヒトに特有の脳、サルに特有の脳ができあがってくるのです。

ですから、素材の違いを探すよりも、遺伝子の転写の調節やタンパク質の翻訳の調節の時空間的パターン、つまり脳の組み立て方を変えるような分子（転写因子やノンコーディングＲＮＡ）を探究することが、ヒトに特有の脳、サルに特有の脳を理解することにつながります。おもしろいことに、そういう分子には生活環境によって、働き方が制御されるものがたくさんあります。私たちの脳が一人一人の特別な脳になるのも、経験によってさまざまな遺伝子の発現が変化し、神経回路の配線や信号の伝わりやすさが変化しているからなのです。

あなたの脳と私の脳はほとんど全く同じ脳内物質からできていますが、知っていることも考えることも全く違います。遺伝子の配列の違いだけでなく、遺伝子発現の制御が、種の違いを生み出すだけでなく、一人一人の（あるいは一匹一匹の）個性を生み出しているのです。

（大石高生）

83 種による睾丸の大きさの違いって意味がありますか？

生理と病気

精巣（睾丸《こうがん》）の主な役割は、①精子を作る外分泌機能、②テストステロンなどの雄性ホルモンを作る内分泌機能、ですが、精巣を包む陰嚢《いんのう》全体としてはさらに、③オス同士およびメスに対してオスらしさを示す視覚サイン、④同種内での嗅覚サイン（におい付け器官）、などがあります。精巣は、性成熟にともなって、急速に発達します。霊長類の多くで、幼児期からコドモ期にかけて、小さな精巣は袋の中でなく、そけい部（太ももの付け根、下腹部の表面付近）にあります。思春期（青年期）に急激に大きくなり、袋（陰嚢）の中におさまります。第二次性徴として発達するのです。この精巣がテストステロンを分泌し、身体の雄性化を促進します。

精巣サイズは、これら諸機能と密接に関連していると考えられます。最も重要なのは精子産生機能です。精巣の大きさ（容量）を測るのは結構めんどうで、人類学ではさまざまな大きさの卵形のモデル（オーキッドメーターと呼ぶ）を用意して、いちばん近いモデルの容量をサイズにしています。ヒト以外の霊長類では、長さ・幅・厚さを計測して容量を計算します。

大型類人猿での精巣サイズについて、A・H・ハルコットがまとめた数値では、チンパンジーは一二〇～一六〇グラムと非常に大きく、逆に体はとても大きいゴリラ（ヒガシローランドゴリラとニシローランドゴリラ）は一五～三〇グラムで、オランウータンは三五グラムです。ボノボの計測値はありませんが、写真などで見るとチンパンジーに匹敵するサイズです。ニホンザルなどのオナガザル類でも、精巣サイズは種によりさまざまです。

精巣サイズが種によって大きく異なる理由として、種の社会の型が上げられます。複雄複雌群の社会を持つチンパンジーやマカクなどは、精巣サイズが最も大きく、テナガザルなどのペア型種で最も小さく、ゴリラなどの単雄複雌群の種は中間です。この傾向は類人猿だけでなく、霊長類の各分類群でも見られます。ヒヒはニホンザルとは近縁のアフリカのサバンナや高原に棲むオナガザル類です。その中でマントヒヒは単雄群の社会を持ち、オスは肩・胸部分に薄灰色のマント（長い毛がふさふさしている）を持っていてとても立派なのですが、精巣サイズは貧弱です。一方、近縁でも複雄複雌型社会のアヌビスヒヒは、かなり立派な精巣を持っています。

全身のサイズに対する精巣サイズの割合が大きいチンパンジーやカニクイザルは、毎日数回から十数回の交尾射精が周年可能です。これらの種では、精巣サイズだけでなく、その組織像も造精機能の活発さをよく示しています。例えばチンパンジーの精巣では、精子産生にあずかる精細管が、ほぼすきまなく隣り合って並び、精細管どうしの間にある間質《かんしつ》はごくわずかです（写真1）。一方ゴリラでは、精巣自体のサイズ（重量）もチンパンジーの一〇分の一以下とはるかに小さいうえ、組織学的にも、よく発達した間質の中に細い精細管が島状に孤立しています（写真2）。

複雄複雌群の中で乱婚的交尾を頻繁に行うチンパンジーは、一回の射精量も多く（二～四ミリリッ

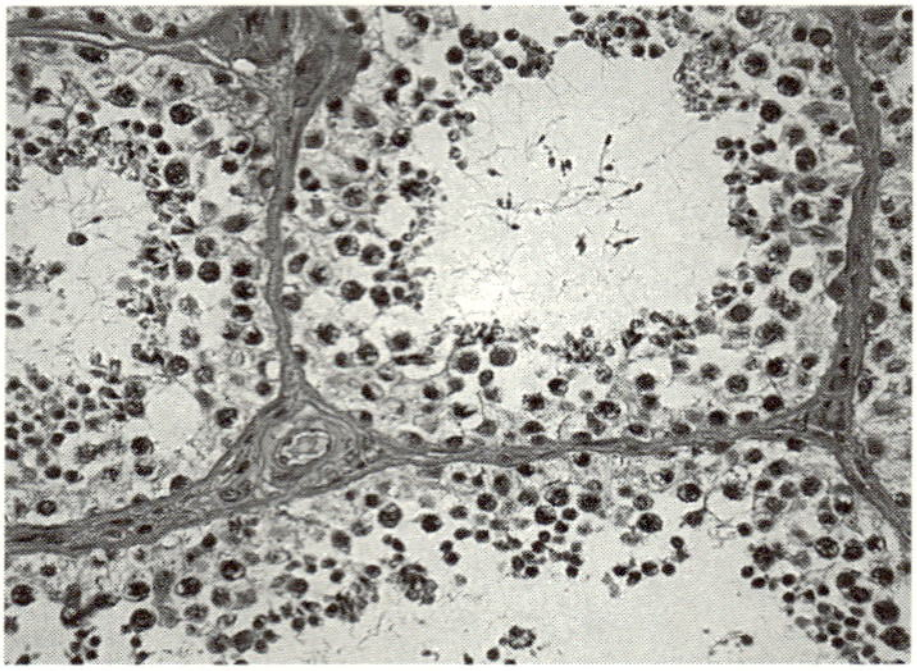

写真１　チンパンジー精巣（一つの精細管の直径は約200μm）撮影：中野まゆみ（東海大学）

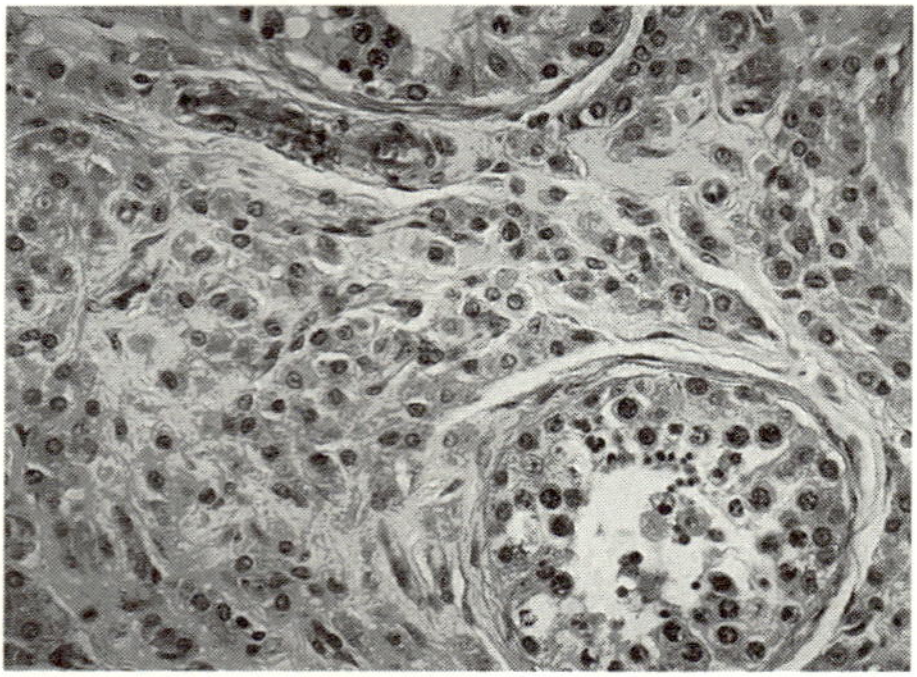

写真２　ゴリラ精巣（一つの精細管の直径は約100μm）撮影：中野まゆみ（東海大学）

トル）、オス間でいわゆる精子競争が盛んなのに対し、ゴリラは単雄複雌群で、リーダー雄にはグループ内に同性の競争者が原則として存在せず、オスの交尾頻度も一回の射精量も極めて少ない（〇・一～〇・五ミリリットル）ことが上げられます。

基本的に精巣サイズは精子産生能と密接に関連して射精の頻度や量を反映し、なおかつ組織像も造精作用の様態を表していると見てよいでしょう。これと関連して、複雄複雌社会の種の多くで、メスの方でも発情を示す性皮の腫れや、性皮や顔面の赤変が見られます。

最後にヒトですが、その精巣サイズは三五～五〇グラムで、これは単雄複雌型に近く、ペア型の社会を持つ霊長類の精巣よりいくらか大きいサイズです。ですからヒトの祖先では（今でもそうかもしれませんが）、両性で浮気する可能性があり、軽度の精子競争があったと思われます。（松林清明）

84 霊長類研究所の獣医師は、どんな仕事をしていますか？

生理と病気

霊長類研究所では九〇〇個体以上のサルやチンパンジーを飼育しているため、さまざまな病気が見られます。研究所にはサルたちの健康管理を主に行う獣医師が数名と、研究を主に行う獣医師の研究者が数名いて、連携を取りながら働いています。研究所内にはサルたちのための入院室があり、病気のサルが入院しています。獣医師は、毎朝、病室の掃除をしながらサルの様子を細かく観察し、入院の必要がない治療中のサルにも、それぞれの症状にあわせて、リンゴやバナナにふりかけた薬を与えたり、注射をしたりします。サルは治療だといっても聞いてくれず、指先が非常に器用なので、血管から点滴をしようとしても自分ですぐにチューブを取ってしまいます。そこで、太い注射器で皮下（皮膚と筋肉の間）に点滴の液を入れる皮下補液を行います。

他の飼育室では、飼育担当者がサルを一頭一頭観察してから掃除と給餌を行い、異常があれば獣医師に連絡します。サルたちはしばしば病気の兆候を隠しますが、毎日サルを見ている熟練の飼育担当者は、ちょっとした変化にもすぐに気付きます。連絡が入ると、獣医師はサルを見に行き、飼育担当者から詳しい話を聞きます。倒れている、ひどいケガをしているなどの緊急性の高い場合には最優先にして、必要ならば入院させます。必要に応じて、血液検査、レントゲン検査、細菌検査、糞便検査などの検査をして原因を探り、治療をします。

研究所のサルたちの間で特に多く見られる病気は、肺炎などの呼吸器疾患と、下痢などの消化器疾患です。サルたちは皆同じように、バランスの取れた総合栄養食（固形飼料）とイモやリンゴ、バナナなどを食べていますが、体質によっては胃や腸にガスや水分がたまり肺まで圧迫し、命にかかわる鼓脹症という病気や、中には糖尿病や脂肪肝、がんなど、現代人と同じような病気になるものも現れます。秋から冬にかけての繁殖期や群れの構成が変わる時などには、けんかによる怪我も多く、まれに事故による骨折もあります。

広い放飼場で群れ生活をしているサルたちは、特に病気の兆候を隠す傾向が強いので、手遅れの状態にならないよう、病気の早期発見と予防のために定期健康診断（定期健診）を行っています。定期健診は、毎年気候のよい秋に、放飼場のサルたちを一群ずつ全頭捕獲して行います。飼育・獣医のスタッフと研究者、総勢約二〇人で広い放飼場に入り、サルたちを追い込んで狭い区域に誘導し、一頭一頭をケージに入れて確認し、必要があれば麻酔もして、検査します。

定期健診の検査項目は体重、血液検査、ツベルクリン反応、糞便検査などで、その他に個体識別の入れ墨やマイクロチップ、予防のために寄生虫の駆虫薬の投与もします。ツベルクリン反応は結核の検査です。結核は、ヒトではゆっくり進行して感染から数年後に発症することもありますが、サルが感染すると進行がはやく、群れに広がり、死に至るため、特に警戒しています。ヒトからサルにうつさないように、サルに近づく研究者や見学者には、結核ではないことを示す健康診断書の提出を義務づけています。糞便検査では赤痢菌やサルモネラ菌など、ヒトとサルとの共通感染症として重要な項目を主に調べます。採血した血液は必要に応じた検査に使用し、研究者の手にも渡って遺伝子やホルモンなどの研究に使用されます。

チンパンジーについては、ＭＲＩや身体計測など、研究目的の麻酔の管理も獣医師の大事な仕事です。体が大きく、力の強い大人のチンパンジーに麻酔をかけるのはとても大変です。麻酔が深すぎるとチンパンジーに負担がかかってしまいますが、浅すぎて途中で目が覚めてしまうと、作業している人が危険にさらされます。同じ麻酔薬でも個体によって反応は異なるため、まさにオーダーメイドの麻酔が必要となります。麻酔の機会に合わせて、触診、聴診、血液検査やツベルクリン反応などの検診も行います。

以上の他にも計画繁殖の妊娠診断や、新しくサルが外から研究所へ入る際の検疫など、獣医師の仕事は多岐にわたります。不幸にもサルが死亡した場合には、病理解剖も行い、原因を確かめます。病理検査によって、予想以上に病気が進行していたり、別の病気が潜んでいたり、いろいろなことがわかります。そこで得られた知識を、次に同じような病気になったサルの治療に活かすのです。治療しても助からずに残念な思いをすることもありますが、サルたちの病気やケガが治り、元気になってこちらを威嚇したり、退院して放飼場の群れに帰っていく姿を見るのは、何よりの喜びです。体も頭も存分に働かせなければならず大変ですが、やりがいの大きな仕事です。

（宮部貴子）

第7章

遺伝とゲノム

ゲノムの全塩基配列の解読やミトコンドリアの研究からも、新たな事実が続々と見つかっています。ヒトに最も近いのはチンパンジーです。ＤＮＡの塩基配列の違いは約一・二％でした。ヒトの言語遺伝子（ＦＯＸＰ２）から作られるタンパク質が、ヒトとチンパンジーとで微妙に違っていることがわかっています。ゲノムと関連して、嗅覚受容体やフェロモンの研究も進んでいます。なお、日本には、人間が来る前にサルが大陸から来ました。

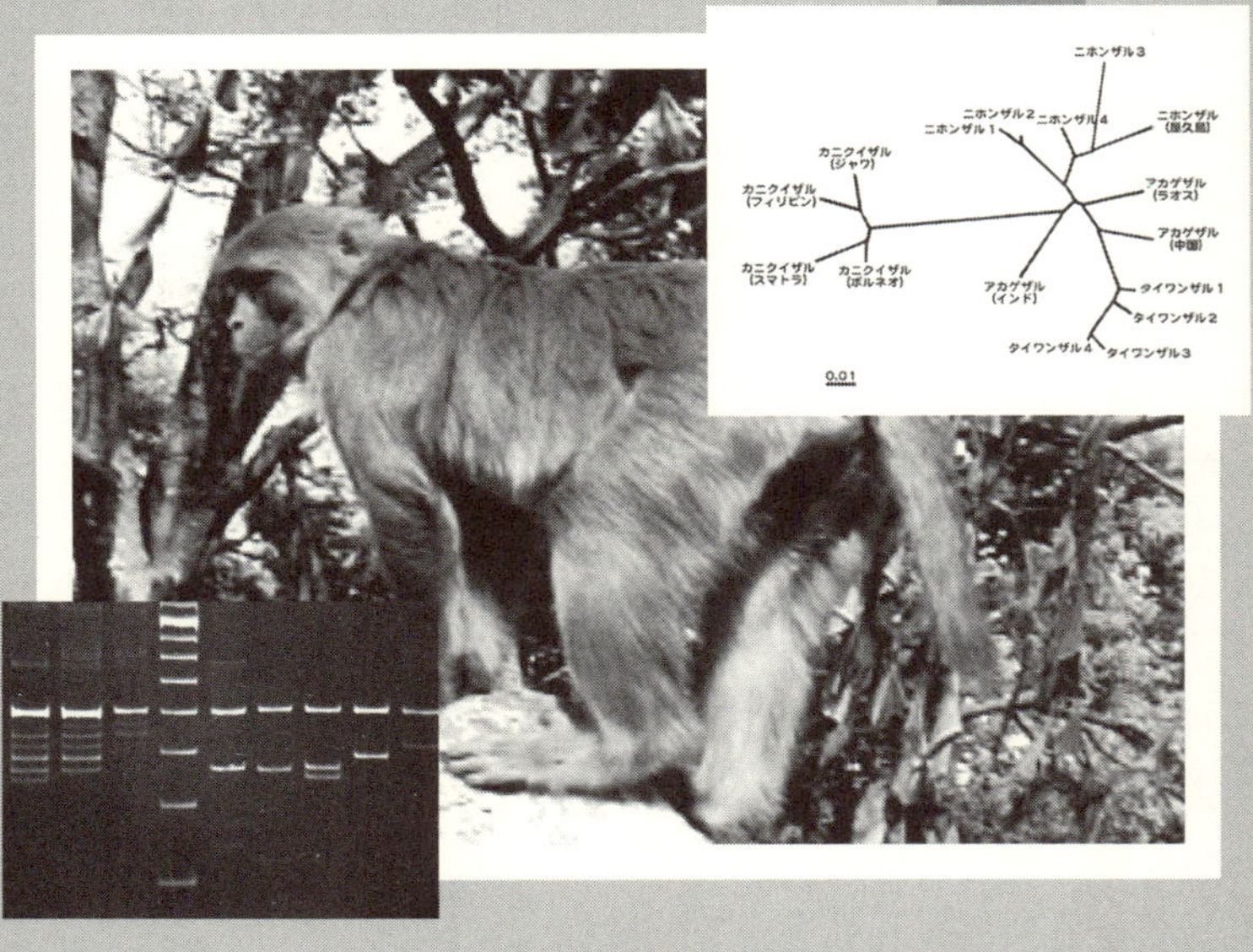

（写真左下）南アジアの野生アカゲザルに見られるミトコンドリア遺伝子サイズの地域変異を示す電気泳動像。（図）ミトコンドリア遺伝子の違いから描いたニホンザルと近縁種の分子系統関係。（写真中央）南アジアのアカゲザル（ネパールのカトマンズにて撮影）。写真提供／川本芳

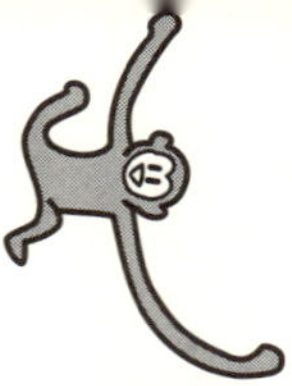

85 ゲノム、遺伝子、ＤＮＡについて最近新しくわかったこととは？

ゲノムプロジェクトは、ＤＮＡの塩基配列のすべてを目標に、解読する事業です。ヒトに関しては、一九九一年に始まり、二〇〇一年には約三〇億塩基からなるゲノムの九四パーセントほど、二〇〇三年には九九パーセント以上の部分の解読に至りました。二〇〇九年初頭の時点で、真核生物では一〇〇ほどの種で完了したか、または完了に近づいています。そして、一〇〇〇以上の種ですでに進行中と推測されます。

ゲノムは、生命体の設計図と言えます。したがって、ゲノムプロジェクトから得られる情報を適切に処理することで、生物の発生や生理や進化などについての深い洞察が、可能になります。特に、これまで漠然としかわかっていなかったことが、数字を伴って明らかとなることの利点は非常に大きいと言えます。

ヒトについて見てみましょう。解読の進行中、多くの人の関心の的となったものは、タンパク質をコードする遺伝子の数です。これを推定するためには、得られたＤＮＡの塩基配列や、そこから転写と翻訳が起こった場合に想定されるアミノ酸配列を、既知の配列と比較し、類似性を持つかどうかを検討します。既知の配列とは、ヒトおよび他の生物種ですでに遺伝子と判定されている領域の配列や、細胞中に存在する転写産物の配列のことです。

解析の結果得られた推定値は、二万〜二万五〇〇〇個というものでした。体制がヒトよりはるかに単純と思われる昆虫や線虫と比べても、二倍もありません。数だけでなく、エクソン（アミノ酸をコードしている部分）やイントロン（アミノ酸に翻訳されない部分）の長さのような、構造の複雑さも、調べられました。確かに昆虫や線虫より複雑ですが、劇的な違いというほどでもありません。ヒトの複雑な体制や生理機能は、遺伝子の発現の多彩な調節、翻訳後のタンパク質の修飾、またタンパク質間や細胞間の相互作用に、大きく依存しているようです。

遺伝子の産物としてのタンパク質は、平均的には四五〇個ほどのアミノ酸からできています。したがって、遺伝子一個あたりのコーディング領域の総和は、一三五〇塩基対くらいです。遺伝子数が二万〜二万五〇〇〇個ならば、コーディング領域のすべての遺伝子にわたっての総和は、三〇〇〇万塩基対前後となります。これは、約三〇億塩基対のゲノムの一パーセントほどに相当します。

ゲノムの解読、および解析から、機能している遺伝子に加えて、偽遺伝子が多数あることも、明らかになりました。名前から想像がつくように、構造に遺伝子に似た特徴はあるものの、機能は持たない部分です。遺伝子のコピーが生じ、それが偽遺伝子となることが多いと考えられます。本来の遺伝子が機能を果たしているために、コピーの方は機能を失っても構わないからです。その数は、いまのところ二万個ほどとなっており、機能している遺伝子の数とほぼ同じです。ただし、壊れてから時間がたつほど崩壊が進んで同定しにくくなるため、同定されていないものも多数あると考えられます。このため、偽遺伝子は機能する遺伝子より数が多いであろうと、想像されています。

進化の素材は突然変異で供給されます。その突然変異が一世代あたりに起こる数が、女性より男性のほうが多いことは、以前から予測されていました。そして、どの程度の違いであるのかについて、種々の推定値がありました。ゲノム解読で得られた大量の情報から、これまでより信頼度の高い推定値が得られたことは、興味深いことです。解析は、過去のある一時期にゲノム内で増幅した転移因子を同定し、その塩基配列を比較することで行われました。増幅でたまたま入り込んだ場所がY染色体であった因子は、現在までずっと男性の中で過ごしてきたはずですし、たまたま入り込んだ場所がX染色体であった因子は、現在までの時間の三分の二を女性、三分の一を男性の中で過ごしてきたはずです。このため、X染色体上にある因子と、Y染色体上にある因子との間に、変異量に違いがあれば、どちらの性で過ごして来たかがその理由であることになります。

解析の結果、Y染色体上にある因子に蓄積した変異は、X染色体上にある因子に蓄積した変異の一・五七倍の量であることが判明しました。これは、一世代あたりに起こる突然変異の数が、男性では女性の二・一倍であることに相当します。原因は種々のものが考えられますが、卵と精子が完成するまでの細胞分裂の回数の違いと、卵と精子での修復機構の違いが、原因の主な候補です。

ヒトゲノムプロジェクトは、人類の月面着陸を果たしたアポロ計画にも匹敵する大事業ともいわれています。基礎生物学に加えて、医療や産業への波及効果もたいへんに大きなものです。病気の原因遺伝子の迅速な同定や、個々人の体質に合わせた医療の進展などが代表例です。（古賀章彦）

86 ゲノムプロジェクトって何?

遺伝とゲノム

ゲノムプロジェクトとは、対象とする生き物の塩基配列（DNA）を全て決定しようとする計画のことです。一九七四から一九七六年にかけて、フレデリック・サンガーとウォルター・ギルバートにより塩基配列決定が技術的に可能になると（二人はこの功績により一九八〇年ノーベル化学賞を受賞しました）、一つ一つの遺伝子の塩基配列を個々の研究室で行うのではなく、全ゲノムの配列決定を世界規模で共同研究により行うことで、ゲノムを基盤として生物を理解していくことが可能になりました。こうした背景もあり、私たち自身のゲノム配列も決定しようという気運が一九八〇年代に高まってきました。

ヒトゲノム計画のはじまりは、一般的には一九八五年にアメリカのエネルギー省が提唱したと思われていますが、実は、それより以前の一九八一年に理化学研究所の和田昭允らが中心となり計画が進められていました。一九九〇年代に入ると世界の主要な機関が国際コンソーシアム（共同事業体）を作り、ヒトの全DNA塩基配列を一五年、三〇億ドルをかけて解読しようということになりました。ヒトゲノムの約三〇億塩基、つまり三〇億の文字数というのは、朝刊新聞のおよそ二五年分にあたる膨大な量で、それを一五年かけても解読できるかどうか、当時は誰一人として確信は持てなかったようです。しかし、配列解読技術やコンピューターの技術革新もあり、当初の予想よりも早くゲノム配列の解読をほぼ終了したことが、国際コンソーシアムを代表してアメリカ国立ヒトゲノム研究所の所長であるフランシス・コリンズと、国際チームのライバルであるベンチャー企業セレラ・ジュノミクス社のクレイグ・ヘンダーによって、当時のアメリカ大統領クリントンやイギリスのブレア首相の同席のもと、二〇〇〇年に発表されました。実際には、その翌年の二〇〇一年にヒトゲノム配列の解読が終了し、論文として発表されました。

ヒトゲノムが解読されると、大腸菌や酵母などのゲノムの小さな生物（大腸菌：約五〇〇万塩基、酵母：約一二〇〇万塩基）だけでなく、哺乳類やその他の脊椎動物のゲノム解読も次々と計画されるようになりました。ヒト以外の霊長類においてもゲノム解読が次々と実施されており、二〇〇九年五月現在で、チンパンジー、ゴリラ、オランウータン、アカゲザル、マーモセット、メガネザル、ガラゴ、ネズミキツネザルのゲノム配列が公開されています。これらの配列は世界中の誰でもインターネットを通して、見たり使ったりすることができます。実際に、それらの配列を使って自分で実験をせずにパソコンを使って配列を解析する研究分野（バイオインフォマティクスと呼ばれます）も世界規模で行われています。

前述の霊長類だけでなく、現在進行形でその他、様々な霊長類でも配列解読が行われています。それらを可能にしつつある技術革新の一つに配列解読のための機械（シーケンサー）の飛躍的な進歩があります。サンガーとギルバートが開発した配列解読方法（サンガー法）は、現在でも多くのシーケンサーで採用されていますが、二〇〇五年以降、サンガー法とは根本的に違う方法で配列解読を行おうとする技術が次々と開発・利用されるようになってきました。それらの特徴は、大量に並列化して配列解読をするというものですが、一回のシーケンスあたりに解読できる配列数は、現在（二〇〇九年五月時点）のところ数十億～一〇〇億塩基まで可能となり、その進歩はムーアの法則（コンピューターの処理速度は一八ヵ月で倍になるという経験則）をはるかに凌《しの》いでいます。全配列を決定するためのコストも数千万円まで下がってきました。二〇年弱で実に、一万分の一までコストが下がった計算になります。さらに、今後二～三年以内には一〇〇万円で行えるようになるだろうとの推測もあります。このような利点はたくさんあるのですが、あまりにも解列解読技術が急速に進歩しすぎたために、そこから生み出される膨大なデータをコンピューターが処理しきれない（コンピューターの処理速度の向上がデータ量の増大速度に追いつかない）という新たな問題も生じ始めています。

シーケンサーを一度使うだけで、ヒトゲノムが読めるような技術が利用可能な状況になりつつあります。このような状況を踏まえ、新たなゲノム計画が立ち上がりました。その名も「一〇〇〇人ゲノム計画」。その名の通り、一〇〇〇人のゲノムを決定してしまおうという試みです。ただし、いきなり一〇〇〇人のヒトゲノム全てを決定するというのではなく、いくつかの段階を経ることになっています。しかし、数年以内には、一〇〇〇人のゲノム配列が全て公開されることが予想されています。このように配列解読自体は大量に低コストでできるようになってきていますので、今後は代表的な霊長類だけではなく、様々な霊長類のゲノムも決定されることが予想されますし、ヒトの多様性解析のように同じ種の中での多様性などを研究対象とした計画が霊長類でも今後ますます盛んになってくるのではないかと期待しています。

（郷　康広）

87 ヒトやサルのゲノムレベルの特徴は？

遺伝とゲノム

さまざまな生物種で、ゲノムの解読が進んでいます。このためゲノムを全体として、また個々の対応する部分で、これらの生物種の間で比較することが現在では可能になっています。比較をして、特定の系統だけが持つ特徴が見つかれば、その系統に特有の形態や機能に関与する遺伝情報の候補となるわけです。

まず、ゲノムの全体像にヒトのみに見られる特徴、あるいは霊長類のみに見られる特徴があるかの問いに対しては、「ない」というのが妥当な答えでしょう。ヒトとマウスを比較した場合でも、タンパク質をコードする遺伝子の数は、ほとんど同じです。そのうちの八〇パーセントほどは、両種間で一対一の対応が付きます。残りの多くは、多コピーで構成される遺伝子のコピー数が増減したために、対応づけが難しくなったに過ぎません。レトロポゾン（いったんRNAに転写されたものが、逆転写によって再度ゲノムに挿入されたDNA）などの転移因子に由来する配列が、ゲノムの半分近くを占めるという点も同じです。

目を個々の部分やその配置に転じ、塩基配列を比較すると、ヒトとチンパンジーほどの近い種の間でも違いは当然見つかります。ヒトでGのところがチンパンジーではAというように、両種間で異なる塩基、すなわち置換となっている箇所の数は、全体で約三〇億塩基のうちの一・二三パーセントあります。また、チンパンジーではCAAGTACCAのところがヒトではCAAGTTGCGACCAとなっているような変異もあります。この場合、傍線部の三塩基は、ヒトで新たに入り込んだか、またはチンパンジーのほうで消失したものと考えられています。前者を挿入、後者を欠失と言い、挿入や欠失の塩基長をすべて足すと、ゲノムの全塩基のうちの一・五パーセントに相当します。

ヒトとチンパンジーで違っている部分は、ヒトにあってチンパンジーにはない機能や、逆にチンパンジーのみにある機能の原因となっている可能性があります。そのような機能のうち、前者のほうに注目が集まるのは、私たちがヒトであるので、当然でしょう。例えば、高度の認知機能、二足歩行、複雑な言語の使用などです。

ここで注意すべきことがあります。ヒトとチンパンジーのゲノムの間で違っている部分が、両種の形態や機能の違いにすべて関与しているわけではないということです。ゲノムに見られる違いのうちで、形態や機能の違いに関与しているものは、むしろごく一部であろうと、多くの研究者は考えています。関与しているものを選び出すためには、ゲノムの比較に加えて、候補となった遺伝子の作用を、例えば遺伝子導入や遺伝子ノックアウトなどの実験で確認することが必要です。しかし、探索の対象を絞ることができるという点で、ゲノム解読の貢献は大きいと言えます。

状況証拠も伴い、このため注目されている遺伝子に、*FOXP2*（*forkhead box P2*）遺伝子があります。ヒトの言語能力に関わる遺伝子です。この遺伝子の産物は、転写因子、すなわち他の遺伝子の転写を活性化あるいは不活性化する因子として機能すると、考えられています。主要な産物は、七一五個のアミノ酸からなるタンパク質です。その三〇三番目にあたるアミノ酸は、チンパンジーではトレオニンであるのに対して、ヒトではアスパラギンになっています。また三二五番目は、チンパンジーがアスパラギン、ヒトがセリンです。この二ヵ所の違いは、ヒトとチンパンジーが五〇〇万年ほど前に分岐した後、ヒトの系統で生じたことは疑いようがありません。ゴリラやオランウータンなども、チンパンジーと同じアミノ酸を持っているからです。このヒトでの突然変異の出現が、高度の言語能力の獲得に深く関与したことが推察されています。そのメカニズムについての研究は、今はまだ道半ばです。*FOXP2*遺伝子から作られるタンパク質の構造や機能の変化、または*FOXP2*遺伝子の発現パターンの変化、あるいはその両方が原因となっているのでしょう。さらに、転写因子の標的となる遺伝子の変化も、組み合わさっている可能性があります。

バイオインフォマティクスと呼ばれる分野の研究が、昨今盛んです。ゲノム解読や、その他種々の方法で得られた生命に関する情報を処理して、有用な情報を引き出す分野です。ゲノムの比較は、その中心ともいえる手段です。今後*FOXP2*遺伝子と同様な事例が数多く出てくることが予想されます。

（古賀章彦）

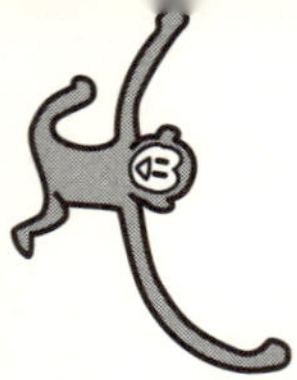

88 ミトコンドリアって何？ それを利用して何がわかるの？

遺伝とゲノム

■ミトコンドリア――起源と特徴

細胞の小器官で俵のような形と誤解されがちですが、実際は直径一ミクロン以下の糸状で、そのネットワークは細胞中で分裂したり融合したりして、動きながら形状が変化しています。ミト（mito）は糸、コンドリオン（chondrion）は粒子の意味で、その複数形がミトコンドリアの語源です。外膜と内膜の二重構造を持ち、内膜のクリステと呼ばれるひだ状部分でエネルギーを盛んに生産します。

ミトコンドリアの起源は、酸素呼吸能を持つ原核生物が、誕生したばかりの真核（核に遺伝情報を封じ込めた）生物に共生したものと考えられています（細胞内共生説）。この考えはリン・マーギュリス（リン・セーガン）が一九六七年に提出した仮説です。原核生物から真核生物への進化で、原核生物は真核生物が生まれる以前に、「原始的な真核生物」「葉緑体の祖先原核生物」「ミトコンドリアの祖先原核生物」の三タイプに分化していました。推定されている進化過程は、以下のようにまとめることができます。

①まず原始的な真核生物が細胞膜から核を作り、ＤＮＡを包み込んで進化した。
②次に葉緑体の祖先の原核生物が、当時の嫌気的な（遊離酸素が少ない）地球環境で、光合成能を獲得して、地球の酸素濃度を上昇させた。
③最後にミトコンドリアの祖先の原核生物が登場し、増えた酸素を使う呼吸能を獲得し、それにより生まれるエネルギーをアデノシン三リン酸（ＡＴＰ）に変換できるようになった。
④この三タイプができた後で、原始的な真核生物がミトコンドリアの祖先の原核生物を取り込み、

共生関係が生じたことで真核生物の進化が加速され、生物に危険な酸素を転用しエネルギー生産ができるようになった。

この仮説に立てば、ミトコンドリアは原核生物の末裔《まつえい》で、地球上の生物、特に真核生物の進化に不可欠だったということになります。

ミトコンドリアはエネルギー生産に特化しながら、小器官として、共生する真核生物に自らの構築や再生を依存するよう進化したと考えられます。同じ細胞にあって、ミトコンドリアと核にはそれぞれに遺伝物質（DNA）があります。ミトコンドリア固有のDNA（ミトコンドリアDNA：mtDNA）は共生関係が生まれる際に真核生物の核に入り込まなかったDNAと考えられ、複製や発現に関係するタンパク質などをコードする遺伝子は核DNAにあります。mtDNAはゲノム（遺伝子情報の総体）が小さく、細胞当たりのコピー数が多く、コピー複製に同調性がなく、細胞分裂でコピー分割を機械的に起こし、遺伝暗号が核DNAと異なり、細胞質でなくミトコンドリア内で転写・翻訳される、といった核DNAとの違いを持ちます。

ミトコンドリアはエネルギーの生産工場というだけでなく、そこにあるmtDNAの変化は病気に関係していて、生活習慣病や老化とも関わりがあります。遺伝病として知られる異常には、電子伝達系の変化で乳酸の蓄積が高くなり、神経（中枢神経）や筋肉（心筋、骨格筋、眼筋）の機能が低下する例があります。脳や筋肉はブドウ糖の代謝が盛んなため、ミトコンドリアの変化でこうした異常が出やすくなり、中枢神経に起きる異常は知能障害や視力障害の引き金になります。また、ミトコンドリア内膜の電位変化が細胞死（アポトーシス）の制御に関係することが明らかになっています。

■ミトコンドリアで霊長類の進化を探る

霊長類など様々な生物の進化研究で、ミトコンドリアが重要なのは、mtDNAが系統関係や過去の個体群変動の有力な情報源になるからです。mtDNAの特徴は、母から子に遺伝すること（母性遺伝）、核DNAより進化速度（DNAを構成する塩基が突然変異等で置き換わるスピード）が大きいこと、核DNAのような組み換えがなく、無性的に複製され遺伝すること、です。

精子にもmtDNAがあります。尾のつけ根にあたる中片部には、精子の運動に必要なエネルギーを生むミトコンドリアがあり、受精する時この中片部は卵に取り込まれます。しかし、哺乳類の同種個体のあいだでは、卵中に精子由来のmtDNAを排除する機構があり、父方のmtDNAは卵に入りますが、結果的に消失するので、母性遺伝が成立すると考えられています。

ミトコンドリアではATP生産に関係する酸化反応が盛んなため、活性酸素の影響で、mtDNA分子が壊れやすい環境になっています。さらに、mtDNAは核DNAのようにヒストンタンパク質で保護されておらず、DNA修復機構が働かないので、損傷や突然変異を起こしやすいのです。mtDNAの進化速度が核DNAより大きいのは、これらの要因以外に分子の高次構造への選択圧の違いなども関係すると考えられています。

分子の進化速度が大きいため、mtDNAは種内や種間の系統関係や進化の研究で貴重な情報源になります。また、細胞あたりのコピー数が多く、わずかな試料でも分析しやすいのです。血液、糞尿、唾液、毛などを試料にする生態研究、保全研究、法医研究、さらに、遺物や化石を試料にする考古研究や古生物研究など、mtDNAは広い分野で利用されています。

国際的なデータベースに登録されたミトコンドリアの全ゲノム情報（塩基配列）は、二〇〇九年二月の時点で約一八〇〇の生物種に達しています。霊長類ではヒトの情報が格段に多く、すでに五七〇〇人近い登録があり、この中にはネアンデルタール人の化石DNAも含まれています。

ヒト以外の霊長類のミトコンドリア全ゲノム情報は、これまでに約三〇種類が報告されています。ゲノムサイズはドゥクラングールの一万五四六七塩基から、コクレルシファカの一万七一〇四塩基までの幅があり、多くの種は一万六五〇〇前後の値を示しています。報告されている例では、ゲノム中の遺伝子の並びや種類に違いがなく、一三種類のタンパク質、二二種類の転移RNA、二種類のリボソームRNAがコードされています。

霊長類の研究では、mtDNAの分子系統や集団の解析から、さまざまな仮説や知見が生まれてきました。分子時計の考え（分子にみられる塩基配列などの違いはほぼ一定の変化速度をもち、生物や分子の分岐年代を推定する時計のような道具として利用できるという考え）を加えることにより、ヒト／チンパンジー／ゴリラの分岐の関係や年代、現代人の誕生地と生息地拡大、現代人とネアンデルタール人の関係、各種霊長類の成立過程や系統群の関係など、近年の進化研究はmtDNAの研究を中心に発展してきたといっても過言ではありません。

特に有名な研究は、カリフォルニア大学バークレー校のレベッカ・キャン、マーク・ストーンキング、アラン・ウィルソンが一九八七年に唱えた、現代人のアフリカ単系起源に関する論文です。五地域一四七人のmtDNAを比べて導かれたのは、現代人の女性の直系祖先は約二〇万年前（推定された幅では二九万～一四万年前）の一人の女性という結論でした。この考えは、後にアダムとイブになぞらえて「ミトコンドリア・イブ仮説」の名で知られるようになりました。

近年では、旧人として知られるネアンデルタール人と現代人の関係が、mtDNA の研究から詳しく調べられています。ドイツのマックス・プランク進化人類学研究所のリチャード・グリーン、スバンテ・ペーボらの研究により、二〇〇八年八月にミトコンドリアの全ゲノム情報（塩基配列）が報告されました。この研究では、一九八〇年にクロアチアの洞窟から発掘した三万八〇〇〇年前の人骨約〇・三グラムを材料に利用しました。異物ＤＮＡの混入（発掘などの際に関係者のＤＮＡが試料に付着してしまうアクシデント）やＤＮＡ変性（埋もれている間にＤＮＡが化学的に変化したり切れること）の影響に注意しながら、新型機を使って遺伝子が解読されました。遺伝子配列の系統関係から、mtDNA の分岐時間は六六万±一四万年前と推定され、女性の系統で見ると、ネアンデルタール人は明らかに現代人と別系統の人類という結論が下されました。

ニホンザルの進化研究でも、mtDNA は有力な情報源になっており、詳細については「96　ニホンザルはどこから来たの？」の項を参照ください。

（川本　芳）

89 種の違いを見分けるにはどうするの？

遺伝とゲノム

■分子系統分析による種の判別

地球上の生物はみな、ゲノムの中に、それらの進化の歴史を刻み込んでいます。同種の個体間で違いが見つかるDNA領域もあれば、種内ではほとんど変異はなく、種、属、科といったより大きな分類群間で違う領域もあります。ミトコンドリアDNA（mtDNA）の塩基配列は、種レベルの系統関係を調べるときによく用いられています（「88　ミトコンドリアって何？　それを利用して何がわかるの？」）。現在では、多くの霊長類の種について、mtDNAだけでなくさまざまな遺伝子やゲノム領域の塩基配列データが蓄積されており、インターネットを通じてそれらを利用することができます。種名のわからないサルの同定や、生息場所に残された体毛・糞の持ち主の種判別の方法として、そうした特定領域の塩基配列を解読し、既知の種の相同な配列データとともに分子系統樹を作り、クラスター（集合）の信頼性を検討することによって、種の同定や区別が可能になりました。

それでは、簡単な例で分子系統分析による種や亜種の判別を紹介しましょう。対象の動物は、国内の飼育機関のテナガザル三頭（①②③）と、霊長類研究所のアジルテナガザル親子四頭（父④、母⑤および息子二頭⑥⑦）です。前者については、これらを含むヒロバーテス属のテナガザルに外見がよく似た種がいるため、誤同定がないことを確かめる目的で、種判別を依頼されました。後者は、父親がスマトラ島やマレー半島のアジルテナガザル基亜種、母親がボルネオ島南西部に生息するアルビバルビス亜種と記録されているので、この二亜種の区別と息子たちが亜種間雑種であることの確認を行います。

種判別の標識として用いる塩基配列は、同種個体間の変異性の幅と、種間の変異性の大きさがわかっていて、明確に「種間の多様性＞種内の多様性」であるDNA領域が望ましい。ここでは、テナガザルの亜種間でもはっきりとした違いがあるmtDNAのND4-ND5遺伝子領域を、オス個体についてはY染色体上のTSPY遺伝子の塩基配列を調べます。mtDNAは母から子どもへ遺伝し、Y染色体は父親から息子へ遺伝するため、これらを組み合わせることにより、オスについては種（亜種）間雑種かどうかの判定も可能です。

血液よりDNAを調製し、まず上記の遺伝子領域をPCR法（ポリメラーゼ連鎖反応法）で増幅します。DNAは高温で二本鎖が解離し、低温で再び二本鎖になる温度特性を持っています。分析個体のDNA試料（鋳型DNA）に、目的DNA領域の両端に特異的に結合する一対のプライマーと呼ばれる短いDNA鎖と、ポリメラーゼおよびA、G、C、Tの各塩基を材料としてチューブの中で混合します。これを九五度（二本鎖DNAが解離し一本鎖になる）↓五〇〜六〇度（一本鎖DNAの目的部位にプライマーが結合する）↓七二度（ポリメラーゼがプライマー結合部位から鋳型DNAに対して相補的なDNAを合成する）と温度を変化させると、目的領域のコピーができます。

PCRは、こうした一連の温度変化を三〇〜三五回繰り返すことにより、少量のDNAから目的領域を大量増幅する反応で、増幅されたＤＮＡをＰＣＲ産物と言います。

次に、塩基配列を解読するため、このＰＣＲ産物を鋳型にして、同じ原理でＤＮＡ鎖の増幅を行います。ただし、プライマーは一個だけ、またＤＮＡの合成中に取り込まれると伸張反応が止まる蛍光ラベル付き塩基を混合しておきます。すると、例えば、目的ＤＮＡ領域が一〇〇塩基の長さであれば、塩基一個から一〇〇個までのＤＮＡ鎖が反応産物として得られ、それぞれＤＮＡ鎖の末端には塩基の種類ごとに違う色の蛍光ラベルが付いていることになります。専用の機器でこの反応産物を電気泳動させると、ＤＮＡ鎖は短い順に移動するので、逐次蛍光ラベルの色を記録することにより、塩基配列の解読が可能となるのです。

比較のためアジルテナガザル、アルビバルビスの他、ヒロバーテス属のミューラーテナガザル、シロテナガザル、ワウワウテナガザル、および別属のフクロテナガザルを加えて、これらの配列データと対照個体で解読された塩基配列からコンピューター・プログラムを使って系統樹を作成しました。

では、系統分析の結果をみてみましょう。図の(a)は、mtDNA の塩基配列から作成したヒロバーテス属テナガザルの系統樹です。種判別を依頼されたテナガザル①、②および③は、ミューラーテナガザルのクラスターに含まれたので、ミューラーテナガザルと判定されました。①と③は、オスであったので、ＴＳＰＹ遺伝子についても分析でき（図の(b)）、二個体ともミューラーテナガザルとして問題のない結果が得られました。

霊長類研究所のテナガザル父親④は、スマトラ島産アジルテナガザルのクラスターに含まれ、母親⑤と二頭の息子⑥、⑦はアルビバルビスのクラスターに含まれました。次にＴＳＰＹ遺伝子から作成

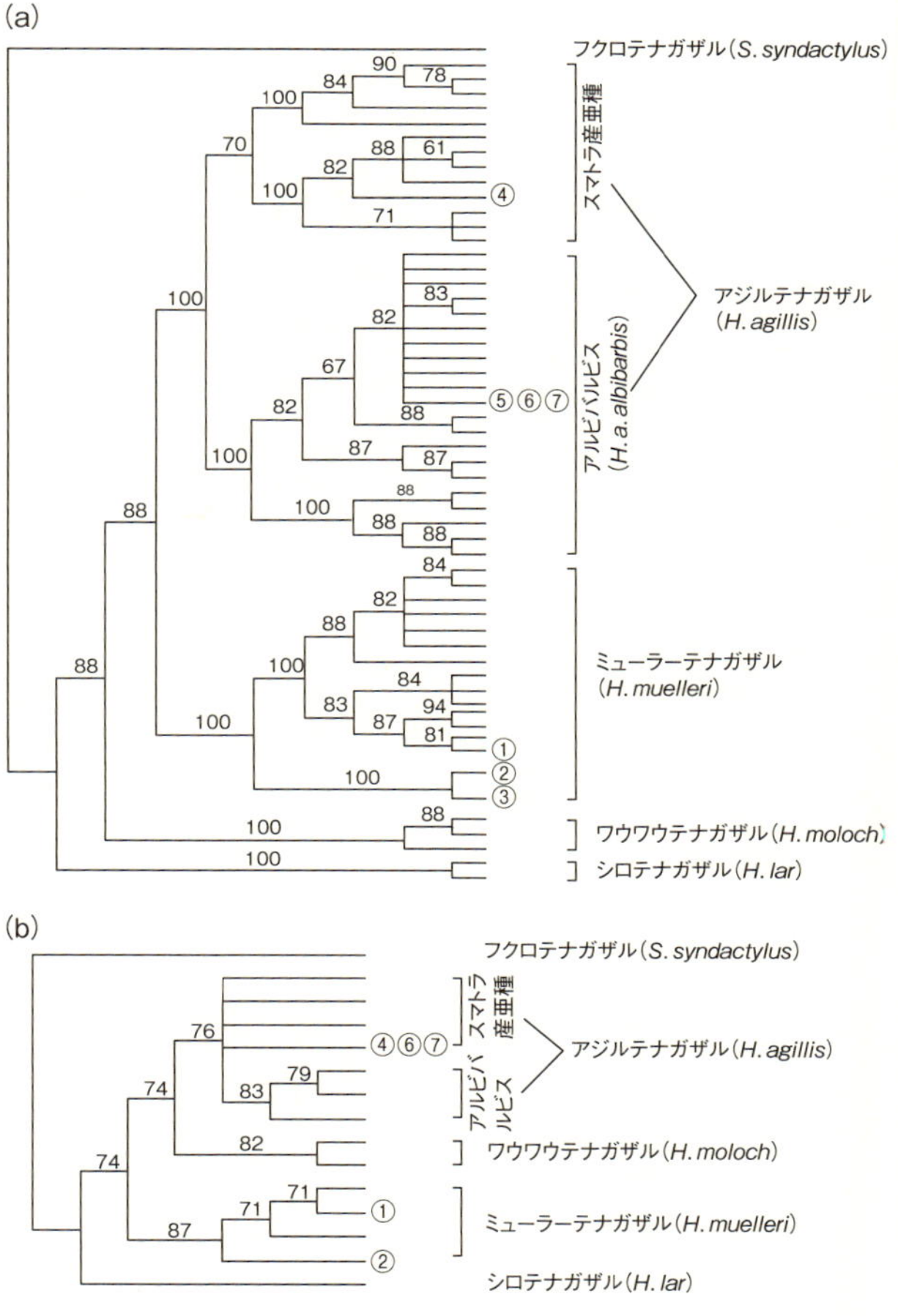

(a)mtDNAの塩基配列から作成したヒロバーテス属テナガザルの系統樹
(b)Y染色体上のTSPY遺伝子の塩基配列から作成した系統樹

した系統樹（図の(b)）を見てみると、父親④および息子⑥、⑦はスマトラ島産アジルテナガザルタイプのTSPY遺伝子を持っていました。これらの結果から、息子⑥と⑦が亜種間雑種であることが確認できました。

テナガザルの種の判別は、形態的特徴が似た種類については困難な場合が多い（事実、種判別した一個体はアジルテナガザルと記録されていました！）。野生状態や飼育下で種間の交雑の例が報告されていることも、形態からの種判別を困難にしている理由です。種の保全のためには、分子系統学的テクニックを用いて正確な種判別を行うことが必要であり、そのためには野生個体群の持つ遺伝的多様性を調べておくことが重要です。

一方、形態差が少なく同じ種と考えられてきた種が、DNA分析によって区別され、新種として記載されるケースも近年みられるようになってきました。アメリカのヨーダーたちやルイスたちは、マダガスカルのネズミキツネザルで新種を見出しています。

■DNA分類法による種同定の試み

近年、特定のDNA領域の塩基配列を生物分類に用いる分類法が提唱されていて、DNAバーコーディング法と呼ばれています。さまざまな生物種で塩基配列データのデータベース化を行い、それを形態などの既存の情報と併せて利用しようとする動きが国際的な規模で進められています。霊長類では、米国のローレンツらが、mtDNAの一領域がDNAバーコードとして有効かどうかを、いろいろな霊長類で検討しました。また、米国のハーケらは、ゲノムの様々な場所で転位因子の挿入があるかどうかを調べ、五六種の霊長類を区別できることを報告しています。ゲノム情報を用いた霊長類の種の検索・同定には、由来が明確で雑種ではない個体、そして、より多くの種から参照用のデータを蓄積・整備しておく必要があります。

（田中洋之）

90 チンパンジー、ゴリラ、オランウータン どれがヒトに最も近い？

遺伝とゲノム

現在、ヒト、チンパンジー、ゴリラおよびオランウータンはヒト科四属に分類されています。ヒトおよび大型類人猿の系統関係についての分子データを使った最初の研究は、二〇世紀の初め頃にまでさかのぼることができます。この頃の分類では、ヒトと大型類人猿の間に大きな隔たりがあると考えられ、別のグループ（ヒト科とオランウータン科）に分類されていました。それから一〇〇年後の今世紀の初め、ヒトに最も近縁な霊長類はチンパンジー属（チンパンジーおよびボノボ）であると結論され、両者は七〇〇万〜五〇〇万年前に共通祖先から別れたことがほぼ確実になっています。

ヒトおよび類人猿の分子系統学的研究が盛んになるのは、一九六〇年に入ってからでした。まだDNAを扱うことが困難な時代であり、免疫抗体法やタンパク質の電気泳動、アミノ酸配列といった遺伝子の産物を分析対象にしていました。この頃すでに、ヒトはオランウータンよりもチンパンジーおよびゴリラに近縁であることを示すデータが出ていました。

特筆すべきは、一九六七年にサリッチとウィルソンが免疫抗体法で推定したヒトや大型類人猿の間の「距離」に分子時計の考え方を導入して、分岐年代を推定したことです。分子時計とは、相同なDNA配列やタンパク質のアミノ酸配列の分子変化の速度は、生物の系統が違ってもほぼ一定であり、分子の変化量が系統分岐の時間に比例することを指します。彼らは、ヒト、チンパンジーおよびテナガザルの血清アルブミンに対する抗体を作り、ヒトや類人猿、オナガザルの血清と反応させました。ヒトのアルブミンに対する抗体なら、ヒトの血清アルブミンとよく抗原抗体反応を起こし、沈殿物が一番多くなります。種が違えば、アルブミンのアミノ酸配列が異なるため沈殿物が少なくなります。そこで、沈殿物量がピークになるのに必要な抗アルブミン血清の量を、種間の免疫学的距離(ID)の指標値としました。

彼らは、ID値の常用対数が二種の分岐年代T(単位は一〇〇万年)に比例すると考え、旧世界ザル(オナガザル科)とヒト上科(テナガザル、大型類人猿およびヒト)の間のID値二・三と、化石記録からそれらの分岐年代の三〇〇〇万年を利用して、logID=0.012Tの式を得ました。ヒトとアフリカ類人猿との平均ID値一・一三を使うと、T=4.42となり、この結果、ヒトとアフリカ類人猿との間の分岐年代を五〇〇万年と推定したのです。この数値は、当時、化石からの推定値の二〇〇〇万〜一五〇〇万年前とはかけ離れていたため、研究者を驚かせました。

一九八二年、アメリカのブラウンはミトコンドリアDNA(mtDNA)の部分塩基配列を分析し、ヒトと類人猿の系統関係を論じました。これが現在、主流となっているDNA配列データ解析の先駆けです。しかし、まだはっきりと統計学的な有意性をもってヒト・チンパンジー・ゴリラの系統関係が解決されたわけではなく、この状況は一九九〇年頃まで続きました。

ヒト科の系統関係　斎藤（2005）を改変

一九九〇年代に入り、ヒトとチンパンジーが近縁であることを統計的に支持するデータが出始めました。一九九五年、国立遺伝学研究所（遺伝研）の宝来聡らが大型類人猿のmtDNA全塩基配列を解読し、系統解析の結果、ヒト－チンパンジー近縁説はほぼ決定的となりました。その後二〇〇〇年頃まで、細胞核の遺伝子の配列データを用いた分析が増加し、ヒト－チンパンジーの近縁性が確実になりました。

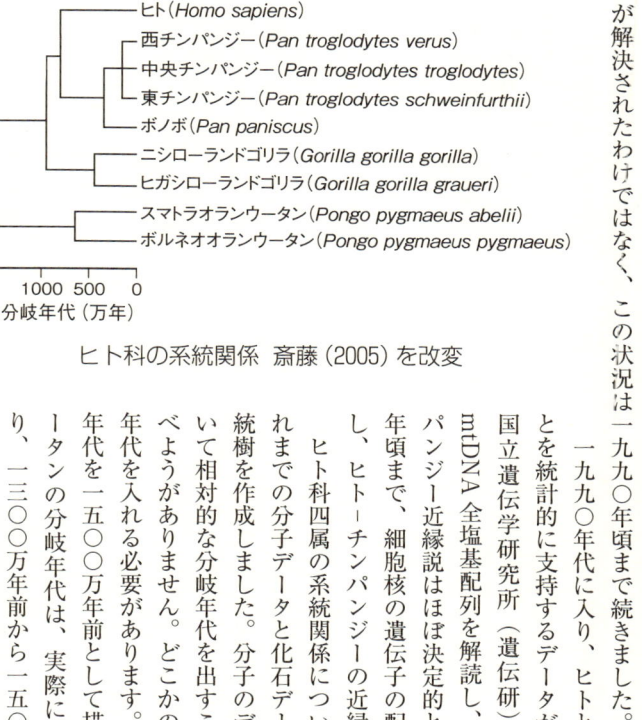

ヒト科四属の系統関係については、遺伝研の斎藤成也がこれまでの分子データと化石データを総合して、図のような系統樹を作成しました。分子のデータでは、それぞれの種について相対的な分岐年代を出すことはできても、絶対年代は調べようがありません。どこかの分岐点に化石記録からの絶対年代を入れる必要があります。図は、オランウータンの分岐年代を一五〇〇万年前として描かれています。このオランウータンの分岐年代は、実際には研究者によって解釈が異なり、一三〇〇万年前から一五〇〇万年前と幅があります。例えば、ヒト科の共通祖先から、オランウータンが一四〇〇万

年前に分岐したとすると、ゴリラは七三〇万年前に分化し、チンパンジーとヒトは五四〇万年前に分かれたことになります。

チンパンジー属のチンパンジーとボノボの分化については、はっきりと年代推定がなされていませんが、二五〇万年前ぐらいであろうと考えられています。オランウータンは現在、ボルネオ島とスマトラ島に生息しており、互いに遺伝的に大きく分化しています。そのためIUCN（国際自然保護連合）のレッドリスト（絶滅危惧種リスト）では別種として扱われています。ゴリラも同様に図の二種類は種として扱われ、マウンテンゴリラはヒガシローランドゴリラの亜種、ナイジェリアのクロスリバーゴリラはニシローランドゴリラの亜種と記載されています。チンパンジーは生息場所ごとに亜種分類され、それぞれが遺伝的に分化しています（日本の動物園で見られるのは、ほとんどニシチンパンジー）。最近、ナイジェリアチンパンジーが第四の亜種として扱われるようになりました。分子系統的にはニシチンパンジーに近縁です。

ポストゲノムプロジェクト時代と言われる現在、ヒトとチンパンジーの間にはゲノム全体で一・二三パーセントの違いしかないことが明らかにされました。しかし、この数値は相同なゲノム領域を比較したときの数値であって、一方の種には見つかる領域が他方にはないというように、構造の違いも指摘されています。チンパンジー以外の大型類人猿のゲノム概要配列はまだ解明されていませんが、いずれ明らかにされ、ヒト科四属間で相互にゲノム全体の比較ができるようになるでしょう。将来、これら四属の極端に分化した形態的特徴や、各種に特徴的な行動や社会システムが、ゲノム情報から解読できるようになるでしょうか？

（田中洋之）

91 ヒトとサルの染色体はどう違うの？

染色体とは「生命を司るすべての遺伝子が納まっている物質」と定義されます。すなわち生物は、大腸菌のような原核生物も、ヒトに代表される真核生物も、染色体を持っています。前者は一個の輪状ＤＮＡの染色体を持ち、後者はＤＮＡとタンパク質が結合したクロマチンというヒモ状構造が、何重にも螺旋状《らせんじょう》にたたまれた巨大分子の染色体を持ちます。霊長類は真核生物ですので、後者の染色体を持っています。ヒトとサルでは染色体の基本構造に相違はありませんが、数と形（核型）が違います。核型は通常、生物の種ごとに異なっていることが多く見受けられます。

染色体の形を決めるのは、動原体（セントロメア）の位置です。動原体とは染色体を構成する二本の姉妹染色分体（ＳＣ）を、細胞分裂時に娘細胞に分けるための機能構造です。その部位はくびれているので、その位置によって染色体の形が決まります。基本的形態は動原体の相対位置によって、おおまかに五種類に区分されます（図１ａ参照）。形態情報にサイズを加えることで、核型の順番を決めることができます。核型は進化の途上に構造的変異が起こることで変わります。染色体の数を変える変異は、動原体融合（ＣＦｕ：異なる二本の染色体の動原体同士が融合し一本の染色体になる）と、動原体開裂（ＣＦｉ：動原体が切れて二つの染色体になる）（図１ｂ）であり、形を変える変異

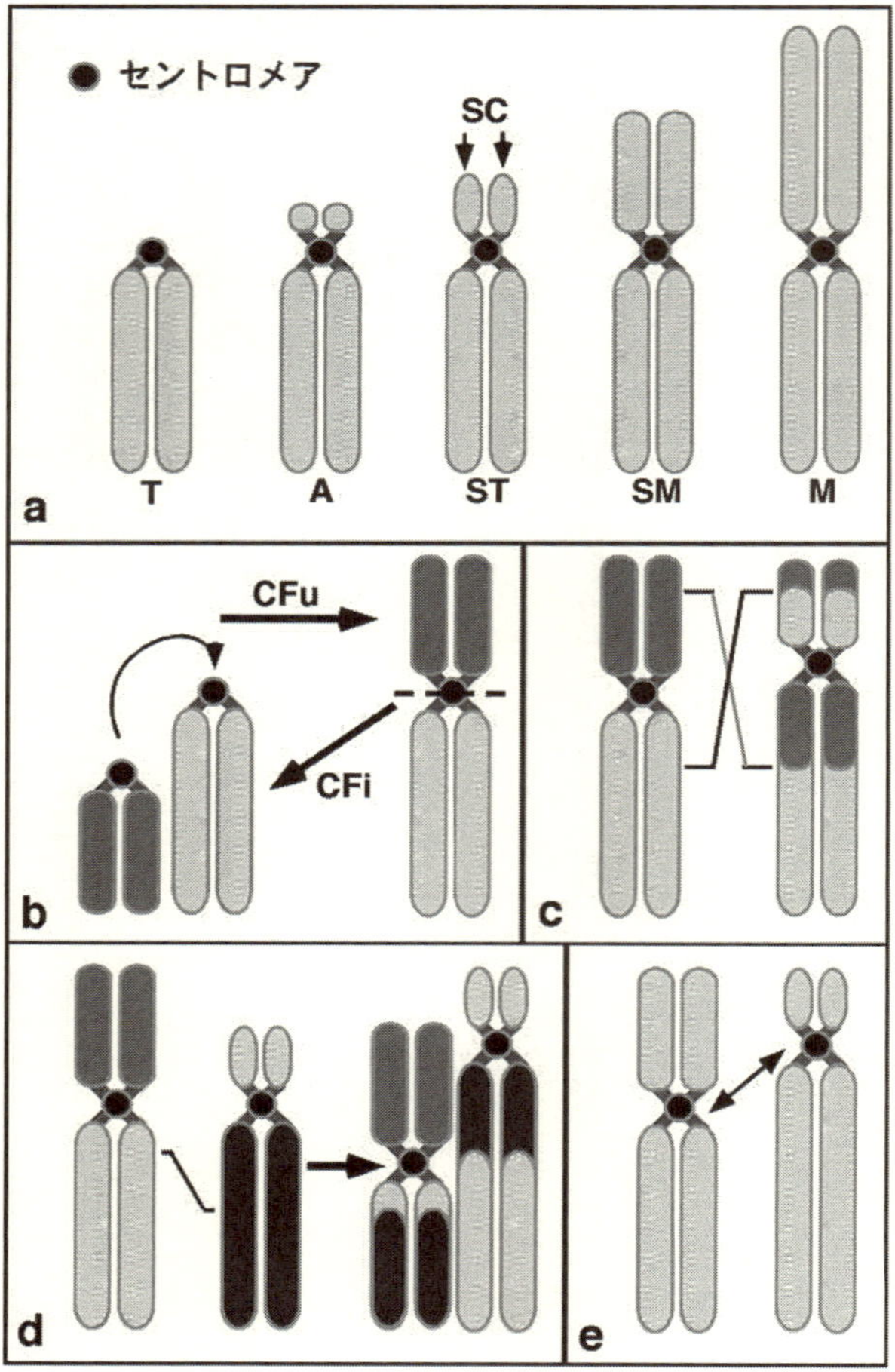

図１　染色体の基本形と核型を変える染色体変異
a.染色体の形。腕の長さの比から次のように呼びます。T：テロ染色体　A：アクロ染色体　ST：サブテロ染色体　SM：サブメタ染色体　M：メタ染色体　b.動原体融合（CFu）、動原体開裂（CFi）　c.挟動原体逆位　d.相互転座　e.動原体移動。SC：姉妹染色分体

は挟動《きょうどう》原体逆位（図1c）、相互転座（図1d）、そして動原体移動（図1e）などです。

これらの変異が各個体の配偶子（卵や精子）が形成される過程で偶然に起こり、起こった変異が無害（個体が生存でき、子を残すことができる）であれば、親から子へと受け継がれていきます。親から子へ伝わる頻度が高ければ高いほど種内に広がり、固定され、その種の個性的染色体となります。その途中のものを染色体変異多型（種内の個体間で異なる）といいます。固定されるまでは多くの時間が必要です。変異が固定されることが種ごとに特徴的な核型を持つメカニズムになります。例えば、ヒトと大型類人猿（チンパンジー、ボノボ、ゴリラ、オランウータン）とでは、染色体数はそれぞれ四六本と四八本で異なります（図2）。これは大型類人猿と人類の祖先集団において、二本の染色体が動原体融合（図1b参照）によって一本の染色体になり、人類の祖先集団に四六本の染色体が固定されたことによります。そしてその後、大型類人猿のそれぞれの種で、動原体融合以外の染色体変異（逆位やヘテロクロマチン移入・消失など）が生じて、染色体数は四種とも

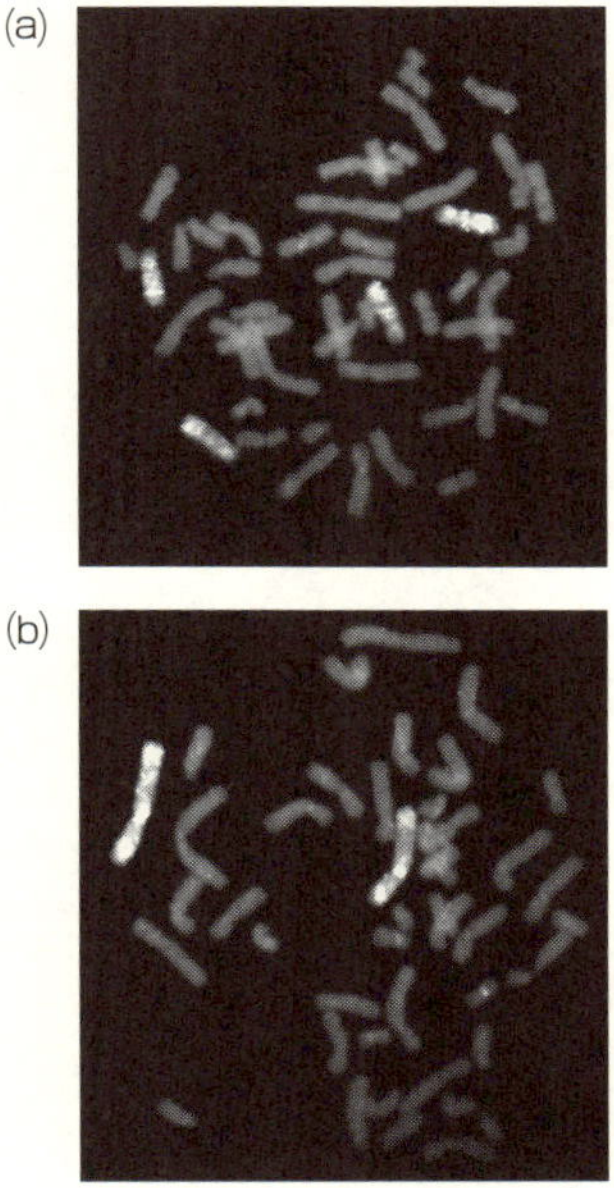

図2　チンパンジー(a)とヒト(b)の染色体比較
チンパンジーで明るく光る4本の染色体が、ヒトでは2本だけしか観察されません。これは動原体融合でその4本の染色体が2本になっている証拠のデータです

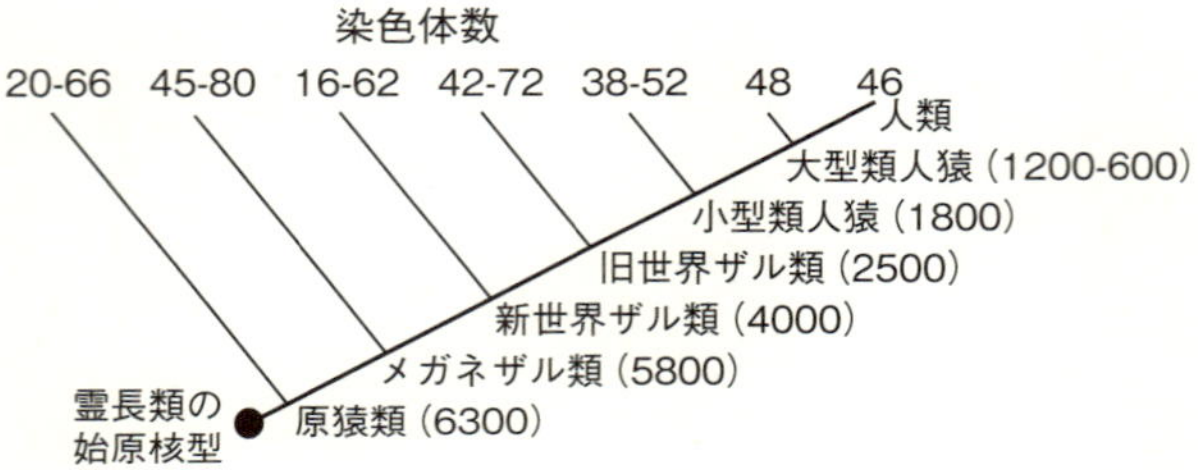

図３　霊長類の各系統群における染色体数
人類と大型類人猿以外は、染色体数に大きな幅がある。例えば、原猿類では種によって20〜66本の異なる数の染色体を持っています。括弧内の数字は分岐年代（万年前）を示します。

四八本と同じですが、それぞれ異なる形の染色体を持っています。

このようなことが各系統群で起こるので、種はそれぞれ特徴的な染色体を持つようになります。染色体は性染色体と常染色体に分けられます。前者はオスかメスの性の決定やその器官を作る遺伝子を持つ染色体（XとY）で、後者はオス・メス共通の身体を作る遺伝子を持つ染色体です。

各系統群は祖先集団に基盤となる始原核型をそれぞれ持っていて、種が分化するにともなって染色体が変化した場合、結果的に各種が特徴的な核型を獲得することになります。ですから、図３に示したように系統群ごとにいろいろ異なった染色体数が存在します。霊長類はみんな通常類似のゲノムサイズを持っていますので、染色体数が少ない種は染色体サイズが大きく、逆に染色体数が多ければ各染色体のサイズは小さくなっています。

さらに、各系統群はそれぞれ染色体変異メカニズムの違いを持っています。例えば、小型類人猿（テナガザル類）は数が変化するだけではなく、種間で異なる染色体相互転座（図

1d参照）がたくさん蓄積されています。それは旧世界ザル類（ニホンザル、ラングール、ミドリザルなど）の十数倍にもなります。旧世界ザル類、新世界ザル類（マーモセット、タマリン、リスザルなど）、メガネザル、原猿類（アイアイ、ワオキツネザル、ギャラゴなど）の系統群では、染色体数に大きな違いがあるので、種ができる際に、特定の種に動原体融合・開裂が爆発的に起こったことが推測されます。

このように、生物の進化にともなって、染色体も分化することが比較的、しばしば観察されるので、種を同定する際に、染色体の特性も重要になる場合があります。ちなみに、私たち日本人に最もなじみの深いニホンザルは四二本の染色体を持っていますが、四六本を持つヒトとは、ニホンザルからヒトへの違いを見た場合、一個の動原体融合、三個の動原体開裂、五個の逆位、ならびに六個の動原体移動の変化があったと推定されます。これらの変化は、ゲノム解析が行われたことによって、より明確になってきました。

（平井啓久）

92 ヒトとチンパンジーの違いは何に由来するの？

遺伝とゲノム

ヒトゲノム計画は一九九一年、アメリカを中心とした国際チームの協力のもとにスタートし、二〇〇一年に概要（ドラフト）ゲノム配列が報告されました。その後、現在まで次々と霊長類のゲノム配列も明らかになってきています。ヒトと最も近縁なチンパンジーのゲノム配列は二〇〇五年に発表され、ゲノムレベルでヒトとチンパンジーの違いを調べる事が可能になってきました。ゲノムには遺伝子を作る領域とそうでない領域がありますが、両者を区別せずにヒトとチンパンジーの配列を比較した場合、一・二三パーセントの違いがありました。ウマとシマウマの差はおよそ一・五パーセントと推測されているので、ヒトとチンパンジーのＤＮＡレベルでの差は、ウマとシマウマのそれよりも数字上は小さいことになります。

それほど、系統的には近いヒトとチンパンジーですが、動物園やテレビでチンパンジーを見ると分かるように、形態的に数多くの違いがあります。すぐに思いつくだけでも身体の形や毛の生え方の違いなどが思いつくのではないでしょうか。それらの形態的な特徴だけでなく、脳の大きさやある種の病気（例えば、ヒト免疫不全ウイルス：ＨＩＶ）に対しての感受性の違いなど、生理的な違いも数多く知られています。

では、これらの違いは何に由来するのでしょうか？　世界中の研究者たちがその答えを探そうと日夜努力していますが、その明確な答えは今のところありません。しかし、その答えに迫る有力ないくつかの説が提唱されています。

■仮説1　遺伝子領域に起きる適応的な変化がヒトとチンパンジーの違いを生み出した

ヒトとチンパンジーの形態的・生理的な違いを生み出す基となるのは、その形態形質や生理状態を担っているタンパク質、そしてそのタンパク質を作っている遺伝子の違いである、とする考え方です。ヒトとチンパンジーの遺伝子領域では、ゲノム全体の一・二三パーセントよりさらに低くおよそ一パーセントの違いしかありません。しかし、たとえわずか一パーセントの違いであっても、遺伝子の平均的な長さが一三五〇塩基程度なので、一つの遺伝子あたり平均して一三～一四個の違いがあります。この中には、アミノ酸を変化させる変異がおよそ三分の二程度含まれていると考えられるので、タンパク質の機能の違いを生み出すアミノ酸配列の違いは一つの遺伝子あたり約九個もあることになります。

また、ヒトとチンパンジーが種分化した後に、遺伝子領域に起きた変異がどちらか一方の種において、何らかの適応的な意味を持った際には、その変異は急速に集団中に広まっていくために、その変異が固定されます。そうした変化が積み重なってヒトとチンパンジーの違いができたのではないかという仮説です。

この説を支持する具体例としては、言語遺伝子としても有名になったＦＯＸＰ２と呼ばれる遺伝子があります。この遺伝子がうまく働かないとうまく発話できないなどの症例が知られています。この遺伝子のDNA配列をヒトとその他の霊長類で比べてみると、ヒト以外の霊長類ではアミノ酸配列ではほとんど変異がないにもかかわらず、ヒトにおいてのみ二ヵ所のアミノ酸の変異が見つかってきました。FOXP2は転写因子と呼ばれ、他の遺伝子の遺伝子発現を制御する大切な役割を持っています。この二ヵ所の変異がヒトとチンパンジーの違いの一部を生み出したのではないかと考えられています。

■仮説2　遺伝子発現制御領域に起きる変化がヒトとチンパンジーの違いを生み出した

この仮説は、遺伝子領域そのものではなく、遺伝子の実際の機能体であるメッセンジャーRNAの量や発現するタイミングなどに違いがあることによるとするものです。メッセンジャーRNAはタンパク質を作る基となる部品で、それがどこにどの程度あるかが、実際にタンパク質が機能する上でも重要になってきます。そのメッセンジャーRNAをいつ（発生や成長、昼や夜などのさまざまな段階）・どこで（細胞や核の内側か外側か）・どの程度作るか（たくさん必要なのか、少量でいいのか）を指令している領域が、遺伝子発現制御領域と呼ばれ、遺伝子の上流部分のプロモーターやエンハンサーと呼ばれる領域に存在します。

遺伝子領域にあるDNAの場合と異なり、同じ遺伝子（DNA）から作られるメッセンジャーRNAの場合、それがいつ・どこで・どの程度作られるかという三次元の情報が含まれるため、違いを生み出すための自由度がぐっと上がります。また、同じDNA配列であっても、遺伝子が転写される際に重要な領域のDNAには、メチル化やアセチル化などのさまざまな修飾がなされるため、ゲノムD

NAでは決まらない（後生的またはエピジェネティクスな）変化も、ヒトとチンパンジーの違いを生み出すための重要な源となると考えられています。実際に、ヒトとチンパンジーの遺伝子発現を脳や肝臓、精巣などで比較したところ、脳や肝臓ではおよそ八パーセント、精巣では三二パーセントもの遺伝子において、メッセンジャーRNAの量に差が見られました。一パーセントの違いしかない遺伝子領域と比較して大変大きな違いがあることが分かってきました。

■仮説3　特異的な遺伝子がヒトとチンパンジーのどちらかで失われて違いを生み出した

最後の仮説は、遺伝子そのものがどちらか一方の種において損失した（機能しなくなってしまう）ことが重要だとするものです。仮説1で紹介したような遺伝子領域に起きる変異が適応的な意味を持つことは、ヒトとチンパンジーのように極めて近い種においては、可能性としては低いと考えられています。それに対して、遺伝子そのものの機能がなくなってしまうような変異は、その遺伝子がなくなっても構わない（良くも悪くもない中立な）場合や、なくなった方がかえって好都合である場合などがあるため、比較的高頻度で起きることが予想されています。既存の遺伝子を改変して新たな機能を持つよりも、既存のシステムを壊す方がより起こりやすいということになります（熱力学のエントロピーの法則とよばれ、この世の中の秩序は放っておけば壊れるようにできています）。

実際に、ヒト特異的な遺伝子損失の例として、ミオシン遺伝子の一種が上げられます。この遺伝子は顎の筋肉を作るために重要な遺伝子で、ヒトにおいてこの遺伝子が壊れたため、ヒトは咀嚼《そしゃく》する力がとても弱くなったと考えられています。そして、この咀嚼筋の衰えが脳の形を大きくするのに役立ったのではないか、という推測がされています。その他にも、毛の発生に重要なケラチン遺伝子の一種がなくなることによって、毛の発生がヒトとチンパンジーで異なることや、味覚や嗅覚などの感覚センサー遺伝子にも多くのヒト特異的な遺伝子損失の例が認められることから、この仮説も有力視されています。

現段階では、どの仮説が有力かという決め手はありません。また、それぞれの仮説も単独で正しいのではなく、真の答えはそれぞれの仮説の相互作用も含めた延長線上にあるのだと思います。ヒトとチンパンジーのゲノム配列が決定され、今後、このような研究（ポストゲノム研究）がますます盛んになり、いずれヒトとチンパンジーの違いの本当の理由が明らかにされていくことが期待されています。

（郷　康広）

93 視覚・嗅覚はサルとヒトでどう違う？

遺伝とゲノム

視覚・嗅覚には、眼・鼻での刺激を受けとる段階と、神経細胞を通じての情報処理の段階の二つがあります。ここでは前者について、主に最近進展が著しい遺伝子研究からの仮説や状況証拠を述べます。後者については脳内での情報処理に関するもので、第5章を参照してください。

視覚・嗅覚の第一段階は、刺激（光、におい物質）が感覚受容細胞中に存在する受容体タンパク質によって受けとられることです。このため、どのような刺激が感じられるかは、受容体の特性に依存します。視覚・嗅覚（と味覚の一部）では、Gタンパク質共役型受容体（GPCR）が働き、それらを生産するための遺伝子は、視覚では数種類、味覚では数十種類、そして嗅覚ではなんと数百種類も、ゲノム中に存在します。これらの遺伝子から、それぞれの受容体が、眼の網膜中に存在する視細胞（視覚）や鼻腔中の嗅上皮に存在する嗅細胞（嗅覚）で作られているのです（図）。

視覚の場合、光受容体のタンパク質部分にあらかじめ組み込まれているビタミンAアルデヒド（レチナール）が光を受容します。すると、このレチナールの構造が変化して、受容体タンパク質の構造を変化させ、さらにそれが後続のGタンパク質に情報を伝達します。嗅覚では、受容体タンパク質ににおい物質が直接結合すると、受容体タンパク質が構造変化し、後続のGタンパク質に情報を伝達します。

Gタンパク質は後続の酵素を活性化することにより環状ヌクレオチド（cGMP、cAMP）の濃度を増減させます。これらの結合によってイオンチャンネルが閉じたり開いたりし、細胞に流れる電流が変化し、それに対応して神経伝達物質が放出され、次の細胞に情報を伝えます。この情報は、視覚では視細胞から網膜の複数の細胞を通ってから視神経に伝わるのに対し、嗅覚では嗅細胞が直接嗅《きゅう》球《きゅう》まで神経軸索を伸ばして伝えます。

光刺激は、明暗、そして色の情報があります。におい刺激では種類が非常に多い。したがって、それらに特異的な受容体があり、そしてそれらを作る遺伝子も複数存在します。明暗視に機能する桿体《かんたい》視細胞の光受容体（ロドプシン）と昼間視・色覚に機能する錐体《すいたい》視細胞に存在する複数の光受容体がありいます。これらの受容体遺伝子は、多くの脊椎動物で共通に存在します。大多数の人では四つの遺

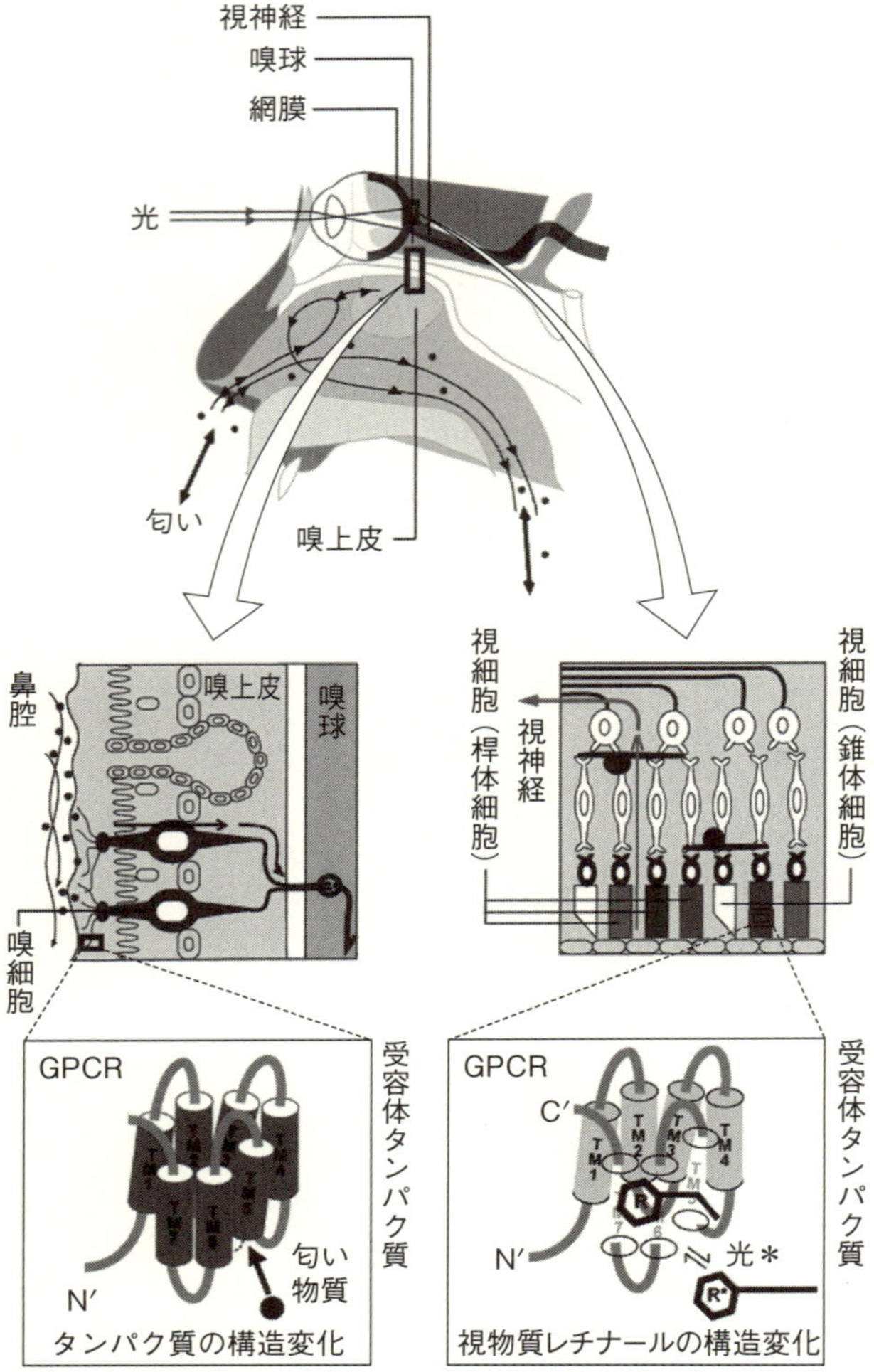

視細胞と嗅細胞の受容体タンパク質が刺激（光、におい物質）を受け取る

伝子が三番染色体（ロドプシン）、七番染色体（青色光受容体）、X染色体（緑色光受容体と赤色光受容体）に存在します（染色体については「91　ヒトとサルの染色体はどう違うの？」を参照）。

遺伝子の数や種類には個人差があり、三つの人もいれば、六つの人もいます。同じ機能を持つ遺伝子が複数ある場合、遺伝子多型といいます。また、それぞれの遺伝子の塩基配列も、個体ごとに微妙に異なっています。類人猿やマカクなどの旧世界ザルでも、ヒトと同様の遺伝子が存在するため、明暗視に加えて三色性の色覚を持っています。一方、新世界ザルや原猿では遺伝子数はそれほど多くありません。多くの種は、マウスと同じように、常染色体にロドプシンと短波長光受容体（主に紫外線～青色光を受容）の遺伝子を、X染色体に長波長光受容体（主に緑色～赤色光を受容）の遺伝子を持っています。つまり、明暗＋二色の色覚が基本です。ただ、それぞれの種の行動パターンや生息環境などによって遺伝子数は異なり、夜行性の多くの種では短波長光受容体が欠損しています。

光受容体のように、感覚受容体の遺伝子数は、動物の感覚を推定するのに有効そうです。視覚以外の感覚受容体ではどうでしょうか？　最近のゲノム研究の進歩により、味覚受容体や嗅覚受容体でも種によって遺伝子が違っていることや、種内に遺伝子多型が数多く存在することがわかってきました。特に、嗅覚受容体は遺伝子数が数百におよぶため、これまで人力での解析がむずかしかったのですが、データベースと検出プログラムを駆使した研究の結果、それぞれの霊長類が持つ遺伝子数についての全貌がわかり始めています。具体的には、これまで同定されている嗅覚受容体に類似した遺伝子構造を持つ塩基配列をゲノムの中からピックアップする（相同性検索といいます）ことです。この検索はコンピューターの得意とするところで、数十億塩基対のゲノム配列の隅々まで調べることができるようになってきました。

遺伝子や偽遺伝子（機能を失った遺伝子）の数についてわかってきたことは、まず、ヒトや類人猿・旧世界ザルはマウスや原猿・新世界ザルに比べて嗅覚遺伝子と考えられるもの全体の中の偽遺伝子の割合が高いことです。つまり、三色性の色覚をほぼ確実に持つ霊長類は、嗅覚受容体では偽遺伝子が多くて、鼻の中で情報を受け取れる種類が少ない。一方、一～三色の色覚変動を示す霊長類は、有効な嗅覚受容体数を比較的多く保っている傾向が読み取れます。生物が持つことができる遺伝子数や細胞数、処理できる情報量は有限であるため、視覚と嗅覚という環境情報を受容する仕組みにも、それぞれの種ごとに重点が異なるようです。これを感覚間のトレードオフと言います。

それぞれの霊長類が持つ受容体の種類も種ごと、個体ごとに異なります。どんなにおい物質がどの受容体にとらえられるかがわかっているのは、まだ、ほんのわずかです。これからの細胞生物学的な研究により受容体とにおい物質の関係がわかってくると、どの霊長類（どの個体）がどんなにおいに敏感か、鈍感かまでもが遺伝子レベルで記述できるかもしれません。この場合も視覚の場合と同様、習性や生息環境との関係が注目されるところです。

（今井啓雄・松井　淳）

視覚・嗅覚といったメカニズムがはっきりわかっている感覚に比べて、ヒトを含めた霊長類におけるフェロモンの研究は、まだはっきりわかっていないことが多いというのが実情です。そもそも「フェロモンを感じる」といった表現が適切かどうか、微妙なところです。ここでは、現在までに提出されている状況証拠をもとに、サルでも「フェロモンを感じるか」どうか考えてみましょう。

フェロモンは一般的に、「①動物個体から分泌放出され、②同種の他個体に特異的な反応を引き起こす物質」と定義されています。昆虫で多くの研究があり、哺乳類ではマウスや家畜動物の研究が先行していて、条件を満たす物質が同定されています。特に②に関して受容する器官や受容体が同定されているため、これらの受容体の遺伝子が霊長類のゲノムに存在するかどうかを指標に、研究は進められています。

フェロモン受容体は、嗅覚や視覚受容体と同様、Ｇタンパク質共役型受容体です。マウスのゲノムにはＶ１Ｒ、Ｖ２Ｒなどの受容体遺伝子が、数百個存在しています。これらの受容体はマウスの主なフェロモン受容器官として考えられている鋤鼻《じょび》器《き》（口蓋と鼻腔の間に存在する）に特異的に発現しています。鋤鼻器細胞のＶ１ＲやＶ２Ｒはフェロモン物質を受容すると、Ｇタンパク質を活性化し、そこから最終的にＴＲＰＣ２チャンネルが開き、イオンが細胞内に取り込まれ、細胞が活性化されます（図）。それが神経情報として、脳の前方にある副嗅球《ふくきゅうきゅう》（神経、においの方は嗅上皮から主嗅球《しゅきゅうきゅう》に伝達されます）から脳へと伝達され、最終的に「同種の他個体に特異的な反応」を引き起こすと考えられています。

ゲノム配列が解読されるにつれて、ヒトや類人猿、旧世界ザルなどの狭鼻猿類では、「偽遺伝子で

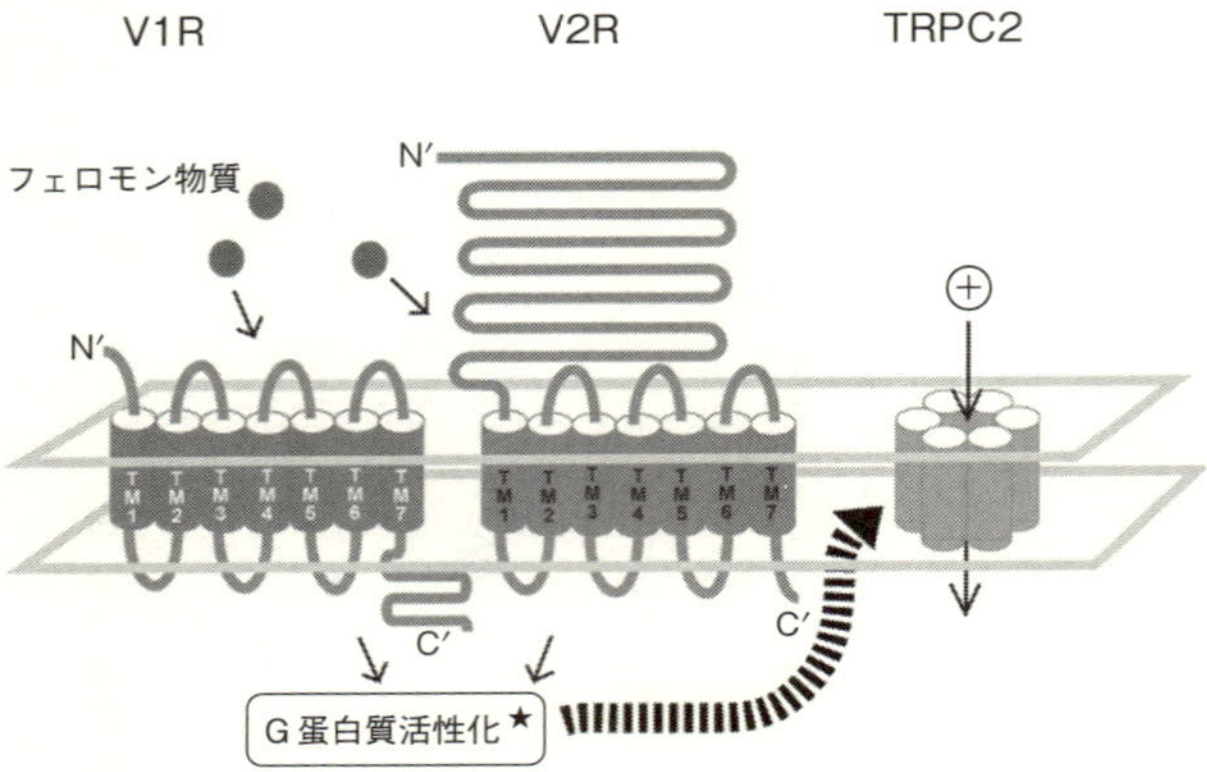

フェロモンはフェロモン受容体によって受容され、細胞を活性化させる

ない」機能的なV1RやV2Rが非常に少ない（〇〜五個）ことがわかってきました。それにくわえて、細胞の応答を引き起こすTRPC2チャンネルも偽遺伝子化しているようです。したがって、おそらく狭鼻猿類では鋤鼻器によるフェロモン受容は、ほとんど働いていないことが予想されます。実際、解剖学的にもこれらの霊長類では鋤鼻器を見つけだすことさえ非常に困難です。

一方、新世界ザルや原猿ではマウスと同様、鋤鼻器も存在し、TRPC2チャンネルも偽遺伝子化していないことがわかっています。そして、これらの霊長類では「フェロモンらしい」現象もいくつか報告されています。

例えば、マーモセットでは複数のメスを同居させておくと、下位のメスは不妊になりますが、群れからこの下位のメスを引き離すと排卵が始まります。ところが上位のメスから発する分泌物が存在すると排卵が遅れることから、上位のメスが発する分泌物にフェロモンが存在するようです。興味深いことに、別の群れの最上位のメスの分泌物は、排卵を抑制しないことから、何らかの個体特異的な物質（またはその集合体）が、影響していると考えられます。

マダガスカル島に生息するキツネザルの仲間は、におい付け行動を行うことで有名です。例えばワオキツネザルは、手首や腕などに存在する臭腺《しゅうせん》を木の枝などにこすり付けることで、自らの存在を周囲にアピールします。最近では、これらの分泌物がガスクロマトグラフィー連動型質量分析計によって、すべてを取り残さずに解析できるようになり、分泌物の成分プロファイルが個体や季節ごとに異なることがわかってきました。今はまだ「これぞフェロモン物質」という物質は発見されていませんが、このように新世界ザルや原猿では同種個体間のコミュニケーションに化学物質を用いている例はあるようです。

ヒトを含む狭鼻猿類でも、「フェロモンらしい」現象は報告されています。有名なのは「寄宿舎効果」で、女性が共同生活していると月経周期が同調することをマックリントックらが報告しています。わきの下（腋窩《えきか》）のアポクリン腺から分泌される物質の中に、この原因となる物質が含まれているらしいのですが、まだその正体は明らかになっていません。また、先にも述べたように、狭鼻猿類の場合は鋤鼻器系の働きが不十分なため、嗅覚器を介在する可能性を考える必要もあります。実際、ヒトの嗅上皮にはV１Rに似た、嗅覚受容体以外の化学物質受容体が発現していることが報告されています。

以上、これまでに知られている霊長類のフェロモンに関する状況証拠を述べました。フェロモンの定義①②両方を満たす物質は霊長類ではまだ同定されていませんが、その候補はだんだんと絞られているため、今後、①分泌側と②受容側の両方から、最新技術を使った研究が進むと期待されます。またフェロモンが嗅覚と異なる神経回路で処理されているとしたら、「においとしては認識されず」、意識下（サブリミナル）で情報処理されている、すなわち「フェロモンを感じる」ことはできないが「フェロモンを受容している」可能性もあります。まだ未解明のことが多いですが、これからの発展が期待される、非常に魅力的な研究分野です。

（今井啓雄・松井　淳）

95 サルの毛色の違いはどうして起きるの？

遺伝とゲノム

毛色は他の形態的特徴と同じく、毛や羽毛を持つ生物群の種を分けるマーカーとしてたいへん重要です。霊長類においても同じです。しかし、一方で、毛色は同じ種でも多様性が高く、一概に毛色だけで種を同定することができない場合も多くあります。

例えば、写真に示したアジルテナガザルは黒色（左）から茶褐色・黄色（右）まで、幅広い毛色の変異が見られます。ですから、毛色だけから種を同定するのはかなり難しい場合もあります。また、雌雄で異なる毛色を示すグループもあります（例えば、ボウシテナガザル、シロマユテナガザル、クロテナガザル群など）。これを性的二型といいます。さらに、成長にともなって毛色が変化するグル

写真　アジルテナガザルの毛色変異。左の個体は体全体が黒。右の個体は体全体が褐色から黄色。両個体とも顔の輪郭と顎は白い毛で覆われている。インドネシアのスマトラで撮影したもの

ープもあります（例えば、ラングールの仲間）。これらのことは他の動物、特に哺乳類でも見られますが、毛色は霊長類の系統群でいろいろな特徴を持っていて、かなり高い多様性を示しています。まさに長い進化の中で形成されてきた、霊長類の歴史を毛色で物語っているとも言えます。

　では、なぜ毛色が系統群で異なる色を示したり、種内変異が起こったりするのでしょうか。ヒトを除くと、霊長類を用いた毛色の研究はまだほとんどありません。マウス、イヌ、ネコ、ウシなどの実験動物、あるいは家畜を使った研究が比較的多く見られます。それは人の好みや利用価値によって選択された形質が多く、自然界で起こった現象をとらえるよりも、解析しやすいということも関係しているのでしょう。しかし、毛色発現のメカニズムはかなり複雑なようで、これらの動物においてもいまだに完全解明には至っていません。

　先に触れた哺乳類で解明されつつある毛色発現メカニズムは、霊長類の毛色変異の理解につながると思いますので、それを簡単に紹介します。図に示したように毛母基《もうぼき》にはメラノ細胞があって、黒色色素のメラニンを合成し、毛が皮膚から出てく

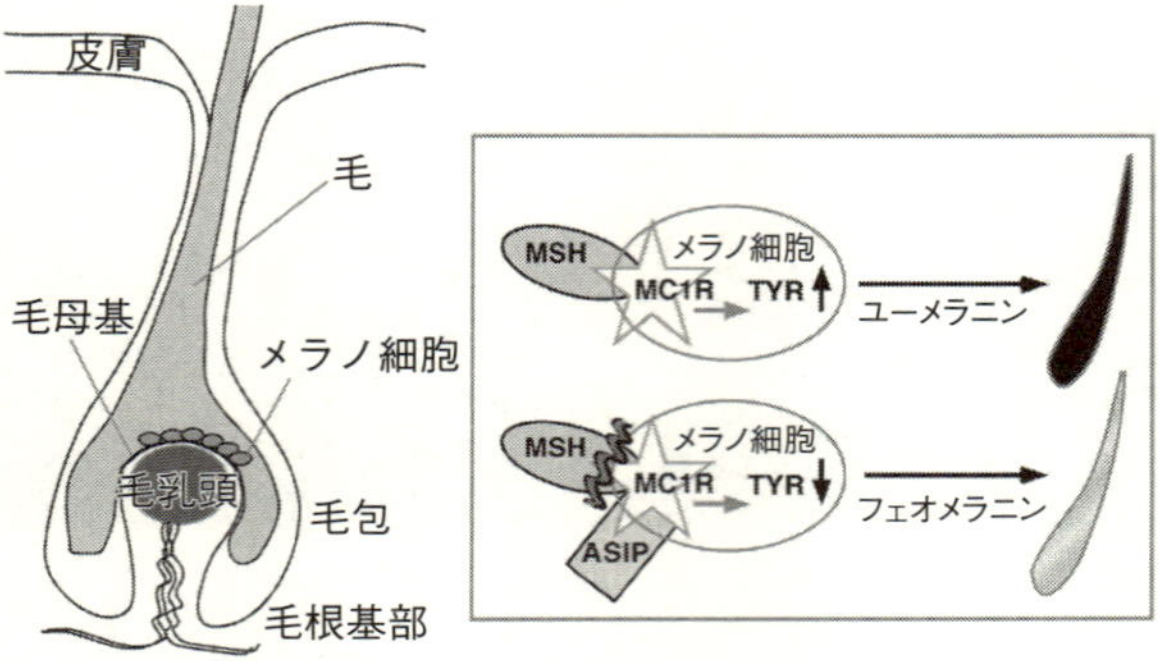

図　毛の形態的特徴（左）と毛色発現の分子関係（右）

る時に、その色を決定する基盤となります。そのメラニンは二種類に分けられ、ユーメラニンは暗い色、フェオメラニンは明るい系統の色を作ります。簡単にいえばメラニンの質と量が毛の色を決定しています。

具体的には、メラノ細胞において、メラニン合成を促進するメラニン細胞刺激ホルモン（ＭＳＨ）とその受容体であるメラノコルチン１（ＭＣ１Ｒ：メラノ細胞の細胞膜にある）が結合すると、色素合成を担う酵素（チロシナーゼ：ＴＹＲ）の活性が高まり、ユーメラニン形成を促進し、暗い色を発現させます。さらに、毛包《もうほう》部位に存在するアグーチ遺伝子が発現するＡＳＩＰというタンパク質は、ＭＣ１Ｒと結合すると、ＭＳＨとＭＣ１Ｒとの結合を阻害するために、チロシナーゼの活性が下がり、フェオメラニンが合成され毛は明るい色となります。アグーチ（agouti：南米のネズミ類の哺乳類）という用語は、哺乳類の毛の灰色の特徴に与えられたものです。個々の毛で明・暗色が、交互に繰り返し作られることによって生じます。アグーチ遺伝子は毛の成長期に生じる色素タイプの切り替え、明るい色の帯が毛に形成されるのに関与しています。

アグーチ遺伝子が関与することで、一本一本の毛の配色パターンが決まります。したがって、最初に紹介したアジルテナガザルの黒色個体と黄色個体は、MC1R、MSH、ASIPの三者の関わりによって生まれた個体変異だと推測されます。ただし、暗色・明色のどちらが発現するかは、自然環境への適応やその個体のゲノムの特性によって変わるものと思われます。ちなみに、インドネシアのスマトラ島に生息するアジルテナガザルは、低地に生息するものが黒い毛色、高所に生息するものが明るい毛色（褐色～黄色）をしている傾向があります。この特徴を標識にして、スマトラのアジルテナガザルを二亜種に分ける研究者もいます。

毛色に関連する遺伝子座は、現在二〇〇以上あることが、マウスで明らかになりつつあります。ですから、上に示したものよりも、もっともっと複雑な、あるいはその他のメカニズムも存在するかもしれません。霊長類の毛色も他の哺乳類や鳥類と同じく、非常に多様です。特に、マダガスカルの原猿や新世界ザルや旧世界ザルは黒～赤～黄の幅広い毛色変異を示します。霊長類には実験動物や家畜のようには人の選抜が施されていませんので、自然界の環境や選択圧が毛色の決定に関わっていると思われます。その色の決定には、先に紹介したメカニズムだけではなく、他のいろいろな遺伝子発現修飾も複雑に絡み合っているようです。

霊長類八三種のMC1R遺伝子の解析では、系統進化にそって遺伝子も分化してきたことが示されましたが、MC1Rの塩基配列と毛色の表現型は必ずしも直接的な関係ではないことも明らかになっています。イヌで行われた研究では、遺伝子を含む「コード領域」と遺伝子を含まない「非コード領域」の両方の変化によって、毛色の多様性を醸し出していることが明らかになりつつあります。テナガザルでは、毛色発現に関与しているASIPの遺伝子が、ゲノム中から抜け落ちているというデータも、最近報告されています。また、霊長類では珍しい、アカゲザルで発見されたアルビノ（白化）個体は、チロシナーゼ遺伝子に点突然変異が起こっていることが明らかになっています。こういったいろいろなゲノム変化が、種特異的な霊長類の毛色発現に複雑に絡み合っていると思われます。

（平井啓久）

96 ニホンザルはどこから来たの？

遺伝とゲノム

ニホンザル（*Macaca fuscata*）は真猿類のオナガザル科マカカ（*Macaca*）属のサル（これ以後、マカクと呼びます）で、日本の固有種です。種小名のフスカータ*fuscata*は「暗色がかった」を意味します。マカクの祖先は中新世末期（約六〇〇万年前）に地中海付近に生息し、その後は東に進出しアジアに到達したと考えられています。アフリカやヨーロッパが起源地のマカクは、現在一九種以上に分類されており、北アフリカの一種以外はすべてアジアに分布し、アジアを代表する霊長類になっています。現在、マカクはアジアの熱帯から温帯地域に生息し、高緯度に進出した種がニホンザルで、下北半島が世界の野生霊長類の分布の北限にあたります。

一九七六年にシカゴのフィールド自然史博物館のジャック・フーデンは、生殖器の形態特徴などからマカクを四つの種グループに分類しました。ニホンザルはカニクイザルグループの一員として、カニクイザル（東南アジアに分布）、アカゲザル（中国からアフガニスタンまで分布）、タイワンザル（台湾に分布）に近縁なサルと考えられました。その後、タンパク質やＤＮＡによる分子系統研究から、この分類は支持され、ニホンザルはアカゲザル、それもアジア大陸東部のアカゲザルに近縁という証拠が固まりました。

ニホンザルの起源については、形態学、古生物学、生態学、遺伝学の研究成果が参考になります。形態では尾が短いことがニホンザルの最大特徴で、近縁種に比べて尾率（頭胴長に対する尾長の割合）が非常に小さいのです（ニホンザル一八パーセントに対してカニクイザル一〇九パーセント、アカゲザル四六パーセント、タイワンザル七四パーセント）。尾率には緯度に相関して小さくなる傾向（アレンの法則）が認められ、タイワンザルやカニクイザルもこの相関関係を満たしています。つまり、ニホンザルはカニクイザルグループの中で、高緯度に進出し、寒冷地に適応した形態変異を示す種ということです。しかし、中国のアカゲザルの中にはこの相関関係から外れるものが見つかっており、その原因は祖先の分布が氷期にいったん南下し、最終氷期以後の温暖化で再び北上したためだと議論されています。

古生物学研究では、古い時代に日本にニホンザル以外のサルがいたことが証明されています。岩本光雄らは、神奈川県で発見した後期鮮新世（約二五〇万年前）のコロブス類（アフリカのコロブスやアジアのラングールを含むサルの仲間）の化石を二〇〇五年に報告しており、この先住者の後にアジア大陸から日本列島にマカクが侵入し、ニホンザルとして定着したと考えられています。最古のニホンザル化石は、岩本光雄と長谷川善和が一九七二年に報告した、山口県美祢《みね》市で発見された大臼歯だといわれています。相見満（二〇〇二）はこの化石の年代を、伴出する長鼻類（ゾウの仲間）化石の年代から、約六三万年前（トウヨウゾウの渡来時期）あるいは約四三万年前（ナウマンゾウの渡来時期）と推定しています。また、青森県下北半島の尻屋《しりや》崎《ざき》で発見された犬歯（推定年代は約一二万年前）により、ニホンザルの祖先は最終氷期（一〇万～一万年前）以前に本州の北まで達していたと考えられています。ニホンザル祖先の渡来経路と考えられる朝鮮半島でも、マカクの化石は発見されていますが、詳細な研究報告がなく、ニホンザルやアカゲザルとの関係については今後の研究が望まれます。

　生態学研究では、一九七五年に上原重男が食性（特に主要木本植物の構成）に注目して、ニホンザルの成立過程の仮説を提案しています。ニホンザルの主要食物は、朝鮮半島南部の植物相の組成と似ており、暖温帯林から冷温帯林の要素が強く、亜寒帯針葉樹林の要素は取り入れていないことから、この説では、祖先は暖温帯林から冷温帯林を通り、西から日本列島に分布を広げたと考えています。しかし、屋久島には亜熱帯性の樹種を含む照葉樹林まで進出したサルもおり、採食生態の保守性が高いのかどうかはよくわかっていません。各地の野生ニホンザルの生態を比べて、仮説の検討が望まれます。

　遺伝学研究では、ニホンザルの起源について対立する二つの仮説があります。第一の仮説は、一九九一年に血液タンパク質の地域変異研究から、霊長類研究所の変異研究部門（当時）の野澤謙らによ

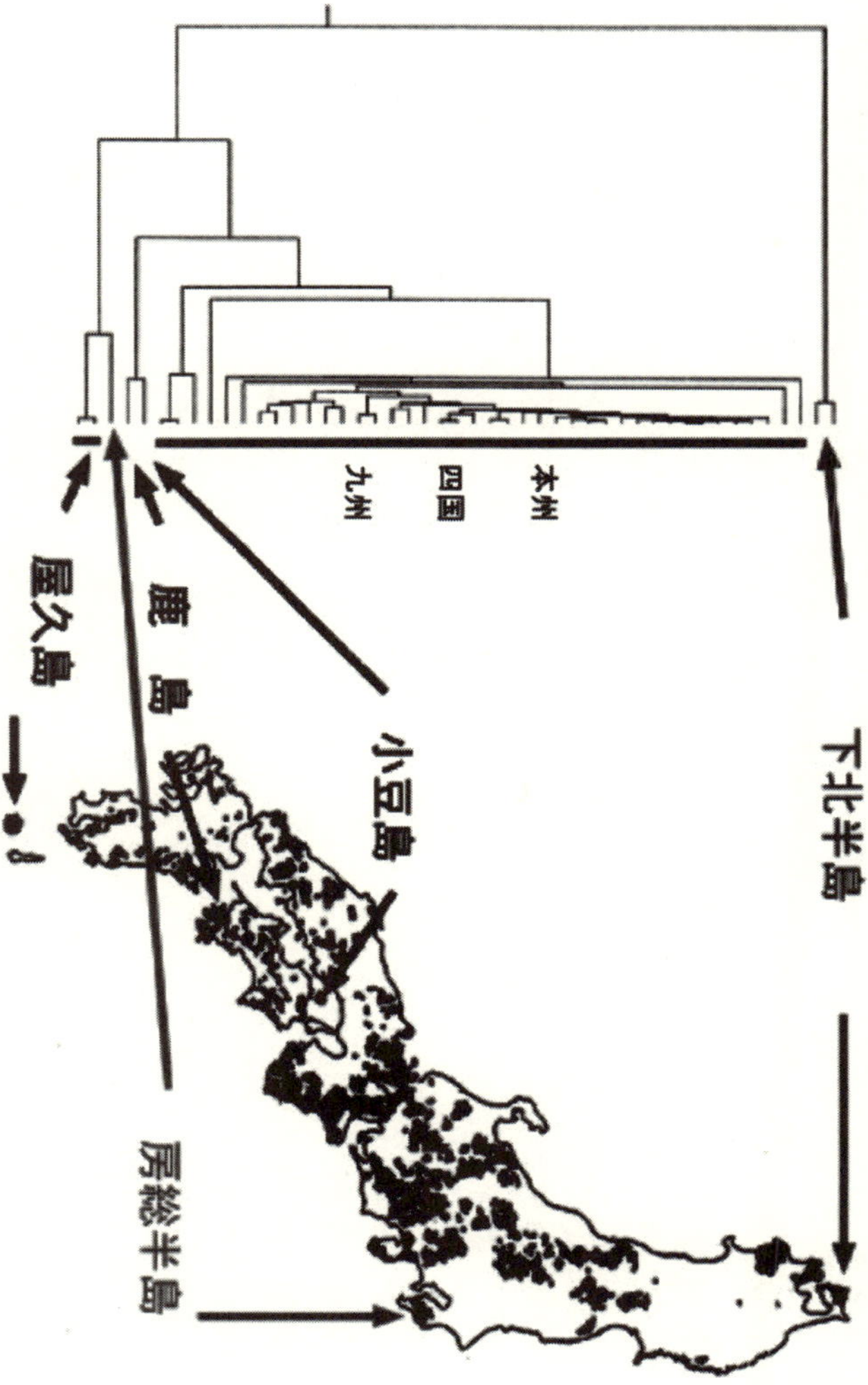

図1　血液タンパク質遺伝子に見られる地域集団の遺伝子分化

り提唱されました。遺伝距離から描いた関係（図1）でわかるように、核遺伝子（常染色体遺伝子が中心）にコードされる血液タンパク質では、下北半島、房総半島、屋久島、小豆島などの半島や離島の個体群が、他地域から分化しています。この分化パターンを説明するのに、大陸から祖先が何回か別の時期に入った可能性、つまり多系起源が推定されました。

第二の仮説は、ミトコンドリアＤＮＡ（mtDNA）の地域変異研究から、二〇〇七年に私たちが提唱した仮説です。図２のように、この分子標識では東日本と西日本の個体群が大別できます。東西の遺伝子多様性の違いや分子系統関係から、西が古く東が新しいこと、東では祖先が短い進化時間で個体群サイズを拡大させた証拠があること、野澤らが指摘した下北半島や房総半島などの個体群では他地域と大きく分化していないことが認められます。この結果から、ニホンザルは大陸由来の祖先から、一回の渡来で（単系的に）成立したと推定されます。

二つの仮説の根拠になった分子標識は、性格が違います。血液タンパク質は両親から遺伝する核遺伝子であり、mtDNAは母から子に遺伝（母性遺伝）する遺伝子です。ニホンザルではオスとメスで生活史が異なり、メスは出生群にとどまり、オスは成熟年齢（四〜五歳）になると出生群を離れます。メスは動かないのが常ですが、群れが分裂するときには生息地を変えることがあり、したがって、母性遺伝する遺伝子の突然変異であるmtDNAの地域変異は過去の群れ分裂経過、つまりサルの分布の歴史的変化を反映することになるわけです。一方、核遺伝子では、移住するオスが遺伝子を運び、地域間の遺伝子交流を促すので、群れ間の遺伝的分化が干渉されやすくなります。オスを介しての他地域との交流が少ない孤立個体群では、核遺伝子の分化が大きくなります。下北半島や房総半

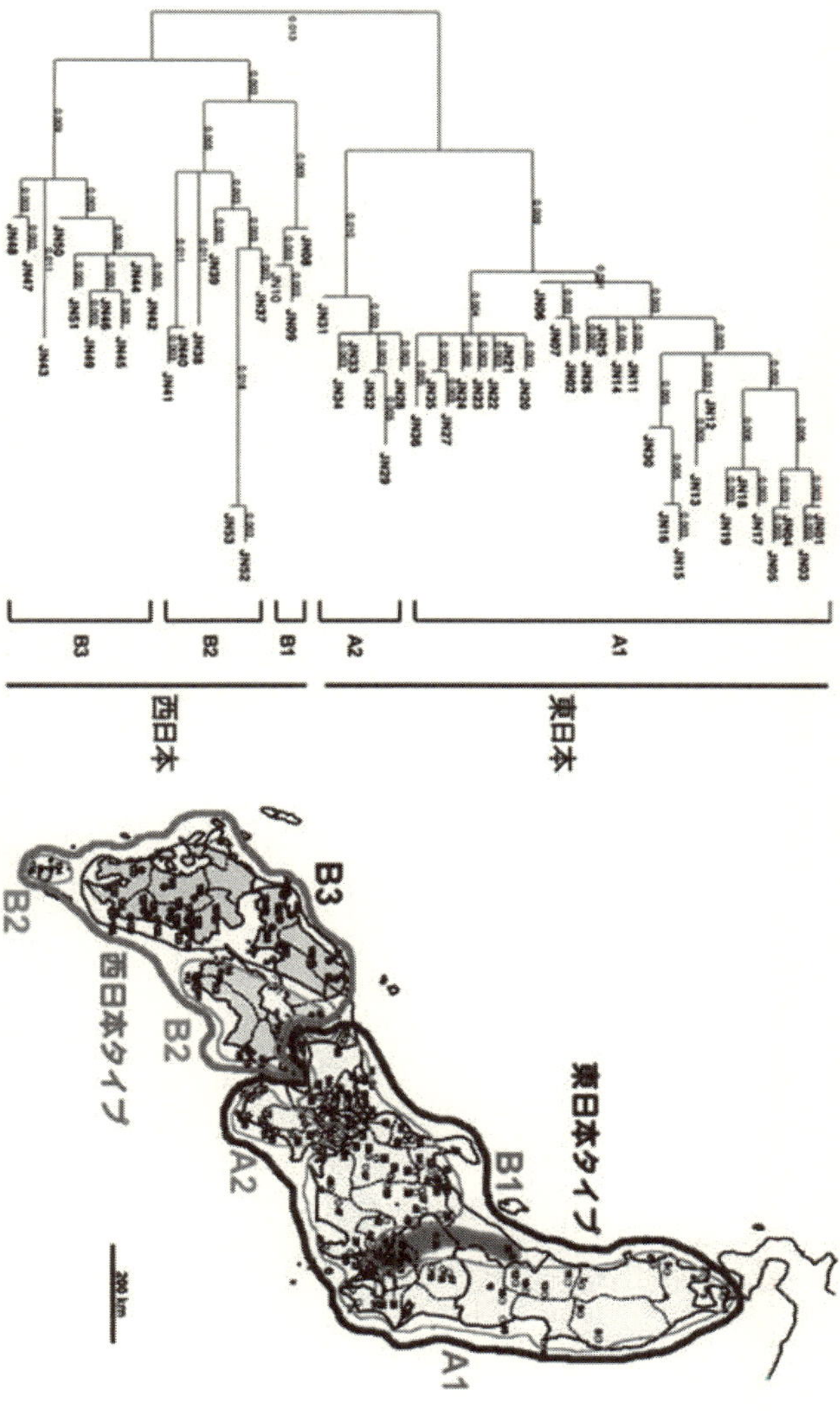

図2　ミトコンドリア遺伝子に見られる地域集団の遺伝子分化

島の個体群では、他地域との交流がとぼしく、個体群サイズが小さいので、進化時間と比例しない大きな遺伝分化を起こしていることも考えられます。したがって、多系的と見なす第一仮説の根拠は弱いかもしれません。

異なる分野の証拠から、ニホンザルは大陸のアカゲザルとの共通祖先から生まれたというシナリオが支持されています。しかし、ニホンザルの祖先がどのように日本列島に定着したかというシナリオは、まだよくわかりません。霊長類の北限地に、サルたちがどのように進化し、生存するかは、アフリカを起点に世界中に拡大した現代人と比べる上で興味深い問題です。熱帯起源の霊長類であるヒトの寒冷地適応は、他の霊長類とどのように違うのでしょうか。ニホンザルの生態や mtDNA の研究では、その祖先が列島に侵入した後の氷期に、生息地が南西日本に縮小し、最終氷期以降に東日本で拡大したという仮説が提唱されています。対照的に、ニホンザルに遅れて日本列島に入ってきた現代人の祖先は、最終氷期の寒冷期でも、北海道を含む東日本地域に生活の跡を残しています。

（川本　芳）

第8章

霊長類研究所

「人間とは何か」という問いが続く限り、霊長類の研究はこれからもずっと続くでしょう。霊長類研究所は、京都大学に属しますが、愛知県の犬山市にあります。霊長類研究を志すなら、ぜひ京都大学をめざしてください。他大学に進学しても「共同研究」という制度があります。霊長類研究所は、公開講座も開催しています。霊長類研究所は、飼育するサル類の動物福祉に配慮し、野生のサルたちの暮らしを守りながら、これからも霊長類の研究を続けていきます。

霊長類研究所では、より自然な生活環境で飼育することを目指している。

写真提供／松林清明

97 霊長類の研究は将来どうなりますか？

霊長類研究所

「人間とは何か」という問いが続く限り、霊長類研究もずっと続くでしょう。

一〇〇年前、二〇世紀の初頭に、人間以外の霊長類を対象とした科学研究はありませんでした。動物園で展示する珍獣としての位置づけです。

野生ニホンザルの研究が始まったのが一九四八年です。野生チンパンジーの研究が継続的に行われるようになったのは一九六〇年です。それぞれ長期にわたる研究ですが、まだ短いともいえます。なぜならチンパンジーの寿命は約五〇年です。ということは、「ようやくチンパンジーひとりの一生を見た」という段階でしかありません。

野生霊長類については、不明な点がまだ多いのです。アフリカの六つの研究基地が協力して野生チンパンジー五三四例の出産データを集め、二〇〇七年に論文が公表されました。五〇歳までにほぼ死ぬ、出産間隔が約五年、年老いても最後まで産み続ける、乳幼児死亡率が高く（四歳までに約三割が死ぬ）、平均寿命は約一五歳、ということがわかりました。

宮崎県幸島の野生ニホンザルの群れについては、六十余年におよぶ研究の過程で八世代の群れの歴史が記録されています。一つ、興味深い結果を紹介しましょう。芋洗いを始めた「イモ」と名づけられたサルは、小麦と砂とを選別する方法も考案した賢いサルです。子どももたくさん産みました。でも、その子孫はみな死に絶えています。こうした「賢さ」と繁殖成功とは関係なさそうです。幸島のサルたちは今もイモを洗っています。イモというサルは死に、その家系も途絶えましたが、文化は生き残っています。

「長く継続することで、見えてくる新事実がたくさんある」というのが一つの答えです。もう一つの答えとして、「新しい研究の視点が続々と出てくる」といえます。例えば、ヒトの全ゲノムが解読されたのは二一世紀に入ってからです。ヒト、チンパンジー、アカゲザルは解読されました。今後さらに解読が進むでしょう。ゲノムと脳や行動との関係や、ポストゲノムの研究が注目されています。

里山を囲って作ったニホンザルの放飼場
提供：霊長類研究所

最後に、これからは「保全と福祉の研究が必須だ」といえるでしょう。野外の研究には自然保護の視点が欠かせません。実験室での研究には動物福祉の実践が必要です。ヒト以外の霊長類はすべて絶滅が危惧されているからです。彼らの自然の生息地での暮らしを守り、飼育下での暮らしを健康なものにする、生態保全学や動物福祉学という学問の確立が必要でしょう。

（松沢哲郎）

98 霊長類研究所はどこにありますか?

京都大学の研究所ですが、愛知県の犬山市にあります。

京都大学は一八九七年の創立です。一〇の学部があります。文・教育・法・経済・総合人間・理・農・工・医・薬学部です。これらの学問は、一〇〇年を超える大学の歴史の中で引き継がれてきました。全国どこの大学にも同様の学部があります。

それぞれの学部の上に大学院がありますが、京都大学には学部を持たない大学院が四つあります。情報学、エネルギー科学、生命科学、アジア・アフリカ地域研究です。二〇世紀後半に興隆した新しい学問なので学部を持っていません。

大学には、こうした学部や大学院のほかに、附置研究所があります。教育よりも研究を重視し、それぞれの大学に個性を与えるものが附置研究所です。「附置」というのは、「歴史的な経緯を尊重して、国がその国立大学に設置した」という意味です。

京都大学に一三ある附置研究所の一つとして、霊長類研究所があります。一九六七年に創立されました。その他の附置研究所として、人文科学研究所や、東南アジア研究所や、基礎物理学研究所や、数理解析研究所や、再生医科学研究所や、原子炉実験所があります。

霊長類研究所の設立の原動力は、今西錦司をはじめとする京大の霊長類研究者たちです。今西たちが野生ニホンザルの研究を始めたとき、国や公的機関からの支援はありませんでした。でも、サルの話を一般の人々が興味深く聞いてくれました。

財界からの支援もありました。日銀総裁や大蔵大臣をつとめた渋沢敬三（一八九六〜一九六三）や、名古屋鉄道の土川元夫（一九〇三〜一九七三）です。霊長類学の発展を期して、名鉄の支援で、財団法人・日本モンキーセンターが一九五六年に設立されました。今西の最初の弟子の伊谷純一郎や河合雅雄らがその研究員になりました。

第一キャンパス　提供：霊長類研究所

第二キャンパス　提供：霊長類研究所

一九五八年に、日本モンキーセンターが基地となって、今西と伊谷によって最初のアフリカ探検が成し遂げられました。こうして野生ニホンザルの研究に加え、アフリカのゴリラやチンパンジー研究が加わり、国もようやくその学問の価値を認めたのです。

霊長類研究所を設立するにあたって犬山が選ばれまし

た。京都よりはサル類の飼育に適した広い土地があること、すでに十余年の実績のある日本モンキーセンターと連携が期待できることがその理由でした。名鉄が隣接地を提供してくれました。それで現在の場所に霊長類研究所があるのです。手狭になったので、二〇〇七年に、第二キャンパスを東に五分ほどの地に開設しました。

（松沢哲郎）

99 霊長類研究所で勉強・研究したいのですがどうしたらいいですか？

霊長類研究所

いっしょうけんめい勉強して、京都大学を目指してください。

霊長類研究所は日本に一つしかありません。「霊長類学」を講じる学部も大学院も、ほかには日本中探しても皆無です。霊長類の研究をしたい、霊長類について勉強したい、そういう強い希望があれば、京都大学を目指すことを勧めます。

大学入学と同時に、一回生だけが受けられる授業として、京都大学には「ポケットゼミナール」（略称ポケゼミ）という少人数ゼミがあります。霊長類研究所はこのポケゼミをいくつか提供しています。一回生のときから、霊長類研究所に来て実習を受けることができます。チンパンジーでもニホンザルでも、遺伝子から心まで、いろいろな研究の最先端に触れることができるでしょう。

「霊長類学のすすめ」という全学共通科目もあります。「パンキョウ」つまり一般教養科目です。霊長類研究所の教員がリレー講義をしています。「霊長類学の現在」という実地見学形式の集中講義もあります。

霊長類研究所は学部と関係していません。大学院は、附置研究所なので教育より研究に重きをおいており、大学院教育だけをしています。大学院は、理学研究科生物科学専攻の霊長類学・野生動物系です。京大の大学院しかも理学と聞くとむずかしそうですが、大学入試よりかなり容易です。実際、他大学を卒業して、大学院から霊長類研究所に来る学生がたくさんいます。大学院から京大に来るのも良いでしょう。大学院の入試は四回生の夏です。過去の入試問題は公開されています。ホームページで確認してください。英語と生物学の試験ですが、文系からも理系からも入学しています。毎春のオープンキャンパスに参加してください。なお、二〇〇八年から、有職者が在職のまま博士課程に編入する制度も始めました。

国語の教科書に見入るチンパンジーのアユム
提供：野上悦子

もし志どおりにいかず、他の大学や大学院に進学したとしましょう。その場合は、霊長類研究所の「共同研究」の制度を活用してください。全国の国公私立を問わず、民間の、さらには在野の研究者も受け入れてきました。日本霊長類学会に入ってくださると良いでしょう。どなたでも入会できます。「霊長類研究」や「プリマーテス」（英文誌）を出版しています。年に一回の学術大会があります。それらをもとに勉強を重ねていくとよいと思います。

なお、霊長類研究所は、幅広い市民の方々にも、霊長類について学ぶ場を提供しています。もし、あなたが中高生なら、東京（九月）、京都（五月）、犬山（七～八月）などで開催する公開講座に参加することを考えてみてください。

（松沢哲郎）

100 サルを「動物実験」にも使うのですか？

霊長類研究所

人間は、生きていく上で、どうしても他の生物の命をいただく必要があります。食べるためだけではありません。研究を通じて人間を深く理解するために、あるいは人間の福祉の向上のために、サルの命をいただくことはあります。

「動物実験」という言葉から一般にイメージされるのは、シロネズミやハツカネズミなどを利用した、最終的にはその命をいただく実験です。ネズミではどうにも代用できなくて、サルを対象として実験することがあります。たとえば脳のはたらきの研究です。

ネズミの脳は表面がつるっとしていて、しわがまったくありません。サルの脳は、人間ほどではないですが、しわがあります。脳のしくみとはたらきを知る上で、ネズミの脳では限界があり、どうしてもサルの脳の研究が必要です。

日本は超高齢化社会に向かっています。一般に加齢とともに増えるアルツハイマー病やパーキンソン病といった脳の病気の原因解明のためには、どうしてもサルが必要です。また、われわれの脳や神経が事故や病気で傷ついたとしましょう。そのはたらきの再生を目指す研究にもサルが必要です。

こうした実験動物の命をいただく上で、重要な視点が3Rと呼ばれます。動物実験の基準についての理念です。代替（Replacement）、つまり、細胞だけを使うような別の手段にできるだけ置き換える。削減（Reduction）、つまり、使用する動物の数をできるだけ減らす。改善（Refinement）、つまり、実験動物の苦痛を軽減したり、飼育環境を改善したりします。

リサーチ・リソース・ステーションのニホンザル　撮影：須田直子

人間が、われわれ以外の動物の命をいただくことは、食べることと同様にいたしかたないでしょう。そのかわり、その命を大事にする。生きているあいだ、できるかぎりその動物の福祉の向上に努める「環境エンリッチメント」という努力があります。飼育されている動物の側に立って、その暮らしを少しでも良くする試みです。

なお、実験動物としてサルを使う場合に二つのことを留意する必要があります。第一に、ヒト以外の霊長類の多くは絶滅危惧種ですから、自然の生息地で絶滅のおそれのあるチンパンジーその他の種を動物実験の対象にするのは不当です。第二に、ニホンザルやアカゲザルが実験動物として使われますが、猿害対策として捕獲された野生のものを実験に使うのも不当です。野生群に手をつけず、実験のために使われるサルの自家繁殖体制を確立する必要があります。霊長類研究所は、リサーチ・リソース・ステーションを整備して、里山を囲った広い施設で、こうした実験用のニホンザルを育てています。

（松沢哲郎）

霊長類の分類リスト

曲鼻猿

キツネザル亜目

アイアイ科

和名	学名	生息地	食性							絶滅危険度*1
			果実	葉	樹液	昆虫/動物	種	花	その他	
アイアイ属										
アイアイ	*Daubentonia madagascariensis*	マダガスカル	○	○	○	○	○			

インドリ科

和名	学名	生息地	果実	葉	樹液	昆虫/動物	種	花	その他	絶滅危険度*1
インドリ属										
インドリ	*Indri indri*	マダガスカル	○	○					○	IB
シファカ属										
カンムリシファカ	*Propithecus diadema*	マダガスカル	○	○			○	○		IB
ミルンエドワーズシファカ	*Propithecus edwardsi*	マダガスカル	○	○			○	○		IB
ペリエシファカ	*Propithecus perrieri*	マダガスカル	○	○				○		IA
タターサルシファカ	*Propithecus tattersalli*	マダガスカル	○	○				○		IB
ヴェローシファカ	*Propithecus verreauxi*	マダガスカル	○	○				○		II
コンクゥアラルシファカ	*Propithecus conquereli*	マダガスカル	○	○				○		IB
ヴァンダーデッケンシファカ	*Propithecus deckenii*	マダガスカル	○	○				○		II
アバヒ属										
アバヒ	*Avahi laniger*	マダガスカル		○				○		
ニシアバヒ	*Avahi occidentalis*	マダガスカル		○				○		IB

イタチキツネザル科

和名	学名	生息地	果実	葉	樹液	昆虫/動物	種	花	その他	絶滅危険度*1
イタチキツネザル属										
イタチキツネザル	*Lepilemur mustelinus*	マダガスカル	○	○				○		DD
コクチイタチキツネザル	*Lepilemur microdon*	マダガスカル		○				○		DD
シロアシイタチキツネザル	*Lepilemur leucopus*	マダガスカル		○						DD
アカオイタチキツネザル	*Lepilemur ruficaudatus*	マダガスカル	○	○						DD
ミルンエドワーズイタチキツネザル	*Lepilemur edwardsi*	マダガスカル	○	○			○	○		II
クロシマイタチキツネザル	*Lepilemur dorsalis*	マダガスカル	○	○					○	DD
キタイタチキツネザル	*Lepilemur septentrionalis*	マダガスカル	○	○						IA

キツネザル科

和名	学名	生息地	果実	葉	樹液	昆虫/動物	種	花	その他	絶滅危険度*1
エリマキキツネザル属										
クロシロエリマキキツネザル	*Varecia variegata*	マダガスカル	○		○			○		IA
アカエリマキキツネザル	*Varecia rubra*	マダガスカル	○		○			○		IB
ジェントルキツネザル属										
ハイイロジェントルキツネザル	*Hapalemur griseus*	マダガスカル	○						○	II
サンビラノジェントルキツネザル	*Hapalemur occidentalis*	マダガスカル								II
アラオトランジェントルキツネザル	*Hapalemur alaotrensis*	マダガスカル								IA

和名	学名	生息地	食性 果実	葉	樹液	昆虫/動物	種	花	その他	絶滅危険度*1
ゴールデンジェントルキツネザル	*Hapalemur aureus*	マダガスカル							○	IB
ヒロバナジェントルキツネザル属										
ヒロバナジェントルキツネザル	*Prolemur simus*	マダガスカル								IA
ワオキツネザル属										
ワオキツネザル	*Lemur catta*	マダガスカル	○	○				○	○	
チャイロキツネザル属										
クロキツネザル	*Eulemur macaco*	マダガスカル	○	○		○	○	○	○	II
チャイロキツネザル	*Eulemur fulvus*	マダガスカル	○	○		○		○	○	
サンフォードキツネザル	*Eulemur sanfordi*	マダガスカル	○	○				○		IB
カオジロキツネザル	*Eulemur albifrons*	マダガスカル	○	○				○	○	II
カオアカキツネザル	*Eulemur rufus*	マダガスカル	○	○		○		○		DD
アカキツネザル	*Eulemur collaris*	マダガスカル								II
シロキツネザル	*Eulemur albocollaris*	マダガスカル								IB
マングースキツネザル	*Eulemur mongoz*	マダガスカル	○	○	○			○		II
カンムリキツネザル	*Eulemur coronatus*	マダガスカル	○	○		○		○	○	II
アカハラキツネザル	*Eulemur rubriventer*	マダガスカル	○	○		○		○		II

コビトキツネザル科

和名	学名	生息地	果実	葉	樹液	昆虫/動物	種	花	その他	絶滅危険度*1
ネズミキツネザル属										
グレイネズミキツネザル	*Microcebus murinus*	マダガスカル	○		○	○		○		
ブラウンネズミキツネザル	*Microcebus rufus*	マダガスカル	○			○				
ゴールデンネズミキツネザル	*Microcebus ravelobensis*	マダガスカル	○			○		○	○	IB
ピグミーネズミキツネザル	*Microcebus myoxinus*	マダガスカル	○			○		○	○	DD
コクレルコビトキツネザル属										
コクレルコビトキツネザル	*Mirza coquereli*	マダガスカル	○		○	○		○	○	
ミミゲコビトキツネザル属										
ミミゲコビトキツネザル	*Allocebus trichotis*	マダガスカル	○		○	○				DD
コビトキツネザル属										
フトオコビトキツネザル	*Cheirogaleus medius*	マダガスカル	○		○	○		○	○	
ミナミフトオコビトキツネザル	*Cheirogaleus adipicaudatus*	マダガスカル								DD
オオコビトキツネザル	*Cheirogaleus major*	マダガスカル	○	○		○		○		
フサミミコビトキツネザル	*Cheirogaleus crossleyi*	マダガスカル								DD
コハイイロコビトキツネザル	*Cheirogaleus minusculuc*	マダガスカル	○		○	○		○	○	DD
オオハイイロコビトキツネザル	*Cheirogaleus ravus*	マダガスカル								DD
シブリーコビトキツネザル	*Cheirogaleus sibreei*	マダガスカル								DD
フォークキツネザル属										
フォークキツネザル	*Phaner furcifer*	マダガスカル	○	○	○	○		○	○	
ニシフォークキツネザル	*Phaner pallescens*	マダガスカル								
サンビラノフォークキツネザル	*Phaner parienti*	マダガスカル								II
コハクヤマフォークキツネザル	*Phaner electromontis*	マダガスカル								II

ロリス亜目

ガラゴ科

和名	学名	生息地	食性							絶滅危険度*1
			果実	葉	樹液	昆虫/動物	種	花	その他	
オオガラゴ属										
オオガラゴ	*Otolemur crassicaudatus*	アフリカ	○		○	○				
シルバーオオガラゴ	*Otolemur monteiri*	アフリカ								
ガーネットオオガラゴ	*Otolemur garnetti*	アフリカ	○			○				
ガラゴ属										
ショウガラゴ	*Galago senegalensis*	アフリカ			○	○				
モホールガラゴ	*Galago moholi*	アフリカ				○	○			
ソマリアガラゴ	*Galago gallarum*	アフリカ	○			○	○			
マチーガラゴ	*Galago matschiei*	アフリカ	○			○	○			
アレンガラゴ	*Galago alleni*	アフリカ	○			○				
クロスリバーアレンガラゴ	*Galago cameronensis*	アフリカ								
ガボンアレンガラゴ	*Galago gabonensis*	アフリカ								
ザンジバルガラゴ	*Galago zanzibaricus*	アフリカ				○				
グラントガラゴ	*Galago granti*	アフリカ								
マラウイガラゴ	*Galago nyasae*	アフリカ								DD
ウルグルガラゴ	*Galago orinus*	アフリカ								
ロンドガラゴ	*Galago rondoensis*	アフリカ								IA
ウズンワガラゴ	*Galago udzungwensis*	アフリカ								
デミドフガラゴ	*Galago demidoff*	アフリカ	○		○	○				
トマスガラゴ	*Galago thomasi*	アフリカ								
ハリヅメガラゴ属										
キタハリヅメガラゴ	*Euoticus elegantulus*	アフリカ			○	○				
ミナミハリヅメガラゴ	*Euoticus pallidus*	アフリカ								

ロリス科

ポト亜科

ポト属										
ポト	*Peroditicus potto*	アフリカ	○		○	○				
ニセポト属										
ニセポト	*Pseudopotto martini*	アフリカ			○	○		○		
アンワンティボ属										
アンワンティボ	*Arctocebus calabarensis*	アフリカ				○				
ゴールデンアンワンティボ	*Arctocebus aureus*	アフリカ				○		○		

ロリス亜科

スローロリス属										
スンダスローロリス	*Nycticebus coucang*	アジア			○	○		○		II
ベンガルスローロリス	*Nycticebus bengalensis*	アジア								II
ピグミースローロリス	*Nycticebus pygmaeus*	アジア			○	○				II
ロリス属										
アカホソロリス	*Loris tardigradus*	アジア		○		○		○		IB
ハイイロホソロリス	*Loris lydekkerianus*	アジア			○	○		○		

直鼻猿

メガネザル亜目

メガネザル科

和名	学名	生息地	食性							絶滅危険度*1
			果実	葉	樹液	昆虫/動物	種	花	その他	
メガネザル属										
ヒガシメガネザル	*Tarsius spectrum*	アジア				○				
フィリピンメガネザル	*Tarsius syrichta*	アジア				○				
ニシメガネザル	*Tarsius bancanus*	アジア				○				II
ダイアナメガネザル	*Tarsius dianae*	アジア				○				
ペレンメガネザル	*Tarsius pelengesis*	アジア								IB
サンギヘメガネザル	*Tarsius sangirensis*	アジア								IB
ピグミーメガネザル	*Tarsius pumilus*	アジア				○				DD

真猿亜目

広鼻猿下目

オマキザル科

マーモセット亜科

マーモセット属										
コモンマーモセット	*Callithrix jacchus*	中南米	○		○	○				
クロカンムリマーモセット	*Callithrix penicillata*	中南米	○		○	○				
ワイエドマーモセット	*Callithrix kuhlii*	中南米	○		○					
シロガオマーモセット	*Callithrix geoffroyi*	中南米	○		○	○				
キアタママーモセット	*Callithrix flaviceps*	中南米	○		○	○	○			IB
シロミミマーモセット	*Callithrix aurita*	中南米	○		○	○				II
シルバーマーモセット	*Callithrix* (*Mico*) *argentata*	中南米	○		○	○				
シロマーモセット	*Callithrix* (*Mico*) *leucippe*	中南米								II
エミリアマーモセット	*Callithrix* (*Mico*) *emiliae*	中南米								DD
クロアタママーモセット	*Callithrix* (*Mico*) *nigriceps*	中南米	○		○	○	○			DD
マルカマーモセット	*Callithrix* (*Mico*) *marcai*	中南米								DD
クロオマーモセット	*Callithrix* (*Mico*) *melanura*	中南米								
シロカタマーモセット	*Callithrix* (*Mico*) *humeralifera*	中南米	○		○	○				DD
マウエマーモセット	*Callithrix* (*Mico*) *mauesi*	中南米								
キンシロマーモセット	*Callithrix* (*Mico*) *chrysoleuca*	中南米								DD
ハースコヴィッツマーモセット	*Callithrix* (*Mico*) *intermedia*	中南米								
ルースマレンマーモセット	*Callithrix* (*Mico*) *humilis*	中南米								II
ピグミーマーモセット	*Callithrix* (*Cebuella*) *pygmaea*	中南米	○		○	○				
ゲルジザル属										
ゲルジザル	*Callimico goeldii*	中南米	○		○	○				II
タマリン属										
ミダスタマリン	*Saguinus midas*	中南米	○		○	○	○			
クロタマリン	*Saguinus niger*	中南米								II
クロクビタマリン	*Saguinus nigricollis*	中南米	○		○	○	○	○	○	

和名	学名	生息地	食性							絶滅危険度*1
			果実	葉	樹液	昆虫/動物	種	花	その他	
グラエルスタマリン	*Saguinus graellsi*	中南米								
セマダラタマリン	*Saguinus fuscicollis*	中南米	○		○	○			○	
シロマントタマリン	*Saguinus melanoleucus*	中南米								
ゴールデンマントタマリン	*Saguinus tripartitus*	中南米	○			○				
クチヒゲタマリン	*Saguinus mystax*	中南米	○		○	○				
アカボウシタマリン	*Saguinus pileatus*	中南米								
シロクチタマリン	*Saguinus labiatus*	中南米	○		○	○			○	
エンペラータマリン	*Saguinus imperator*	中南米	○		○	○		○	○	
ハゲタマリン	*Saguinus bicolor*	中南米	○		○	○		○		IB
マーティンタマリン	*Saguinus martinsi*	中南米								
ワタボウシタマリン	*Saguinus oedipus*	中南米	○		○	○	○			IA
ジョフロイタマリン	*Saguinus geoffroyi*	中南米	○		○	○		○	○	
シロテタマリン	*Saguinus leucopus*	中南米	○							IB
マダラガオタマリン	*Saguinus inustus*	中南米								
ライオンタマリン属										
ゴールデンライオンタマリン	*Leontopithecus rosalia*	中南米	○		○	○		○		IB
キンクロライオンタマリン	*Leontopithecus chrysomelas*	中南米	○		○	○				IB
キンゴシライオンタマリン	*Leontopithecus chrysopygus*	中南米	○		○	○				IB
スペラグイライオンタマリン	*Leontopithecus caissara*	中南米	○		○	○		○		IA

オマキザル亜科

リスザル属										
セアカリスザル	*Saimiri oerstedti*	中南米	○	○		○	○			II
コモンリスザル	*Saimiri sciureus*	中南米	○			○				
マデイラリスザル	*Saimiri ustus*	中南米	○			○				
ボリビアリスザル	*Saimiri boliviensis*	中南米	○			○	○			
クロリスザル	*Saimiri vanzolinii*	中南米	○			○				II
オマキザル属										
ノドジロオマキザル	*Cebus capucinus*	中南米	○	○		○	○	○	○	
シロガオオマキザル	*Cebus albifrons*	中南米	○		○	○	○		○	
ナキガオオマキザル	*Cebus olivaceus*	中南米	○			○	○			
カッポリオマキザル	*Cebus kappori*	中南米								IA
フサオマキザル	*Cebus apella*	中南米	○		○	○	○		○	
クロシマオマキザル	*Cebus libidinosus*	中南米								
クロオマキザル	*Cebus nigritus*	中南米								
キンハラオマキザル	*Cebus xanthosterons*	中南米	○			○	○	○		IA

ヨザル亜科

ヨザル属										
ハラハイイロヨザル	*Aotus lemurinus*	中南米								II
ハースコヴィッツヨザル	*Aotus hershkovitzi*	中南米								
ミシマヨザル	*Aotus trivirgatus*	中南米	○	○		○		○		
スピックスヨザル	*Aotus vociferans*	中南米								
ペルーヨザル	*Aotus miconax*	中南米								II
ナンシーマヨザル	*Aotus nancymaae*	中南米								

和名	学名	生息地	食性							絶滅危険度*1
			果実	葉	樹液	昆虫/動物	種	花	その他	
クロアタマヨザル	*Aotus nigriceps*	中南米	○	○				○	○	
アザラヨザル	*Aotus azarae*	中南米								

サキ科

ティティ亜科

ティティ属										
リオベニティティ	*Callicebus modestus*	中南米								IB
シロミミティティ	*Callicebus donacophilus*	中南米	○							
シロツヤティティ	*Callicebus pallescens*	中南米								
オララブラザーティティ	*Callicebus olallae*	中南米								IB
リオマヨティティ	*Callicebus oenanthe*	中南米								IB
ハイクロティティ	*Callicebus cinerascens*	中南米								
ホフマンティティ	*Callicebus hoffmannsi*	中南米	○							
バプティスタレイクティティ	*Callicebus baptistia*	中南米								
ダスキーティティ	*Callicebus moloch*	中南米	○	○		○				
オラバスティティ	*Callicebus brunneus*	中南米	○	○		○		○		
ドウイロティティ	*Callicebus cupreus*	中南米	○				○			
カザリティティ	*Callicebus ornatus*	中南米								IB
マスクティティ	*Callicebus personatus*	中南米	○	○				○		II
コインブラフィルホティティ	*Callicebus coimbrai*	中南米								IB
クロテティティ	*Callicebus medemi*	中南米								II
エリマキティティ	*Callicebus torquatus*	中南米	○	○		○	○			

サキ亜科

サキ属										
シロガオサキ	*Pithecia pithecia*	中南米	○	○		○	○	○		
マンクサキ	*Pithecia monachus*	中南米	○	○		○	○			
グレイサキ	*Pithecia irrorata*	中南米								
クロサキ	*Pithecia aequatorialis*	中南米	○	○			○			
ハイイロサキ	*Pithecia albicans*	中南米	○	○		○	○		○	
ヒゲサキ属										
ヒゲサキ	*Chiropotes satanas*	中南米	○			○	○	○		IA
ハナジロヒゲサキ	*Chiropotes albinasus*	中南米	○				○	○		IB
ウアカリ属										
クロアタマウアカ	*Cacajao melanocephalus*	中南米	○	○		○	○	○	○	
ハゲウアカリ	*Cacajao calvus*	中南米	○	○			○	○	○	II

クモザル科

ホエザル亜科

ホエザル属										
グアテマラホエザル	*Alouatta pigra*	中南米	○	○				○		IB
マントホエザル	*Alouatta palliata*	中南米	○	○				○	○	
コイバホエザル	*Alouatta coibensis*	中南米	○	○						
アカホエザル	*Alouatta seniculus*	中南米	○	○				○	○	
ガイアナアカホエザル	*Alouatta macconnelli*	中南米								

和名	学名	生息地	食性							絶滅危険度*1
			果実	葉	樹液	昆虫/動物	種	花	その他	
サラホエザル	*Alouatta sara*	中南米								
アカテホエザル	*Alouatta belzebul*	中南米	○	○						II
アマゾンクロホエザル	*Alouatta nigerrima*	中南米								
アカクロホエザル	*Alouatta guariba*	中南米	○	○				○	○	
クロホエザル	*Alouatta caraya*	中南米	○	○				○	○	
ウーリーザル属										
フンボルトウーリーザル	*Lagothrix lagotricha*	中南米	○	○	○		○		○	II
グレイウーリーザル	*Lagothrix cana*	中南米								IB
コロンビアウーリーザル	*Lagothrix lugens*	中南米	○	○						IA
シルバーウーリーザル	*Lagothrix poeppigii*	中南米	○	○		○				II
ヘンディーウーリーザル属										
ヘンディーウーリーザル	*Oreonax flavicauda*	中南米	○	○		○	○	○		IA
ムリキ属										
ミナミムリキ	*Brachyteles arachnoides*	中南米	○	○		○	○			IB
キタムリキ	*Brachyteles hypoxanthus*	中南米	○	○			○	○	○	IA
クモザル属										
クロクモザル	*Ateles paniscus*	中南米	○			○		○	○	II
ケナガクモザル	*Ateles belzebuth*	中南米	○	○				○	○	IB
クロガオクモザル	*Ateles chamek*	中南米	○	○			○	○	○	IB
ブラウンクモザル	*Ateles hybridus*	中南米								IA
ホオジロクモザル	*Ateles marginatus*	中南米	○			○				IB
チャアタマクモザル	*Ateles fusciceps*	中南米	○	○						IA
チュウベイクモザル	*Ateles geoffroyi*	中南米	○	○		○	○	○		IB

狭鼻猿下目
オナガザル上科
オナガザル科
オナガザル亜科

アレンモンキー属										
アレンモンキー	*Allenopithecus nigroviridis*	アフリカ	○			○		○		
タラポアン属										
アンゴラタラポアン	*Miopithecus talapoin*	アフリカ	○			○				
ガボンタラポアン	*Miopithecus ogouensis*	アフリカ								
パタスザル属										
パタスザル	*Erythrocebus patas*	アフリカ	○			○	○		○	
サバンナザル属										
ミドリザル	*Chlorocebus sabaeus*	アフリカ								
グリベットザル	*Chlorocebus aethiops*	アフリカ	○	○		○	○			
ベールマウンテンザル	*Chlorocebus djamdjamensis*	アフリカ								II
タンタロスザル	*Chlorocebus tantalus*	アフリカ								
サバンナザル	*Chlorocebus pygerythrus*	アフリカ								
マルブルックザル	*Chlorocebus cynosuros*	アフリカ								
オナガザル属										

和名	学名	生息地	食性							絶滅危険度*1
			果実	葉	樹液	昆虫/動物	種	花	その他	
ドリアスザル	*Cercopithecus dryas*	アフリカ	○	○			○	○		IA
ダイアナザル	*Cercopithecus diana*	アフリカ	○	○	○	○	○	○		II
ロロウェイザル	*Cercopithecus roloway*	アフリカ								
オオハナジロゲザル	*Cercopithecus nictitans*	アフリカ	○	○		○				
アオザル	*Cercopithecus mitis*	アフリカ	○	○		○				
シルバーザル	*Cercopithecus doggetti*	アフリカ								
ゴールデンザル	*Cercopithecus kandti*	アフリカ								
サイクスザル	*Cercopithecus albogularis*	アフリカ								II
モナザル	*Cercopithecus mona*	アフリカ	○	○		○				
キャンベルザル	*Cercopithecus campbelli*	アフリカ	○	○		○		○		
ローヴェザル	*Cercopithecus lowei*	アフリカ								
クラウンザル	*Cercopithecus pogonias*	アフリカ	○	○		○				
ウルフザル	*Cercopithecus wolfi*	アフリカ	○	○		○		○	○	
デントモナザル	*Cercopithecus denti*	アフリカ								
ショウハナジロザル	*Cercopithecus petaurista*	アフリカ	○			○		○		
アカハラザル	*Cercopithecus erythrogaster*	アフリカ	○	○		○				
スクレイターザル	*Cercopithecus sclateri*	アフリカ	○	○		○				II
アカミミザル	*Cercopithecus erythrotis*	アフリカ	○	○		○				II
クチヒゲザル	*Cercopithecus cephus*	アフリカ	○	○		○	○			
アカオザル	*Cercopithecus ascanius*	アフリカ	○	○		○				
ロエストザル	*Cercopithecus lhoesti*	アフリカ	○	○		○				II
プロイスザル	*Cercopithecus preussi*	アフリカ	○	○		○				IB
サンテイルザル	*Cercopithecus solatus*	アフリカ								II
フクロウザル	*Cercopithecus hamlyni*	アフリカ	○	○		○				II
ブラザザル	*Cercopithecus neglectus*	アフリカ	○	○		○	○			
マカク属										
バーバリーザル	*Macaca sylvanus*	アフリカ				○	○			IB
シシオザル	*Macaca silenus*	アジア	○	○		○		○		IB
スンダブタオザル	*Macaca nemestrina*	アジア	○			○	○	○	○	II
キタブタオザル	*Macaca leonina*	アジア	○			○	○	○	○	II
メンタワイブタオザル	*Macca pagensis*	アジア								IA
ムーアザル	*Macaca maura*	アジア	○							IB
ブーツザル	*Macaca ochreata*	アジア	○				○	○	○	II
トンケアンザル	*Macaca tonkeana*	アジア	○	○		○	○	○		II
ヘックザル	*Macaca hecki*	アジア								II
ゴロンタロザル	*Macac nigrescens*	アジア	○				○	○	○	II
クロザル	*Macaca nigra*	アジア	○	○		○				IA
カニクイザル	*Macaca fascicularis*	アジア	○	○		○	○	○	○	
ベニガオザル	*Macaca arctoides*	アジア	○			○	○	○	○	II
アカゲザル	*Macaca mulatta*	アジア	○	○	○	○	○	○	○	
タイワンザル	*Macaca cyclopis*	アジア								
ニホンザル	*Macaca fuscata*	アジア	○	○		○	○		○	
トクモンキー	*Macaca sinica*	アジア	○	○		○	○	○		IB
ボンネットザル	*Macaca ratiata*	アジア	○	○		○	○	○	○	

和名	学名	生息地	食性							絶滅危険度*1
			果実	葉	樹液	昆虫/動物	種	花	その他	
アッサムザル	*Macaca assamensis*	アジア	○	○		○			○	
アルナチャルザル	*Macaca munzala*	アジア								IB
チベットモンキー	*Macaca thibetana*	アジア	○	○		○	○		○	
マンドリル属										
マンドリル	*Mandrillus sphinx*	アフリカ	○			○				II
ドリル	*Mandrillus leucophaeus*	アフリカ	○			○				IB
シロエリマンガベイ属										
ススグロマンガベイ	*Cercocebus atys*	アフリカ	○			○	○			II
シロエリマンガベイ	*Cercocebus torquatus*	アフリカ	○	○		○		○		II
アジルマンガベイ	*Cercocebus agilis*	アフリカ								
キンハラマンガベイ	*Cercocebus chrysogaster*	アフリカ								DD
タナリバーマンガベイ	*Cercocebus galeritus*	アフリカ	○	○			○			IB
サンジェマンガベイ	*Cercocebus sanjei*	アフリカ								IB
ホホジロマンガベイ属										
ホオジロマンガベイ	*Lophocebus albigena*	アフリカ	○	○		○	○			
クロカンムリマンガベイ	*Lophocebus aterrimus*	アフリカ	○	○		○	○	○	○	
オプデンボスクマンガベイ	*Lophocebus opdenboschi*	アフリカ								
ルングウェサル属										
キプンジサル	*Rungwecebus kipunji*	アフリカ								IA
ヒヒ属										
マントヒヒ	*Papio hamadryas*	アフリカ					○		○	
ギニアヒヒ	*Papio papio*	アフリカ	○			○	○	○		
アヌビスヒヒ	*Papio anubis*	アフリカ	○			○	○			
キイロヒヒ	*Papio cynocephalus*	アフリカ	○	○			○	○		
チャクマヒヒ	*Papio ursinus*	アフリカ	○	○		○		○		
ゲラダヒヒ属										
ゲラダヒヒ	*Theropithecus gelada*	アフリカ		○		○	○			

コロブス亜科

オリーブコロブス属										
オリーブコロブス	*Procolobus verus*	アフリカ	○	○			○	○		
アカコロブス属										
ニシアカコロブス	*Piliocolobus badius*	アフリカ		○				○		IB
ペナントアカコロブス	*Piliocolobus pennantii*	アフリカ	○	○				○		IA
プロイスコロブス	*Piliocolobus preussi*	アフリカ	○	○						IA
ソロンアカコロブス	*Piliocolobus tholloni*	アフリカ								
チュウオウアフリカアカコロブス	*Piliocolobus foai*	アフリカ								
ウガンダアカコロブス	*Piliocolobus tephrosceles*	アフリカ								
ウズンワアカコロブス	*Piliocolobus gordonorum*	アフリカ								IB
ザンジバルアカコロブス	*Piliocolobus kirkii*	アフリカ								IB
タナガワコロブス	*Piliocolobus rufomitrarus*	アフリカ	○	○				○		
クロシロコロブス属										
クロコロブス	*Colobus satanas*	アフリカ		○			○	○		II
アンゴラコロブス	*Colobus angolensis*	アフリカ	○	○			○			

和名	学名	生息地	食性							絶滅危険度*1
			果実	葉	樹液	昆虫/動物	種	花	その他	
キングコロブス	*Colobus polykomos*	アフリカ		○			○			II
クマコロブス	*Colobus vellerosus*	アフリカ	○	○				○		II
アビシニアコロブス	*Colobus guereza*	アフリカ	○	○						
グレイラングール属										
ネパールグレイラングール	*Semnopithecus schistaceus*	アジア								
カシミアグレイラングール	*Semnopithecus ajax*	アジア								IB
タライグレイラングール	*Semnopithecus hector*	アジア								
ハヌマンラングール	*Semnopithecus entellus*	アジア	○	○		○	○	○	○	
クロアシグレイラングール	*Semnopithecus hypoleucos*	アジア								II
ミナミプレーンズグレイラングール	*Semnopithecus dussumieri*	アジア								
フサグレイラングール	*Semnopithecus priam*	アジア								
ラングール属										
カオムラサキラングール	*Trachypithecus vetulus*	アジア	○	○				○		IB
ニルギリラングール	*Trachypithecus johnii*	アジア	○	○				○	○	II
ジャワルトン	*Trachypithecus auratus*	アジア	○	○		○		○		II
シルバールトン	*Trachypithecus cristatus*	アジア	○	○					○	
インドシナルトン	*Trachypithecus germaini*	アジア								IB
テナセリムルトン	*Trachypiyhecus barbei*	アジア	○	○		○		○		DD
ダスキールトン	*Trachypithecus obscurus*	アジア	○	○			○	○		
ファイヤールトン	*Trachypithecus phayrei*	アジア	○	○					○	IB
ボウシラングール	*Trachypithecus pileatus*	アジア	○	○			○	○	○	II
ショートリッジラングール	*Trachypithecus shortridgei*	アジア								IB
ゴールデンラングール	*Trachypithecus geei*	アジア	○	○				○		IB
フランソワルトン	*Trachypithecus francoisi*	アジア	○	○						IB
ハチンラングール	*Trachypithecus hatinhensis*	アジア								IB
シロアタマラングール	*Trachypithecus poliocephalus*	アジア	○	○					○	IA
ラオスラングール	*Trachypithecus laotum*	アジア								II
デラコーラングール	*Trachypithecus delacouri*	アジア		○						IA
インドシナクロラングール	*Trachypithecus ebenus*	アジア								
コノハザル属										
クロカンムリコノハザル	*Presbytis melalophos*	アジア	○	○			○	○		IB
モモジロコノハザル	*Presbytis femoralis*	アジア	○	○			○			
ナツナジマコノハザル	*Presbytis natunae*	アジア								II
サラワクコノハザル	*Presbytis chrysomelas*	アジア								IA
シロモモコノハザル	*Presbytis siamensis*	アジア								
シロビタイコノハザル	*Presbytis frontana*	アジア	○	○						II
スンダコノハザル	*Presbytis comata*	アジア	○	○				○	○	IB
トマスコノハザル	*Presbytis thomasi*	アジア	○	○			○	○		II
ホーズコノハザル	*Presbytis hosei*	アジア	○	○		○	○			II
クリイロコノハザル	*Presbytis rubicunda*	アジア	○	○		○	○	○		
メンタワイコノハザル	*Presbytis potenziani*	アジア	○	○			○		○	IB
テングザル属										
テングザル	*Nasalis larvatus*	アジア	○	○						IB
メンタワイシシバナザル属										

和名	学名	生息地	食性 果実	葉	樹液	昆虫/動物	種	花	その他	絶滅危険度*1
メンタワイシシバナザル	*Simias concolor*	アジア	○	○						IA
ドゥクザル属										
ドゥクザル	*Pygathrix nemaeus*	アジア	○	○			○	○	○	IB
スネグロドゥクザル	*Pygathrix nigripes*	アジア	○	○						IB
スネハイイロドゥクザル	*Pygathrix cinerea*	アジア								IA
シシバナザル属										
キンシコウ	*Rhinopithecus roxellana*	アジア	○	○					○	IB
ビエシシバナザル	*Rhinopithecus bieti*	アジア	○	○					○	IB
ブレリチシシバナザル	*Rhinopithecus brelichi*	アジア	○	○		○			○	IB
トンキンシシバナザル	*Rhinopithecus avunculus*	アジア	○	○			○			IA

ヒト上科

テナガザル科

和名	学名	生息地	果実	葉	樹液	昆虫/動物	種	花	その他	絶滅危険度*1
テナガザル属										
シロテテナガザル	*Hylobates lar*	アジア	○	○		○		○	○	IB
アジルテナガザル	*Hylobates agilis*	アジア	○	○		○		○		IB
ボルネオシロヒゲテナガザル	*Hylobates albibarbis*	アジア								IB
ミューラーテナガザル	*Hylobates muelleri*	アジア	○	○		○		○		IB
ワウワウテナガザル	*Hylobates moloch*	アジア	○	○		○		○	○	IB
ボウシテナガザル	*Hylobates pileatus*	アジア	○	○		○		○	○	IB
クロステナガザル	*Hylobates klossii*	アジア	○	○		○				IB
フーロックテナガザル	*Hoolock hoolock*	アジア	○	○		○		○	○	IB
シアマン	*Symphalangus syndactylus*	アジア	○	○		○		○		
クロテナガザル	*Nomascus concolor*	アジア	○	○				○	○	IA
ハイナンテナガザル	*Nomascus hainanus*	アジア								IA
ホオジロテナガザル	*Nomascus leucogenys*	アジア								IA
ミナミホオジロテナガザル	*Nomascus siki*	アジア								IB
ホオアカテナガザル	*Nomascus gabriellae*	アジア								IB

ヒト科

和名	学名	生息地	果実	葉	樹液	昆虫/動物	種	花	その他	絶滅危険度*1
オラウータン属										
ボルネオオラウータン	*Pongo pygmaeus*	アジア	○							IB
スマトラオラウータン	*Pongo abelii*	アジア	○							IA
ゴリラ属										
ウェスタンゴリラ	*Gorilla gorilla*	アフリカ		○					○	IA
イースタンゴリラ	*Gorilla berimgei*	アフリカ		○					○	IB
チンパンジー属										
チンパンジー	*Pan troglodytes*	アフリカ	○	○				○		IB
ボノボ	*Pan paniscus*	アフリカ	○	○					○	IB
ヒト属										
ヒト	*Homo sapiens*									

＊1　絶滅危険の度合いは、国際自然保護連合（IUCN）の種の保存委員会（SSC）が提供する「絶滅のおそれのある生物種のレッドリスト」による。2000年に新しいカテゴリーが採択されたが、古い判定基準による評価のままのものもある。カテゴリーは以下の通り。

IA：絶滅危惧IA類（Critically Endangered, CR）ごく近い将来における野生での絶滅の危険性が極めて高いもの。
IB：絶滅危惧IB類（Endangered, EN）ＩＡ類ほどではないが、近い将来における野生での絶滅の危険性が高いもの。
II：絶滅危惧II類（Vulnerable, VU）絶滅の危険が増大している種。現在の状態をもたらした圧迫要因が引き続き作用する場合、近い将来「絶滅危惧Ｉ類」のランクに移行することが確実と考えられるもの。
DD：情報不足（Data Defivcient）評価するだけの情報が不足している種。

参考文献

Groves, C.P. (2001) Primate Taxonomy, Smithsonian Institution Press, Washington DC.
International Union for Conservation of Nature and Natural Resources (2008) IUCN Red List of Threatened Species 2008. http://www.iucnredlist.org/
Lehman, S.M. & Fleagle, J.G. (2006) Primate biogeography: a review. Primate biogeography (ed. S.M. Lehman & J.G. Fleagle), Plenum/Kluwer Press, New York, pp. 1_58.
Rowe, N. (1996) The Pictorial Guide to the Living Primates, Pogonios Press, East Hampton
杉山幸丸編（1996）サルの百科。データハウス。東京。

（伊藤毅・西村剛）

【ら行】

【わ行】

【ま行】

【や行】

【は行】

【た行】

【な行】

【さ行】

【か行】

さくいん

N.D.C.489.9　371p　18cm

ブルーバックス　B-1651

新《あたら》しい霊長類学《れいちょうるいがく》
人を深く知るための100問100答

2009年9月20日　第1刷発行
2018年11月16日　第3刷発行

編著者　京都《きょうと》大学《だいがく》霊長類《れいちょうるい》研究所《けんきゅうじょ》
発行者　渡瀬昌彦
発行所　株式会社講談社
〒112-8001 東京都文京区音羽2-12-21
電話　出版　03-5395-3524
販売　03-5395-4415
業務　03-5395-3615
印刷所　（本文印刷）豊国印刷株式会社
（カバー表紙印刷）信毎書籍印刷株式会社
本文データ制作　講談社デジタル製作
製本所　株式会社国宝社

定価はカバーに表示してあります。

ISBN978−4−06−257651−2

発刊のことば

科学をあなたのポケットに

二十世紀最大の特色は、それが科学時代であるということです。科学は日に日に進歩を続け、止まるところを知りません。ひと昔前の夢物語もどんどん現実化しており、今やわれわれの生活のすべてが、科学によってゆり動かされているといっても過言ではないでしょう。

そのような背景を考えれば、学者や学生はもちろん、産業人も、セールスマンも、ジャーナリストも、家庭の主婦も、みんなが科学を知らなければ、時代の流れに逆らうことになるでしょう。

ブルーバックス発刊の意義と必然性はそこにあります。このシリーズは、読む人に科学的に物を考える習慣と、科学的に物を見る目を養っていただくことを最大の目標にしています。そのためには、単に原理や法則の解説に終始するのではなくて、政治や経済など、社会科学や人文科学にも関連させて、広い視野から問題を追究していきます。科学はむずかしいという先入観を改める表現と構成、それも類書にないブルーバックスの特色であると信じます。

一九六三年九月

野間省一